Small Acts，Big Impact

小行动，大改变

赵昱鲲 著

万卷出版有限责任公司
VOLUMES PUBLISHING COMPANY

果麦文化 出品

积极心理学是行动的科学

首先，恭喜昱鲲的新书终于顺利出版了！

《小行动，大改变》，这书名一看就有一种想阅读下去的冲动。因为这本书是讲积极心理学的，而积极心理学正是一门行动的科学。"行动成就积极"，这正是今天在全球蓬勃发展的积极心理学的一项核心价值观。

那为什么"行动成就积极"呢？

首先，现代心理学的大量研究表明，人类的知识和行为从本质上是一致的。我们最熟悉的一个关于一致性的描述，就是明代王阳明所提出的"知行合一"。在心理科学里，我们将王阳明的哲学思想称为"具身认知"，即身体的行为、感觉和生理反应与我们的认知息息相关，甚至可以说认知是被身体及其活动方式塑造出来的。从进化的角度来讲，人类对外界知识的理解也是从行动最先开始。初生的婴儿从呱呱坠地的那一时刻起，这个小生命就开始有了各种最简单的行动，比如啼哭、扭动、做表情等。

其次，人类的很多与积极向上有关的情绪、感受、判断等，都是从行动中产生的。比如人们最为头疼的抑郁情绪的一个症状就是"心理反刍（rumination）"。举个具体的例子，有一个人极度害怕在公众面前讲话。害怕到什么程度呢？就是在公司年会上抽奖，抽到的人要被邀请到台上说两句获奖感言，这件事对这个人来说就成了压倒骆驼的最后一根稻草。为了避免这种"极度可怕"的事情发生，这个人会在其他人都使劲研究抽奖概率的时候默默在心里祈祷：千万别让我抽到，千万别让我抽到，千万别让我抽到（事实上，科学研究表明，人们最害怕的事情就是"在别人面前讲话"，这比"害怕死亡"的比例都要高得多）。因此，心理反刍就是一种以自我为中心、以过去为主导、集中于负面内容，而且很容易陷入恶性循环的心理与情绪状态：这些负面的心理导致了太多负面情绪的产生，然后这些负面情绪又会让人失去基本的行动能力与客观正确的判断力，陷入到更多的心理反刍中，从而造成了恶性循环。而行动是克服心理反刍特别有效的一种方法，无论是体育运动，还是工作，或者做义工、帮助别人，都能有效缓解抑郁症状。就像耐克的广告语一样："just do it."

最后，行动是一种典型的亲社会特质。人类是社会性动物，一个健全的人格也离不开在社会生活、社会关系与社会交往中所形成的积极惯性。从这个角度来看，我们的行动其实某种程度上来说都是跟别人有关的。人类的本质并不只是罗丹在《思想者》雕塑所展现的那样，是整天坐在那里思考的独立生物；相反，人恰恰是一直跟万事万物发生诸多联系的高级生物体。个体的价值很大程度上表现于其在群体中的活动效应是怎样的。正是从这些人际互动中，进化出了人类的很多重要心理效能，比如利他、感恩、合作、竞争，乃至更复杂的道德、意义、价值观等一批人类所特有的高层次品格。

所以，美国心理学之父威廉·詹姆斯（Willian James）才说："思考是为了行动。"现代积极心理学之父马丁·塞利格曼（Martin Seligman）也说："积极心理学，有一半是在脖子以下。"强调了积极心理学绝对不是一门只在学术圈里做研究、在象牙塔里传播的学问，而应该是知行合一、渗透进人们日常行为的科学准则。积极心理学的另一位奠基人克里斯托弗·彼得森（Christopher Peterson）教授则在学界第一本积极心理学教材《积极心理学入门》里明确写道："积极心理学不是一项观赏运动。"彼得森认为，观赏运动时，人们坐在沙发上，看着电视里的运动员挥汗拼搏，虽然情绪良好，但其实还只是一个"看客"而已，那不是积极心理学的最终目的。积极心理学的实践更加要求人们在习得科学的积极态度与情绪之外，还要把它们转化成能改变自己人生的一项项具体的行动。

积极心理学重视行为的观点，也和中国文化不谋而合。如果你喜欢读小说，大概就会发现中西方小说的一个巨大差异，就是西方小说，无论是简·奥斯汀（Jane Austen）还是托尔斯泰，都喜欢大段大段的心理描写，但是中国小说，无论是《红楼梦》还是《水浒传》，都是靠对动作的描述，来展示人的心理变化。也有研究发现，和英文相比，中文名词更少，但动词更多。正如清华大学的校训"行胜于言"，这体现了中华文化特别看重行动的特质。我们在生活中也很自然地推崇"做了再说"甚至"做了也不说"，鄙视"光说不练"的人。对此，二千多年前的孔子也早就说过"君子欲讷于言而敏于行""敏于事而慎于言"，这就是提倡做事、行动，否定那些"光说不练""巧言令色""夸夸其谈"的人。

总的来说，昱鲲的这本《小行动，大改变》超越了传统的幸福书或偏重理论、或偏重感受的风格。它首先是一本积极心理学的专业书籍，同时也是一部积极心理学的科普读物，还是一本以积极心理学为背景，倡导"行动出改变"的行动指导手册。

这本书符合"幸福是奋斗出来的"的时代价值观，也适合去警醒大量现代中国人在享受了巨大的时代红利之后，反而由于生活变得太便利，而又减少了行动力的不良状态。通过这本书，我相信，昱鲲能够有能力把很多大把时间花在了网络、游戏、直播等易于获得简单满足的所谓"苍白的幸福"的人拉回到"知行合一"的真实的幸福之路上来。

昱鲲是理工科出身，有严谨的逻辑思维能力。在美国求学期间，他在宾夕法尼亚大学跟随现代积极心理学运动创始人马丁·塞利格曼教授读研究生，对积极心理学前沿有着最直接的了解。后来又在清华大学跟随我完成了博士学业，展示了良好的科研能力。他还协助我创办了清华大学社科学院积极心理学研究中心，是中国积极心理学应用的重要推动者。因此，他的这本书既充盈着积极心理学的蓬勃向上的精神内核，又坚守科学的严谨、系统性，还从读者的角度出发，写得非常实用、接地气，让读者可以立即按照积极心理学的科学体系行动起来，获得更多、更广、更深层次的幸福。

最后，希望随着本书的出版，这种"小行动，大改变"的理念，能够在中国得到更大范围的普及和练习。

中国积极心理学发起人　彭凯平

目录

第一章　认识真实的自己

自我的真相	003
我们如何变得更好	010
儿时经历真的会影响人一生吗	017
为什么会有越需要越远离的心理	026
在关系中总是患得患失怎么办	032
无法做出决定，是因为缺少情感	039
为什么你总是在意别人的想法	046
怎么变得更自主	052
你不缺少能力，只是缺少能力感	058
如何获得更多能力感的满足	064
你是真自尊，还是假自尊	070
迈向稳定的高自尊	077
怎样走出完美主义	089
放下自我是认识自我的最后一步	096
Q&A	104

第二章　建立你的关系

自主孤立，还是被动连接　　　　　　　　　111

"天下父母皆祸害"吗　　　　　　　　　　118

处理关系的原则　　　　　　　　　　　　　128

从权利争夺到权利共享　　　　　　　　　　135

掌握表达爱的能力　　　　　　　　　　　　143

被爱也需要学习　　　　　　　　　　　　　150

如何做到真正地放下　　　　　　　　　　　158

打造积极的职场关系　　　　　　　　　　　165

他人也很重要　　　　　　　　　　　　　　172

Q&A　　　　　　　　　　　　　　　　　　178

第三章　**掌握科学的行动方法**

价值观驱动你改变　　　　　　　　　　187

发挥优势比弥补劣势更重要　　　　　197

劣势场景下发挥优势　　　　　　　　203

制定更好的目标　　　　　　　　　　209

用科学方法提升意志力　　　　　　　216

微习惯，改变自己的 MVP　　　　　222

如何真正地改变自己　　　　　　　　229

乐观从哪里来　　　　　　　　　　　235

用积极情绪创造美满生活　　　　　　242

消极情绪不见得是你的敌人　　　　　249

如何应对过多的压力　　　　　　　　258

运动解千愁　　　　　　　　　　　　265

Q&A　　　　　　　　　　　　　　271

第四章　**自我实现**

怎样度过一生　　　　　　　　　　　　　277

感恩不是因为亏欠，而是因为感动　　　284

好人会武术，神仙挡不住　　　　　　　290

钱真的能买来幸福吗　　　　　　　　　297

让人生不留遗憾　　　　　　　　　　　307

提升你的审美体验　　　　　　　　　　314

如何变得更有创造力　　　　　　　　　321

心流是最美妙的巅峰体验　　　　　　　327

人生意义不是一样东西，而是一个过程　333

幸福是一个动词　　　　　　　　　　　339

Q&A　　　　　　　　　　　　　　　347

结语　苦难后成长　　　　　　　　　　352

第一章

认识真实的自己

Know
your true self

自我的真相

我们的一生会碰到无数问题：工作赚钱、谈恋爱、交朋友、个人成长等。这些问题看似复杂，其实它们的内核都是相通的，即自我的运作。

但是，到底什么是自我？自我是如何形成的？我们又该如何看待它？这是我最先想要与你探讨的。

我会带着你用自我决定的视角，回顾过去，剖析当下；在这个基础上，借助积极心理学的力量，用有效的行动摆脱过往的束缚，让你变得更积极，活得更漂亮。

首先，我想和你重新定义一下"自我"。

自我的由来：不断进化的心理机制

我们都知道，为了适应环境和生存，远古的人类从四肢爬行进化成直立行走。生活在寒冷地带的人，为了加热呼吸的空气，进化出更高更长的鼻梁；生活在热带的人，为了抵御强烈的紫外线，进化出更深的肤色。

但是，人们进化的不只是外在的身体，那些你看不见的内在，也在悄悄地迭代、进化着。

由于环境的变化，人类需要处理的信息成倍增长。面对陌生的环境，以前老旧的条件反射已经不够用了，他们必须观察新环境，不断收集信息，主动调整行为，才能生存下来。同时，为了抵御更强的野兽，获得足够的食物，人们发现必须和别人一起群居生活和作战，才有更高的生存概率。这个过程已经不再是像伸手摘个果子、张嘴吃块肉那么简单。

一方面，大家需要互相协作，无论是外出打猎、防范猛兽，还是抚养孩子，人类都需要跟群体中的同伴进行合作。但是另一方面，人类还得相互提防，比如，邻居趁你不注意潜入家中进行偷盗，或者当你们合作去抵抗野兽的时候有队友临阵脱逃，等等。

这时候，人们必须经常根据一个人的表现来评估他的可靠程度，并且预测他下次的反应，从而为自己做出最趋利避害的选择。

可问题是，人们怎么可能把每个人都考察一遍，再做行动呢？所以人类开始从自己入手，通过观察自己，来推测别人的想法。

比如说，我要出去打猎，家里的孩子是委托给孩子的外婆，还是邻居的老人？我想了一下，自己家的孩子我肯定疼，别人家的孩子就不一定了，我很难无条件地对他好。这样推己及人地判断一下，你就知道该怎么选了。

你看，随着新信息不断地出现，每一个人都要在大脑里接收、存储、筛选、加工各种信息，然后根据处理结果，做出决策或行为。这是一个非常复杂的过程，为了更高效地统筹处理越来越庞大的信息，人类就渐渐地形成了一套内心机制，这就是进化出来的"自我"。

是的，你的自我，其实就是一套强大的心理机制。它一边汇总筛选信息，一边发出指令。而且它会持续不断地和环境磨合，仍然在随着时间继续进化，帮助你更好地处理与自己、与别人、与世界的关系。

自我的困扰：自我进化与环境不匹配

也许你会想，既然自我那么厉害，我们每个人不是都应该强大到可以处理好跟别人、跟世界的关系吗？为什么我在生活中还是有那么多关于为人处世的困扰和痛苦呢?

因为，自我不是由一个全知全能的上帝为你量身定做的，而是逐渐进化出来的。事物的进化往往会滞后于环境的变化，自我也一样。

你的自我，在过去的环境中，努力帮助你分析处理信息，尽可能地做到趋利避害。

但是随着时间的推移，我们的人生角色在转变，比如，从学校走入职场，从单身走向恋爱，我们周围的人和事也在不断改变。这个过程中，原本功能发挥稳定的自我，就有可能因为无法适应新环境，而产生很多困扰和痛苦，甚至阻碍你的发展。

从进化心理学的角度来说，自我往往会在三个层面无法及时适应环境的发展变化：第一，生物基因层面；第二，性格基因层面；第三，文化基因层面。

当自我的进化在这三个层面无法和环境匹配时，各种各样的困扰也就随之而来了。

生物基因与环境不匹配

首先，生物基因与环境的不匹配，会对你的自我产生很大的困扰。比如说，过度焦虑，就是典型的生物基因与环境不匹配的结果。

焦虑本来是人类的一种正常情绪反应，它提醒我们有潜在的坏事可能发生。而且，为了应对不同级别的坏事，我们的焦虑程度是不一样的。

比如远古时期，如果一个村民在村外看见一只老虎，那么他就会吓得魂飞魄散，赶紧回去通知大家加强警卫，他自己也会一夜不睡，拿着武器守在家人身边。但如果他看到的是一只野猫，就只会皱下眉头，回家把晒在外面的咸鱼肉干收好就可以了。

所以焦虑是一种能够提醒潜在危险的情绪，焦虑反应比较强的人更容易存活下来。久而久之，这种焦虑反应机制就被写进了基因。当潜在的危机出现时，焦虑感也会随之而来，提示你要准备应对危险了。

但是，只有当担心程度和危险程度一致时，这种焦虑才是有益的。而对于活在现代社会的人来说，像老虎级别那样危及生命安全的事情已经很少见了，更常见的是野猫级别的烦心事。但我们常常是一遇到问题就激发老虎级别的焦虑，没有问题就创造问题来让自己焦虑，如果一点都不焦虑，你反而觉得不对劲。这种弥漫在现代社会中的广泛过度焦虑，就是自我在生物基因层面的进化赶不上环境变化的结果。

性格基因与环境不匹配

自我与环境变化的不匹配，不仅体现在生物基因上，也体现在性格基因上。

美国加州大学心理学教授杰伊·贝尔斯基（Jay Belsky）提出："一个孩子在出生的时候会尝试不同的性格策略，也就是早期在生存环境中形成的反应策略，然后根据外界的反馈，最终选择其中一种，发展成自己的性格。这个过程，就像生物基因的进化一样，是一个人性格基因的进化。"

我就曾经亲眼看见过一个孩子的性格是怎么进化出来的。

当时我还在美国，刚刚有了孩子，认识了另外一对也刚有孩子的中国夫妻。这个宝宝的爸爸在华尔街工作，妈妈在做电商创业，夫妻俩都很忙。宝宝的妈妈经常一看见我就特别高兴地说："昱鲲，你能帮我看一下这家伙吗？我有个重要的电话要打。"

等我点头答应之后，她就立刻到一边去打电话了。一开始，宝宝一看妈妈离开就会哭，但他妈妈总回头皱着眉说："不要哭，妈妈有重要的事情！"

等过了一阵子，妈妈终于打完电话回来，宝宝开心极了，手舞足蹈地欢迎她。可是她既没有抱抱孩子，也没有笑脸相对，而是继续想着她生意上的事情，面无表情、心不在焉地推着婴儿车往前走。

这个可怜的宝宝，妈妈离开时，他的哭泣毫无作用，妈妈回来时，他的快乐也得不到回应。终于在多次尝试失败之后，他选择了另外一种策略，就是在妈妈离开和回来的时候都无动于衷，减少自己的情绪反应，因为只有这样，宝宝的心理损失才会少一些。这个宝宝就这样进化出了对别人不抱指望的性格。这样的性格，在心理学上叫作回避型依恋风格，它可以保护孩子，让孩子在冷漠的环境下仍然可以长大。

可是，一个人一旦进化出回避型的性格基因后，往往会在长大以后也一样采取回避策略，对人既冷漠又疏离：明明喜欢一个人，却不敢抱有任何期望，不主动建立联系，甚至不敢接受对方的表白，最终会失去机会。

难道他们真的不需要爱吗？不是的，恰恰是因为曾经需要爱的自我受到了忽视，导致他们不再轻易对爱抱有期待。由于他们的性格基因是在缺乏爱的环境里进化出来的，因此就算他们成年后的环境可以提供足够的爱了，他们还是会表现得不能适应。

一个人的性格策略，是在儿时的环境中，自我可以做出的最优选择；但在成人的世界里，我们面临的环境要复杂得多，如果性格基因和环境不匹配，你的自我就可能产生很多困扰。

文化基因与环境不匹配

文化基因是英国生物学家理查德·道金斯（Richard Dawkins）在《自私的基因》一书中提出的概念，意思是，所有的文化产物，包括价值观、意义、审美、创造发明等，都可以称为"文化基因"。因为它们都像基因一样，是在长期的相互竞争中，逐步进化出来的，它们都拥有自己的生命周期，在人类的大脑中复制传播。

你选择接受什么样的文化基因，就决定了你有什么样的观念，喜欢什么样的艺术，会什么样的技能，而这些都是你的自我重要的组成部分。

韩国电影《82年生的金智英》，就反映了文化基因对自我的影响。

主角金智英，出生在一个普通韩国家庭，她所接受的文化基因从小就被割裂成了两半，父亲宣扬的是"男主外，女主内"，母亲呢，却在争取"男女平等"。在她的人生里，这样的割裂就一直存在着。

一方面，"男外女内"的文化基因一直存在于金智英的生活中：业务能力优秀的金智英，仅仅因为是女性，可能需要怀孕生子，就错过了晋升的机会。而另一方面，随着社会的发展，金智英的自我也在追求"男女平等"的文化基因：生完孩子成为全职家庭主妇的金智英，却渴望重新找回自己的事业，她希望在相夫教子之外，依然有更多机会发挥自己的个人价值。

可是当机会来临时，受两种文化基因支配的金智英能把握住吗？

很遗憾，影片中，金智英本来有机会继续发展事业，丈夫也愿意请育儿假支持她，但她遭到了婆婆的强烈反对。婆婆甚至觉得，金智英让丈夫请育儿假带孩子，这不是疯了吗？

在金智英的生活里，"男女平等"和"男外女内"两种文化基因一直在互相打架。当她想要追求"男女平等"时，会和传统的家庭环境不匹配，她不得不承受指责和伤害；而当她放弃追求，想要接受"男外女内"时，却又和当前的社会环境矛盾重重，她甚至被人贴上"妈虫"的标签，被当成只能依附于丈夫的累赘。文化基因和环境的不匹配，就这样不断折磨着金智英的自我。

回过头来看，电影里的冲突又何止是金智英一个人的困境呢？

我们都知道，"男外女内"的模式曾经是一个家庭的最优选择。在传统社会，体力更强大的男性在外劳动，能够让家庭的经济收益最大化；感情丰富的女性负责家庭内部管理，能够保证后代的健康成长。

但是社会环境一直在不断进化，如今社会给了家庭分工更多的选择，"男女平等"的文化基因应运而生了，但我们还处于这两种文化基因的过渡期，自我的进化当然就在这些文化基因的矛盾中受到重重阻碍。

所以，所谓的"自我"，它其实是一套进化出来的、协调你和外界互动的心理机制。它会收集加工信息，主动发起行为，帮你更好地处理各种问题。

但是，要让自我好好运转，你必须先处理好和自我本身的关系。

自我的进化，包含了三个层面重要的基因传承：你身上的生物基因，曾经帮助过几十万年来人类的生存；你身上的性格基因，曾经帮助你在生命最初、最脆弱的阶段求得生存；你身上的文化基因，曾经帮助我们这个文明几千年来的生存。

当这三个层面的基因在进化的过程中无法和环境匹配的时候，你的自我就会面临很多困扰。

可我还是想说，你的自我历尽千辛万苦才进化成今天这个样子，虽然它不完美，但它真的很不容易。我们无法决定过去，但我希望你可以选择接纳它，而不要否定它。否定就像沉重的枷锁一样，只会让你在前行的过程中伤痕累累。

我更希望你带着清醒的头脑，带着对自己的理解和爱，轻装上阵。你可以有意识地摆脱过往的束缚，进化出一个更蓬勃的自我，真正决定自己的人生。

接下来，我想正式地邀请你参与到我设计的"今日行动"中。

简单来说，我会给你提供一个清晰、有效的行动方案，让你把当天学到的知识运用到生活中，帮助你从大脑到身体，都切实地感受到自己在变好。也就是说，我所发起的每个行动本身，就是针对当天探讨的问题，给你的解决方法。

现在，我们正式启动这个"今日行动"。

自我进化是为了更好地帮助你解决和自己、和他人、和世界的关系问题。我也希望你的自我可以得到进化。

那么，在你的生活里，目前最困扰你的一个问题是什么呢？是在爱情里不够有勇气？在职场上不敢争取机会？对待自己太过苛责？还是做事情行动力不足，总犯拖延症，很难坚持？

作为第一个行动，我想请你针对那个最困扰你的问题，以"我决定"为开头，写下你对自己的期许。比如：

"我决定对自己好一点，过去我太在乎别人的感受，迎合了别人，却忽略了自己。"

"我决定不再做生活的手下败将，努力工作，好好吃饭，坚持运动。"

"我决定在工作上不再要求自己事事做到完美，因为完成常常比完美更重要。"

写得越详细，你的体验会越深刻。读完本书之后，再回头看看自己写的行动，看看你的自我会进化多远。

欢迎你行动起来！

我们如何变得更好

虽然进化让每个人都形成了自我这套心理机制，但现实情况是：有些人的自我功能比较强大，处理问题高效；有的则比较虚弱，关键时刻容易掉链子。

比如，当一个工作项目出现难题时，有些人能够像消防员一样，第一时间想办法解决项目的燃眉之急；而有些人就会下意识地当起鸵鸟，假装什么事都没有发生。在遇到生活的挫折困难时，有些人能够找到治愈自己的方式，可有些人难过了也不知道如何疏解。

为什么会这样呢？因为不同的人主动接收外界刺激的能力也不一样，这就会影响到自我处理问题的效率和质量。就像人的身体，有些人长期不运动，整天在家"葛优躺"，肌肉就会变得越来越虚弱；而有些人经常健身，主动刺激肌肉，它就会变得更强大。

自我的进化也是一样的，只有主动去刺激它成长，它才能变得更强大。但怎么刺激呢？就是需要你投入和世界、别人、自己的互动之中，通过处理这三种关系，锻炼自我，进化自我。

但你一定又有第二个问题，就是怎么让自我投入和世界、别人、自己的互动中呢？这就需要你了解自己的能力感、关爱感、自主感这三个需求上得到了多少满足。

三大基本心理需求

如何理解这三种心理需求呢？你只要记住这三句话就够了：能力感指的是，我觉得自己有能力完成某件事情；关爱感指的是，我觉得做某件事情是有别人支持的；自主感指的是，我是自愿地、发自内心地做某件事的。

这三大基本心理需求，最早出自心理学领域的一个重要理论，叫作"自我决定理论"。自我决定论的创始人爱德华·德西（Edward Deci）和理查德·瑞恩（Richard Ryan）在大量研究的基础上得出结论："当一个人感到自己有能力完成某件事，并且做这件事的意愿是发自内心的，也有人支持的时候，他就会更愿意去行动。"

一旦你愿意去行动，你的自我就能在解决问题的过程中变得更强大，也更独特。

因此，现在的你，自我的协调能力如何，取决于过去的人生中三大基本需求的满足程度。而未来你的自我进化，又取决于现在的你将会做些什么。

三大心理需求之间并没有主次之分，因为它们分别对应了你的自我在一生中最重要的三重关系。其中，"能力感"的满足程度，会影响你和世界的关系；"关爱感"的满足程度，会影响你和别人的关系；"自主感"的满足程度，会影响你和自己的关系。

能力感

听到"能力感"这三个字，你可能会想："只要我培养出某些技能、某些能力，是不是我就能拥有能力感了？"

并不是，因为能力感其实是一种主观感受。举个例子：同事 A 和同事 B 在同一家公司、同一个部门工作，两个人资历、背景各方面条件都差不多。最近部门里有一个晋升名额，他们都有机会去争一下。

同事 A 觉得这是个好机会，自己今年业绩不错，表现也好，应该试试看，万一成了呢？就算没成功也不要紧啊，反正积累了经验。看得出来，他很自信，愿意迎接挑战，也不怕失败。

同事 B 却觉得："我这么主动地去争，要是失败了可太丢人了，好不容易今年运气好，业绩和表现都不错。我看还是等下次吧，等我明显能压过对方一头时再试试。"同事 B 更在乎结果，没有百分百的胜算就不愿尝试。

虽然客观来看，他们的能力不相上下，但两人的能力感有所不同：面对同样的机会，同事 A 认为是一次挑战，而同事 B 却觉得这是一场艰难的考试。

读到这里，你可能就明白了，你的能力感，和你拥有哪些能力并不是一一对应的。它是一种主观的感受：你感到自己是自信的、有能力的，你感到自己想去寻找更高级的挑战。

回到刚才那个例子上，同事 B 缺的不是能力，而是能力感。比起过程，他更在意结果，也更在意能否保全他那脆弱的自尊，除非事情有十足的胜算，否则他不敢轻易尝试，这些都是他能力感不够的表现。而能力感充足的 A，更希望通过尝试，来让自己提升。即使知道可能会输，他也享受挑战的过程。

这就是能力感最大的意义。它能够推动你去主动接受新的挑战和新的刺激，让自我逐渐走出舒适区，去接受外部世界的充分锻炼。在这个过程中，你解决问题的能力越来越强，你的自我就能像打游戏一样，一直在打怪的过程中不断升级。

关爱感

关爱感的满足程度，影响着你处理和别人的关系的能力，进而影响了你对自我的定义。

我曾接触到一个案例：一位 24 岁的姑娘，自己开了一家餐饮店，月入 4 万元，身边的朋友非常羡慕她，她自己也很享受事业上的成功。但她并不确定自己是否幸福，在她看来，任何人都靠不住，只有工作和事业能给自己带来安全感。后来为了工作，她甚至选择跟男朋友分手。

她的这种认知背后，其实是小时候的成长环境带来的。

在沟通中，这个姑娘提到了自己的妈妈，从小到大妈妈的注意力都集中在弟弟身上，几乎所有的关注、爱护都给了弟弟。日子久了，这种关爱感的缺乏，也导致她在人际相处的过程中手足无措，因为不了解被爱的感觉，所以她不知道如何给予，也不知道如何索取。

关爱感的缺失让这个姑娘至少在两件事上出现了行为和思维上的偏差。

第一，在处理和别人的关系上，她很难相信别人，也很难和别人维系长期且稳定的关系。即使是身边最亲密的人，如家人、男朋友。

第二，在衡量自我价值的标准上，她几乎把工作当成了自我唯一的价值来源。

她内心形成了一套评判标准：人是靠不住的，物质上的、实在的东西成了她安全感的唯一来源。所以当事业和感情出现冲突时，她会选择工作，放弃恋人。

那么，为什么缺少关爱感会对一个人产生这么大的影响？

因为缺失关爱感不是简单地感觉自己缺少了关心和爱护，它其实意味着一个人缺失了人一生中重要的连接感。这种连接感，追溯到一个人的生命初期，就是你能否从看护者那里体验到稳定的关注和回应。

我刚才举例的那个姑娘，小时候没能从妈妈那里获得足够的回应和关注，所以在心理上产生了强烈的断裂感。这种断裂感融合在她的身心记忆中，即使长大后，离开了原本的成长环境，在和别人相处时，也很容易被潜意识所激发，影响了她的人际交往。

关爱感的重要性，还体现在是它把我们放在了一张人际联结的大网之中，让我们能够更好地定义自我。

不知道你发现没有，你的自我其实在很大程度上需要从你和别人的关系中来定义。比如，当我思考我是谁时，我的回答首先会是"我是一个中国人""我是我爸妈的儿子，是我妻子的丈夫，是我孩子的父亲"，然后才是我的兴趣、特长等。几乎没有人会孤立于世界、关系之外来谈论自我。而这位姑娘就缺失了这一环，她对自我的定义仅仅局限在工作和事业上。因为缺少关爱感，她不能和别人发展良好的关系，也就无法从人际关系中定义自我。

这样的自我看上去很自由，但是一个人孤零零地伫立在旷野之中，失去了边界。而没有边界，内涵也会变得模糊，这就会让你无法准确定义自我。

自主感

听到"自主"这两个字时，你会联想到什么？你可能会想，大概就是一个人不管什么时候都能自己做主、做选择吧，听起来挺让人羡慕的。

但其实，能做出选择，并不意味着你就能充分地感受到自主。

我曾经有个学生叫作小冰，年纪轻轻，就过上了很多人都羡慕的生活。考上了好大学，找到了一份好工作，也交到了一个不错的男朋友。但是有一次在聊天时，她跟我说："赵老师，我不知道自己要的究竟是什么。我现在的工作说不上哪儿不好，可我总想换，但又不知道该换成什么样的。我男朋友各方面都挺好，我俩感情也挺稳定的，可我好像不是真的爱他，但我也不知道我的真爱是什么样子。"既然眼前的这一切并不是她发自内心想要的，那她真正想要的又是什么呢？她的疑惑有很多，但这些疑惑她又无法给出答案，这其实就是自主感缺失的表现。

因为这种茫然是日积月累渐渐形成的。她告诉我，从小自己就被家里管得特别严，小到和谁家孩子交朋友，大到大学填什么志愿去哪座城市，大大小小的决定都得听父母的。我这才意识到，由于长期迎合别人做决定，她发展出了一个迎合、顺从别人的自我。

长此以往，她内心深处自己的想法和需求都得不到表达，她也渐渐忘记了自己心底的声音。当她真正有机会去选择、尝试的时候，真实的自我被压制惯了，已经变得犹豫和茫然。

从心理学的角度来说，她真实感受到的是，自我的内部不融洽、不统一。

因此，我所谈的自主感，并不是通常说的"自己能做选择、能做主"，而是在做选择、做主的时候，你的自我内部是融洽的，你能感到自己做出的行动反映了内心的愿望，体现了你真正的价值观、意义和兴趣。

对于我这位学生而言，由于自主感没有得到满足，她不清楚自己内心的真实愿望，也就无法判断现在做的每个选择是不是体现了自己真正的想法。所以她的自我一直处在内耗的状态。

这种内耗的状态，也让她在面对人生选择题时，不敢轻举妄动：比如，不敢换工作、不敢全力以赴去恋爱。

只有自主需求得到了满足，自我才有信心去挑战更艰难的任务，这些任务会刺激你的心智功能，变得越来越复杂，又逼着你的自我更努力地去协调，从而推动自我升级，你的内心会变得越来越丰富，能力越来越强，想法越来越多，但你的自我并不会杂乱无章，反而会把内部磨合得更好，变得更融洽、更强大。

归根结底，自我进化的推动力，那就是三种基本心理需求，分别是能力感的需求、关爱感的需求和自主感的需求。

自我的进化需要满足你的能力感需求，当你感受到自己有能力完成某件事时，你会更愿意走出舒适圈，去挑战外部世界中更复杂的难题，把自我推向更强大的等级。

自我的进化也需要满足你的关爱感需求，当你感到跟他人有连接，能够得到别人的支持和回应的时候，你会更愿意与他人建立联系，你的自我也在人际关系中得到更深刻的定义。

自我的进化还需要满足你的自主感需求，只有当你感受到的自我是融洽、统一的时候，你才有动力去完全投入一件事情中去，而不是让自我消耗在内耗中。

其实，自我的进化就像一棵树的成长。在努力向下扎根的同时，也期盼着向上生长。向下扎根是为了保全自己，同时给向上生长提供源源不断的养分。自我进化也是如此，只有当心理需求都得到满足时，我们才能站稳脚跟，才有底气来推动自己向上进化升级。

当然，我还想强调的是，你目前的自我，只是你整个人生时空中的一段剪影。对你来说，认识到你过去的心理需求满足了多少，只是自我决定的开始。从现在起，你随时可以有意识地让自己得到更多的自主感、关爱感和能力感，让自我进化到更高的层次。

　　我想通过积极心理学的一个重要行动，帮你从现在开始，就体验到更多的能力感、自主感和关爱感，这个行动叫作：三件好事。

　　这个行动很简单，就是在一天结束之前，记录一下今天你发生的三件好的事情。这些好事可以来自生活里的点点滴滴、方方面面，只要是让你感觉良好，什么都行。

　　比如，我今天的三件好事是：

　　第一，我跟孩子一起打了羽毛球，我的关爱感和自主感都得到了满足，因为我特别喜欢跟孩子玩，这件事情是我内心既认同又享受的。

　　第二，我今天写稿很顺利，我的能力感和自主感都得到了满足，因为写作也是我特别喜欢的事情。

　　第三，我指导的一个学生来跟我讨论论文进展，他做得很出色，这让我很高兴。因为它不仅满足了我的关爱感，也有能力感，毕竟是我指导的，还有自主感，因为我喜欢帮助别人进步。

　　当然，你做这个行动的时候，不需要把三件好事和三个心理需求一一对应。这个行动是为了让你能够主动关注生活中的好事，只要这件事情是能为你带来积极能量的，它就是你能力感、自主感、关爱感的来源，只不过以前可能被你遗漏了，这个行动就是让你俯身把它们重新捡起来。只要你每天都做这个行动，你的自我就会肉眼可见地发生进化。

儿时经历真的会影响人一生吗

我们先从关爱感说起。

经常有些人来问我："赵老师，我的关爱感很低，但我不知道具体原因是什么，也不知道该怎么办，我是不是该赶紧找个人来爱我、关心我，才能补回来呢？"

这个问题的答案，其实关键并不在于现在找补，而是要回到人生的早期去追根溯源。它就像是一座冰山，你意识到的只是水面以上的一小部分，而水面以下的潜意识里的想法，才是问题的根源所在。这个根源，就来自我们儿时的经历。现在，我会带着你回到小时候，找寻那些有关心理需求的问题的由来。

当然，我想强调的是，虽然这些问题大多来自过去，但并不意味着我们就无法改变。我会用现代积极心理学创始人马丁·塞利格曼所倡导的方法，告诉你如何接纳过去，并通过行动，从现在就开始做出积极的改变。

这里，我会借助一个概念来解释关爱感的满足情况如何影响我们的一生，那就是：依恋模式。它是你了解关爱感的窗口。

依恋模式测试

下面有一些对日常生活状态的描述，请根据你的实际情况，或者你认为你可能会有的情况进行选择。

A. 完全不符合　B. 比较不符合　C. 不确定　D. 比较符合　E. 完全符合

1. 我认为我很容易和别人亲近。

2. 适度依赖别人让我感到安心。

3. 我不愿意和别人分享内心深处的感受。

4. 我经常为人际关系感到烦恼。

5. 即使和亲友发生争吵，我也不会全盘否定我们的感情。

6. 如果别人对我的态度有些冷淡，我会冷静地思考原因是什么，并且我认为对方的表现也许并不是因为我。

7. 我觉得与别人亲近会让我有些不舒服。

8. 我容易对别人产生依赖的感觉。

9. 我对自己的人际关系感到很满意。

10. 如果别人对我的态度突然冷淡，我会觉得是我做错了什么。

11. 在跟亲人朋友发生矛盾时，我有时会说一些狠话，做一些偏激的事情，过后又感到很后悔。

12. 我很少对人际关系感到烦恼，因为我觉得人际关系不那么重要。

13. 我对别人的情绪变化很敏感。

14. 如果和我很亲近的朋友表现得有些冷淡疏远，我会感觉无动于衷，甚至如释重负。

15. 我发现自己很难全身心依赖别人。

16. 向别人倾诉我内心的感受时，我会担心对方发现我不好的一面。

17. 我发现别人不乐意像我希望的那样与我亲近。

18. 我很容易和别人沟通自己的需要和想法。

19. 在和亲人朋友发生矛盾后，我很快就能平静下来，把心思放在其他事情上。

20. 看到别人伤心的时候，我感觉很难给对方情感上的支持。

21. 我担心如果我离开现在的朋友，很难再结交其他的朋友。

22. 即使与好友曾经有过矛盾，我们仍然可以继续做朋友。

23. 当别人与我很亲近的时候，我会感到不安。

24. 和别人意见不一致的时候，我也能心平气和地表达。

计算各题得分，A=1，B=2，C=3，D=4，E=5，无反向计分。按照以下维度计算各维度总分。

焦虑维度：4、8、10、11、13、16、17、21 题。

安全维度：1、2、5、6、9、18、22、24 题。

回避维度：3、7、12、14、15、19、20、23 题。

当焦虑维度得分最高，且"焦虑维度 − 安全维度 ≥ 16，焦虑维度 − 回避维度 ≥ 16"时，你倾向于焦虑型依恋模式

你渴望亲近的人际关系，然而又常常处在不确定中，担心别人不想和你亲近，害怕被拒绝。人际关系消耗了你很多心力，让你感到很疲倦。你容易察觉出人际关系中的细微波动，对别人的情绪和行为非常敏感。在人际关系中，你经常会给自己消极的暗示，情绪容易波动。有时候，你会在人际交往中冲动行事，可能会给别人和自己带来伤害，让人际关系受损；当你意识到自己的消极情绪之后，又会感到后悔。

当安全维度得分最高，且"安全维度 − 焦虑维度 ≥ 16，安全维度 − 回避维度 ≥ 16"时，你倾向于安全型依恋模式

你很容易和别人亲近，乐于和他人分享自己的事情和内心感受。你可以很好地调节自己的情绪，很少陷入情绪困扰。你的人际关系很好，不会对你造成困扰。对待人际交往中的矛盾，你也可以通过和他人进行沟通去解决。

当回避维度得分最高，且"回避维度 − 焦虑维度 ≥ 16，回避维度 − 安全维度 ≥ 16"时，你倾向于回避型依恋模式

你喜欢独立、自由，不喜欢和他人过于亲近。其实，你也需要和别人产生亲密的联结，你只是不愿意太过于亲近，喜欢和别人保持一定的距离。你不愿意和别人说自己的事情和内心感受，别人可能会觉得和你有距离感。

当三者互相相减都少于 16 时，你属于混合型依恋模式

你在焦虑型依恋模式和回避型依恋模式的得分相当，在不同程度上兼有两种依恋模式的一些特点。你想要情感上的亲密关系，但是有时又不能完全信任和依赖他们。你有时会担心如果和别人靠得太近，你可能会受到伤害。对你来说，和别人比较亲近会让你感到不舒服。在生活中会习惯把关系往坏的方面去想，明明想要建立情感联结，但是又因为害怕受伤而不敢前行。

当焦虑维度得分第一，且满足"焦虑维度 − 安全维度 < 16，焦虑维度 − 回避维度 < 16"其中之一（满足一个即可，满足两个就是混合型依恋了）时，你在依恋模式各类型中得分较为平均，更倾向于焦虑型依恋模式

你渴望亲近的人际关系，有时可以和别人建立起比较亲密的关系，但在这个过程中，有时你会担心别人不想和你亲近。和别人相处让你感到快乐，但是因为你不时地担心，会对别人的情绪比较敏感，你的情绪也会随之波动。总的来说，你渴望与别人联结，这个过程让你快乐，也让你烦恼。

当回避维度得分最高，且满足"回避维度 − 焦虑维度 < 16，回避维度 − 安全维度 < 16"其中之一时，你在依恋模式各类型中得分较为平均，更倾向于回避型依恋模式

你可以和别人建立起看起来还不错的人际关系，但是有时你不愿意将关系进一步深入，你不太喜欢和别人过于亲近。你会和别人分享关于自己的事情，有时也会和别人说到自己的内心感受；但有时也会把自己的真实感受隐藏起来，让自己独立于人群之外。整体来讲，你总是和别人保持着不远不近的距离，这样让你感到更舒服。

当安全维度得分最高，且满足"安全维度 − 焦虑维度 < 16，安全维度 − 回避维度 < 16"其中之一时，你在依恋模式各类型中得分较为平均，更倾向于安全型

你比较容易跟别人亲近，一般情况下，也比较乐于和他人分享自己的事情和内心感受。你的人际关系比较好，有时也会因为别人的言行产生焦虑的情绪，从而产生一些矛盾。不过一般情况下，你可以比较好地解决这些问题。

了解关爱感的窗口：依恋模式

依恋模式的形成，最早源于一个人的儿时经历。

一个人刚出生的时候，最重要的事情就是活下来。出于生存本能，婴儿会立刻开始寻找一个可以依靠的对象，不断向这个对象发出信号，比如，哭泣、呼唤、爬向对方。这个对象通常是妈妈、爸爸，或者其他主要抚养者。婴儿希望通过这些方式来跟他们建立关系，从而获得养育和保护。在这个过程中，孩子和主要抚养者形成的关系，在心理学中就叫作"依恋"。

由于不同的抚养者对婴儿有不同的回应方式，所以，婴儿也会调整自己的策略，不断试探自己该怎么和抚养者互动才最有效。

比如，有些抚养者准备充分，对孩子关怀又周到，那么孩子只要正常、规律地发出信号就够了，因为他的关爱需求会持续地得到满足。但是，有些抚养者对孩子发出的信号做不到正确的反馈，比如，有些抚养者对孩子时冷时热，给的关爱时多时少，孩子为了引起他们的注意，可能就会选择大哭大闹；也有的抚养者会心不在焉甚至排斥照顾孩子，就像我在前面提到的那个妈妈一样，带孩子的时候总想着打电话，那孩子很可能干脆放弃做出任何反应。不管是哪种方式，孩子的关爱感都在这个过程中，越来越匮乏。

婴儿和主要抚养者就是通过这样的互动方式慢慢地形成了一个稳定而且长期持续的互动风格，这就是所谓的"依恋模式"。

经过心理学家的实证研究和长期的观察总结，人类的依恋模式大致上可以分为三类：安全型依恋、回避型依恋和焦虑型依恋。

其中，得到了足够照顾的孩子，更容易形成安全型依恋；而没能够得到好的照顾的孩子，则形成了非安全型依恋。

那有两种常见表现：那些选择不再哭泣不再期待的孩子，形成回避型依恋模式；那些选择哭得更响、黏得更紧的孩子，形成了焦虑型依恋模式。

这些依恋模式，虽然基于一个人小时候的经历形成，却会持续影响着我们对待问题的看法，以及解决问题的方式。

身心记忆对安全型依恋的影响

你可能会问：一个人儿时的记忆和经历，都已经是过去的事情了，它真的会产生这么大的影响吗？

我们先来看一个例子。1963 年，美国加州大学医学院做了一项了不起的心理学研究，他们记录了 76 个婴儿从出生起到 30 岁的成长经历，从实证研究的角度验证了依恋模式对人的持续影响。

我在看他们的研究记录时，注意到了一个名叫"尼克"的男孩。他从小就得到了父母充分的回应和照顾，他的关爱感得到了充分的满足，最终形成了安全型依恋模式。

30 岁的尼克在接受访谈时提到，他还记得在他 3 岁时，有一次和妈妈去广场玩，玩着玩着他突然找不到妈妈了，他心里越来越怕，然后突然看到了妈妈，尼克一下子有种如释重负的感觉。妈妈当时一把把他抱起来，安抚他，这种温暖的感觉一直到现在他都还记得。

他也记得爸爸经常钻到他的被窝里哄他睡觉，给他讲故事，两个人一起编幻想的故事，一起玩拼图游戏。虽然爸爸不喜欢体育，但他尊重尼克的爱好，尼克每年生日的时候，爸爸都会带他去看一场球赛。

从这些细节片段中，我们看到了父母对尼克无条件的爱护，积极参与孩子的日常活动，对他的兴趣表示充分的支持和尊重。

在访谈记录中，尼克爸爸提到的一句话让我特别感动，他说："父母能够给予孩子的所有东西中最重要的，就是'被爱的感觉'和'在家很安全的感觉'，无论世界怎么变化，家里的事情都不会有任何变化。"

尼克和父母之间这种安全、信任的依恋关系一直在他成长的十几年里不断重复、不断得到强化。所以成年之后，尼克很自然地就把安全依恋模式延续到他的为人处世中。

比如，尼克幼儿园时期就比同龄人更加合群，更容易带着孩子们玩成一片。大学时，他也给朋友们留下了热情幽默、稳重真诚的印象。在亲密关系中，尼克也懂得支持妻子的工作，为了配合妻子的事业计划，两人商量好等过两年再生孩子。

这就是身心记忆的影响，一个人儿时的经历，构成了他认知的基础，他对自我、对人际关系、对这个世界的态度和看法，都会受到他小时候关爱感满足程度的影响。这些对关爱感的身心记忆会被储存在一个人的潜意识当中，形成他认识世界的底色。

当然了，随着每个人不断成长，接触到更多的人和事，他的认知会发生改变。但是底层的待人接物的本能反应，还是基于他小时候的依恋模式产生的。

比如说，有人向自己示好，安全型依恋的人直觉上会优先感受到对方的善意；而回避型依恋的人会优先想要逃避，因为他本能地想保护自己的情感。当然经过一系列理性分析之后，也许这两类人都会选择和别人交往，但是他思考问题、做出判断的起点，依然来自自己的身心记忆。

就像尼克的父亲说的那样，安全型的父母会带给孩子"被爱的感觉"，给孩子营造一种"你很安全"的身心记忆。如果我们从小接收到了足够的关爱，我们的身心记忆就会告诉我们，这个世界是安全的，不管我做什么样的决定，都会有人支持我，关爱我。

身心记忆对非安全型依恋的影响

和安全型依恋相比，非安全型依恋的人由于从小缺乏关爱感，所接受的身心记忆也会是不安全的，他们会倾向于认为自己不够好，自己做一些事情的时候并不一定有人支持自己，无条件地爱自己。

就像前面提到的，那些小时候选择不哭不闹、不期待策略的孩子，当遇到事情的时候，他们的身心记忆会告诉他们：期待爱只能带来失望，父母尚且会辜负自己，其他人就更不会给自己关爱了。

我见过一对夫妻，一闹矛盾，丈夫从来不会主动沟通，只会沉默，然后闹狠了就摔门而出，在外面躲上一两天才回家。可只有了解这位先生的人才知道，他的父母很早就分开了，他跟着妈妈长大，可妈妈忙于赚钱养家，没什么时间照顾他，除了吃穿用度以外，其他需求基本都靠自己解决自己消化。在对待亲密关系上，可能连他自己都没有意识到，是他的身心记忆在影响他，暗暗引导他选择了让自己感到舒服的方式来消化负面情绪。

而那些小时候选择哭得更响、黏得更紧的孩子呢，长大后对外界的态度也是焦虑的。他们的身心记忆在不断提醒他们：就像自己小时候费尽力气迎合父母，才能换来关爱一样，只有你努力引起别人注意，别人也注意到你了，你才会感到安全。

举个例子，典型的焦虑型依恋的人，在谈恋爱的时候，总担心自己不够好，担心对方不够真心，所以会和对方反复确认，不停地试探对方。好像关系一旦归于平静，对方就要抛弃自己了一样。焦虑型的人也往往会反思，可是他们明明知道这样不好，但就是控制不住自己。这背后，其实都是他的焦虑型依恋的身心记忆在起作用。

过去已经发生的事情虽然改变不了，但我们还有很多机会去改善。就像积极心理学倡导的，我希望你首先意识到，你的一些直觉反应，其实是受到儿时经历的影响，在潜意识里保护你的情感。在这个基础上，我们才能更好地做出改变。

就关爱感需求来说，你现在能够开始做的，就是在了解依恋模式的基础上，去调整你在一段关系当中的身体反应和情绪反应。这个过程有点像学习一段新的双人舞，因为是陌生的动作、陌生的舞伴，刚开始想要克服确实有点难，但只要经过多次反复，它就有可能变成你的肌肉记忆，变成你自然而然的舞蹈反应。

今日行动

童年时期形成的依恋模式会变成烙印在你身体、情绪中的记忆，影响着你一生中的方方面面。虽然我们已经无法回到过去，为过去曾经受过伤的自己做些什么，但是，我想发起一项叫作"关爱练习"的行动，让你有机会为现在的自己做些有意义的事情。它一共有三步：

第一步，回想一下最近一年来，你受过的一次委屈、挫折或伤害。

第二步，扮演一次安全型的父亲或母亲，把自己当成孩子。

第三步，面对这个难过的孩子，你作为一个安全型的父母，会产生什么样的反应，又会对他说些什么，做些什么呢？

我希望你可以像尼克的父亲一样，为自己内心的小孩塑造"我是安全的"感觉。

为什么会有越需要越远离的心理

人类的依恋模式大致上可以分为三类：安全型依恋、回避型依恋和焦虑型依恋。

通过前面的测试，如果你发现自己有一些回避型或者焦虑型的倾向，其实也很正常。我在近 15 年的很多相关文献中发现，中国成年人的依恋模式分布中，安全型在 23%~41% 之间浮动，非安全型的总数超过一半。也就是说，你每天到公司去上班，见到的 10 个同事里，就很可能有 5 个以上是非安全型依恋模式。所以，了解这两类依恋模式，既是为了更理解你自己，也是为了更好地和别人相处。

回避型依恋的好处

说到回避型依恋，我想起曾经有一个学生，因为工作上的来往，我和他有过不少的交流。我们暂且称他为小李。小李给我的印象是，有礼貌，含蓄低调，虽然平时话不多，但是你能感觉到他其实很有自己的想法。他学业优秀，做事情也很利索，他的导师经常在每周例会上夸他。除了工作学习，私底下小李和朋友、同学的关系不算差，不过也没有听说有谁跟他特别亲近，倒是经常看到他独来独往。前一阵子，我偶然看到他发了一条朋友圈，说他趁周末又自己一个人去逛了北京的十三陵，那是他最喜欢、最放松的人生时刻。

小李的性格特点概括来讲有以下三个。第一，很理性。工作、个人生活中的问题处理起来都特别有条理。第二，独立。有一些自己的朋友，但独立性强，别人通常不会讨厌他，他自己能搞定的事也绝不麻烦别人。第三，特别善于自得其乐。不需要黏着谁，自己就能过得挺好。

这么听起来，很多人应该都挺羡慕小李这样自在的活法。但是，在我和小李进行了多次比较深入的交谈后，才了解到，其实小李的这三个特点，是来自他的回避型依恋模式。

理性、独立、自得其乐，这就是回避型依恋者的三个普遍特点。这是美国著名临床心理学家大卫·沃林（David Wallin），根据依恋理论的研究和多年的临床实践总结得出的。

而对回避型依恋模式的人来说，这三个特点，就像三枚硬币，既有正面，也有反面。好的那面是，它保护了回避型依恋者的自我；不好的是，从某种程度上来说，它们也在妨碍回避型依恋者的发展。

在和小李进行了多次比较深入的交谈后，我也从他身上慢慢地看清了这三枚硬币的全貌。

我最早意识到小李的依恋模式倾向，其实是在和他聊到家庭的时候。当我提到父母时，小李的脸色稍微有些变化。他犹豫了很久以后，才说起，自己一直到上了大学，跟室友聊天后才发现，原来小时候父母和自己的互动是有问题的。

在他的回忆里，从小他跟父母之间的情感互动特别少。父母生下他后就做了"甩手掌柜"，除了照顾吃穿，其他一概不管，好像默认所有事情等他自己长大了自然就会懂。结果，小李不得不独自面对生活中各种问题，在没有人指导的情况下，他当然是状况百出，比如，倒开水把凉玻璃杯烫炸了，煮饭没放水把电饭锅烧坏了，只能用这种试错的方式来掌握生活常识，这给他的生活带来了很多原本不必要的麻烦。

亲戚朋友倒是经常夸他懂事，他爸妈也会自豪地说："这孩子从小到大我们就没操过心！"可是每次听到这类话，他都会觉得特别讽刺，明明是自己迫不得已才这样的，父母不但没有意识到他们对自己的关爱不够，还认为"做甩手掌柜"是件光彩的事情，这让小李对父母更加失望了。

在他的依恋模式里面，包含了太多失望，太多求助无用的情绪记忆和身体记忆。而他必须反复适应调整，才能在孤立无援的情感世界里活下来。

小李的故事也并不是个例，我们的生活中其实有很多像小李一样的人，他们都曾经像我在第一节里提到的那个宝宝一样，爸爸妈妈忙于事业，自己不管做什么都得不到反馈。当发现哭闹或者开心都没有用之后，就会开始采取回避的策略。其实这是出于一个人从小对自己内心的保护。

所以现在我们再回过头来看，最开始提到的那三个回避型依恋的特点，只相信理性、高度独立、自得自乐，其实都是一个人选择了回避策略后所带来的副产品，是他不得已用来保护自己的铠甲。

回避型依恋的坏处

看护者的持续忽视和拒绝，让回避型依恋者意识到自己不管再怎么努力都没有用。我发现，小李很难向别人敞开心扉。有一次，他小心翼翼地跟我说起，私下里其实很羡慕一个室友，那个室友情商特别高，跟谁都能很快打成一片。我很开心小李能跟我说出他的真正想法，但是当我进一步询问原因时，他又有点犹豫，然后很不好意思地说："可能是我想要有几个真正关系很铁的朋友吧。"

就在我准备进一步聆听时，他又话锋一转："不过我总不能老跟你说这些，你听多了肯定也烦。"没等我做出反应，他又接着说，"而且，像他那样迎合周围的人估计也很累，我也模仿不来，每天主动跟人打招呼，好像我有什么企图似的，还是老样子过吧。"

坦白说，当时听到小李说完这些，我立刻产生了一种挫败感。在我看来，小李跟我聊了这么多，我还以为我俩关系已经很不错了，结果他还这么见外，一下子感觉被他推得老远。相处时总是有距离感，这可能就是我们遇到回避型依恋者时常常会有的感受。

小李的例子也展现了一个典型的回避型依恋者常常会有的人际循环。

眼看着关系有点进展了，对方有了更多善意的期待，想为你做点什么的时候，回避型依恋者就立刻紧绷起来，就怕自己万一表现出依赖，对方就会嫌弃自己，同时也怕自己白白期待一场，被对方辜负。于是，他们往往会一边躲回自己的舒适圈，一边用理性来自圆其说，告诉自己没关系、无所谓、不需要。

所以，回避型依恋的本质，其实是一个人基于从小积累的失望和不信任，条件反射地使用各种回避策略，好让自己在人际关系中不再期待、不再受伤、不再被羞辱。哪怕这个人早已脱离了最初那个环境，一时半会儿也很难改掉这种反应惯性。

比如，在工作关系中，他们倾向于公事公办，避免跟领导或同事产生更深的交情，容易让人留下一种不近人情、高冷的印象；在恋爱中，当喜欢的人向他们示好的时候，会莫名地感到压力，想要排斥，而且越是面对重要的人，越会下意识推远距离，最后索性选择回到单身状态。之所以他们不断地在生活中重复一样的行为模式，追本溯源，其实还是来自回避型依恋模式。

这就是我想说的，回避型依恋那三个特点，也就是理性、独立、自得其乐的反面。

第一，只相信理性确实能让人做事没那么冲动，但这个信念的背后其实是回避型在刻意疏远自己的真实情绪。比如，失眠了，你第一个反应不是想想心里压着什么情绪、什么事，而是跑去医院做检查，希望找出一个看得见摸得着的病因。

第二，高度独立，确实让人觉得很可靠，事情交给他们就会很放心。但对他们来说，这只是隐藏失望和不信任的方式。这会阻碍他们和别人发展长远的、认真的关系。

第三，自得其乐，一个人独自消化情绪的背后，其实是他对关系破裂的恐惧。"没有希望，就没有失望""如果得到又失去，还不如从来就没有过"。那些因为主动放弃、切断联系而导致的负面体验，其实他们从来没有消化掉，只是被否认和压抑了。

现在，我们可以很清楚地知道，为什么回避型依恋的人总是抱着越需要越远离的心理了。因为回避型依恋的人，内心深处一直有两个"不相信"：

第一，不相信有人会对盔甲之下的自己给予长期稳定的关爱；

第二，不相信自己脱下盔甲之后，还有能力可以日益成长，抵御风浪。

所以回避型的人，就像一个穿着高级盔甲的战士，防御能力看似极强，但盔甲内部有一个柔软弱小的情绪自我，它一直没有机会被照看、被喂养，因此也一直没有机会成长壮大。

回避型依恋的改善方法

如果你也有相似的体验，现在你也许能够意识到：看似完整、独立的回避型，其实也需要适当做出调整和改变。而修复的关键就在于先接纳盔甲里的自我，接纳自己最真实的情绪感受，接纳自己对爱的需求。

具体该怎么办呢？

第一个方法是，写一下身体信息日记。

情绪和身体的感受其实是紧密结合的关系，但我们在生活中常常会忽视这一点，尤其是回避型依恋的人，从小习惯了依靠理性，习惯了压抑真实的情绪感受，把身体感受和情绪感受硬生生地割裂开来。所以，探索身体感受，观察和记录自己身体信息的变化，对回避型的人很有帮助。

你可以尝试每天睡前，写一下自己今天的身体信息日记，比如，你在什么时候容易眉头紧皱？什么时候忍不住拔高音调？什么时候特别容易心慌？什么时候四肢发冷？……试着持续一周，看看你都发现了哪些规律。

练习这个过程，就好比你额外创造机会，让那个盔甲里的自我偶尔跳出来。当你对自己的身心反应越来越熟悉，熟悉到能跟场景对应起来的时候，你就会慢慢发现，究竟什么情绪被你忽略过去了。对于回避型依恋的人来说，这就是重新唤醒生命活力的开始。

第二个方法是，主动在重要的人面前坦露自我，消化表达真情实感带来的羞耻感受，从习惯性否认对爱的需求中，一点一点地走出来。

这个过程要循序渐进。一方面，"选择坦露什么"可以遵循从易到难的原则，一般来说，我们表露开心的、积极的感受比一下子暴露消极感受更容易，所以，你可以从坦露一件让你感到积极、高兴的事情开始。另一方面，"选择向谁坦露"也要循序渐进，尽可能挑选一个安全的、信任的人开始自我坦露，以免让自己受到二次伤害。

今日行动

　　真实地体验一次"自我坦露"。

　　拿起手机，打开微信通讯录，从里面找到一个对你来说很重要的人，主动发起一次联系，和他分享最近一周让你感到开心，但是你一直不太好意思和别人说起的事情。

　　这是一次非常积极、正向的行动。如果你是回避型依恋模式，它将是你迈出的非常有意义的一步；如果你不是，也没有关系，它也能帮你强化已有的情绪表达优势，继续和别人建立好的联结。

在关系中总是患得患失怎么办

焦虑型依恋模式的人往往会在关系中患得患失，我会和你谈谈焦虑型依恋是怎么患得患失的，他们为什么会这样，以及应该如何避免。

焦虑型依恋的人有什么不同

如果你身边既有回避型依恋的朋友，也有焦虑型依恋的朋友，那你大概早已感受到他们的不同了。

这种不同，首先会体现在他们对自己的信任感上。

回避型的人通常觉得别人靠不住，只能靠自己；但焦虑型的人觉得光靠自己肯定不行，还需要别人的情感支持。比如，同样是丢了工作，回避型的人会选择打落牙齿自己吞，自己去寻找解决方案；但焦虑型的人呢，会第一时间找信赖的人倾诉，希望有人陪他渡过这个难关。

回避型和焦虑型的不同，还体现在理智和感受的功能发挥水平上。

简单地说，就是回避型能够处理应对事情，但是不太能感受，也很少表达自己的真实感受；而焦虑型特别会感受，表达也很多，只是太容易被感受淹没，以至于没法专心做事。

比如，恋爱分手了，回避型的人想的是我尽快把它掩盖过去，删掉前任的联系方式，丢掉两人的回忆等，哪怕是再痛苦，他们也不承认；可焦虑型会一边向朋友哭诉痛苦，一边把前任的联系方式删了又加、加了又删，没有心思去做别的事情。

只要相处的时间长一点，距离近一点，你大概就很容易发现自己身边，哪些人是焦虑型依恋，因为他们特别善于传递情绪感受，就怕周围人错过自己发出的信号。

那么焦虑型依恋的人为什么这么患得患失，生怕别人注意不到自己的情绪呢？我想带你分析一个故事。

去年我在一个心理学项目研究里，就遇到过这样一位焦虑型依恋的访谈对象，她叫小敏。

她在一所重点大学读硕士，前两年她交了个男朋友，是另一所高校的博士生。小敏经常夸她男朋友，觉得他又聪明又理性，每次不论遇到什么问题，都可以从他那里得到建议。

不过，两个人的交往又不太顺利。小敏好像总是忍不住反复去考验这段感情，隔三岔五就忍不住找个理由跟他发脾气，但其实又都不是什么要紧的事。比如，有个表格不会填，她去找男朋友，但男朋友当时没空，让小敏自己填，她就想吵架；男朋友买了花来看她，但迟到了一会儿，她也生气。后来连她自己都意识到了，她好像就是不习惯关系风平浪静一样，一段时间不吵一吵，就会感到极度不安。

大多数人都会觉得：风平浪静、和和美美的关系才更好。但对于小敏这样的焦虑型依恋的人来说，持续太久的风平浪静，反而好像是两个人在精神上失去了联系，她会开始患得患失，所以总忍不住制造点动静，希望得到对方足够多的反应信号。

为什么会这样呢？

从依恋模式的角度来说，这种应对策略很可能曾经在她过去的人生经历中，帮她从看护者那里争取到了更多的照顾和回应。小时候使用这种策略得到了关爱，这种反复持续的经历，就会变成身心记忆，深深刻在小敏的潜意识里，一直到多年后她开始建立亲密关系了，也会时刻影响着她。

回溯小敏的原生家庭之后，我的推测得到了进一步的验证。

小敏说，从她有记忆以来，父母就经常吵架。在小敏的感受里，正常沟通在他们家会被忽略不计，如果不做点显眼的事情，或者把情绪爆发出来，家里人的注意力永远到不了自己身上。

另外，在小敏家里，爸爸更宠爱学习好的孩子，所以当小敏取得好成绩时，爸爸就很高兴，对小敏也格外关心。但是成绩不好的时候，爸爸的态度就要冷淡得多。

她的这些描述，向我们暗示了一个重要的信息，那就是，她想要得到父母的关注和回应，得靠她自己"争取"，如果你不努力，就会被忽略。这就在无形中让小敏形成了"博取关注"的策略。

焦虑型依恋的人往往是这样，不断地博取关注，试图为自己争取更多的关爱。但是归根到底，其实是因为他们小时候没有得到父母无条件的爱，所以，父母对自己的回应方式不及时，给的关爱时断时续或者时好时坏，这就会让他们长期处在被忽略或者被抛弃的恐惧之中。

也正因为这样，焦虑型依恋的人才必须加倍表现，发出比一般人更多的信号，来表达自己对关爱感的诉求。

这种争取和诉求通常会表现为两种形式。首先，常见的一种形式是：过度付出。

比如小敏，为了让看重学习成绩的爸爸更多地关注自己，她给自己植入了一个信念：我一定要努力学习，保持好成绩，这样爸爸才会更爱我。所以，小敏说她以前常常熬夜看书到深夜，哪怕内容已经掌握了，她也要再看一会儿，让爸爸夸自己努力。这样时间一长，孩子难免会发展出一个过度迎合别人要求的自我。

其次，有些孩子还会通过不断制造新的焦点，来引起父母的关注。而且这种策略，往往是发生在孩子潜意识的过程里，他自己都没有意识到。

比如说，有些焦虑型的孩子会通过一些极端的表现来"制造"焦点，像是打架、旷课等"叛逆"的行为，表面上孩子好像是为了标新立异，实际上大多数孩子潜意识里的目的，依然是唤起父母的关注，获取自己需要的关爱；或者是试探父母，我这么坏、这么叛逆，你们到底还爱不爱我呢？

小敏也有过这样"制造"焦点的经历。她上小学六年级的时候，有段时间父母吵架格外凶，好像要闹离婚了。没过多久，小敏突然出现了一个症状，就是只要在上课的时候，她就说不出话。小敏的父母吓坏了，带她去医院，结果没有查出身体上的任何问题，医生说可能是精神情绪上的失调引起的。不过，因为这件事，她父母反而暂停了吵架，把注意力全都放到了小敏身上。上了初中以后，她说不出话的状况渐渐消失了。

不知道你有没有注意到，小敏为什么就只在上课的时候说不了话呢？从心理动力学的角度来说，小敏从小就发现，自己在学业上的表现是最吸引父母关注的，在课堂上说不了话，就会影响到学习，而一旦学业上出了问题，才最有可能引起父母的重视。所以，很可能是父母吵架离婚的氛围，激发了小敏对失去关系的焦虑，因而无意识地形成了这样的反应。

他们发现拼命迎合别人的要求，或者是搞出大动静的策略居然是管用的，这些策略就会被身体和情绪记住了。焦虑型依恋模式正是通过身心记忆一直延续到他们长大以后的为人处世之中。

被焦虑型依恋支配的结果

那么在日常生活中，除了像小敏这样，在亲密关系中很容易触发焦虑、愤怒等情绪之外，焦虑型依恋在其他人际关系中，也可能经常被激发出来。

比如，在工作中和老板的关系，一个焦虑型依恋的员工，可能本来是佩服老板的，觉得他懂管理，会识人。可是忽然有一天，领导拒绝了他提交的方案或请求，他就立刻觉得被忽视了，后悔自己看错了人。

所以归根到底，焦虑型依恋会对人产生两个重要影响。

第一，可能把重要的人际关系推向恶性循环。因为从小形成的惯性，焦虑型依恋的人容易在关系里过度依赖对方、从情感上捆绑对方。为了抢占对方的注意力，他们会过度付出，不管这种付出是不是对方真正想要的。对于这样的互动方式，一开始对方可能会回应、接纳，但时间一长，也会忍不住想要推开，这就更加激发了他们的焦虑……就像一只被关在笼子里奔跑的仓鼠，疲于奔命，却永无止境。

第二，焦虑型依恋模式也可能会让人的自我评价变低，因为他们把自我评价建立在别人对自己的反应上："别人怎么评价我？他们会不会抛弃我？"这都会影响他对自己的看法。因为太在意别人，他们就更可能丢失自我。

焦虑型依恋的改变方法

那么，如果你是焦虑型依恋，怎么样才能从这个混乱的情绪世界里走出来呢？

第一，重新训练自己的理性思维。

前面我说过回避型依恋的人太过理性，压抑真实情感，所以他们要做的是坦露真实感受；而焦虑型正好相反，他们要做的是让洪水般的情绪有个缓冲带。

所以，我提供一个心理学练习方法，叫作"情绪按钮"。简单来说，就是当你发现某些情境下你特别容易焦虑的时候，你就按下情绪按钮，及时喊停，找回一些理性的思考空间，觉察情绪背后的真实需求。

前一阵子有个朋友找我聊天，他说他太太在一家互联网公司做部门经理，经常要忙到晚上 10 点才能回家。他虽然知道太太很忙，但还是忍不住会打电话过去，而且三通电话内如果太太没接，他就要焦虑到在整个屋子里走来走去。等他太太开完会回电话过来，他又忍不住大发脾气，闹得两个人都不愉快。

我就建议他下次再遇到这种情况时，就在心里默念一次，"我要按下我的情绪按钮了"，然后停下来问问自己："我为什么会这么焦虑？明明我知道对方不接电话是因为太忙，那我是在担心什么？是在担心她故意不回我电话吗？还是我潜意识里在担心她会离开我，希望她多关注我一点呢？"

我希望他做的，其实就是通过情绪按钮提醒自己进行反思，到底是他的理性意识在驱使他行动，还是他潜意识里的焦虑，促使他情绪化地表达自己对关爱感的需求。

这几天我又联系了他，他说自己还是会焦虑，但是情况比以前好一点了，现在他和太太把"情绪按钮"这句话当成了暗号，一有焦虑的苗头出现，就念几次，"我要按下我的情绪按钮了"，然后停下来分析一下，慢慢地就找回了更多的理性。

第二个方法，就是跟那些对你来说"有帮助的人"多交流、多相处，重新积累安全、真实的人际体验。

所谓"有帮助的人"，可以是你身边任何一个比较接近安全型依恋的人。因为他们通常情绪更平和，人际边界更清晰，多和他们相处，无论是聊天、工作、恋爱，都会有助于积累安全的人际回忆。而且他们还会照亮别人身上一直被自己忽略的优势和力量，这会极大地帮助焦虑型依恋者提升自我价值感。

对于小敏来说，那个"有帮助的人"就是她男朋友。他曾对小敏说：其实你对别人的情绪高度敏感有时候也是优势。比如说，两个人每次吵完架，你总能体会到我的心情，想办法补救，而且补救的点通常都很准确，总能打动我。也正是这种敏锐，让小敏周围的人际关系虽然起起伏伏，但最后总是能得救。和男朋友的这种交流，让小敏就有机会从焦虑型依恋的模式中冷静下来，看到自己的优势和力量。

当然，如果你的焦虑型依恋已经严重明显地破坏了关系，严重影响了你的生活质量和情绪，仅仅靠自我反思，就不够了，我建议你必须去找专业的心理人士寻求帮助。

今日行动 ⬤⬤⬤⬤⬤━━━━━━━━━━━━━━━━━━━━━━━━━━━━━━━

首先，请你想一想，你的人际关系中，有没有让你感到焦虑、愤怒或者被抛弃的场景？当时你是怎么应对的呢？是激烈争吵，还是委曲求全？

现在，我就把这个"情绪按钮"交到你的手里，请你回到当时的场景，暂停你的情绪反应，分析一下：

第一，在你焦虑、无助、愤怒的背后，隐藏的需求是什么？

第二，除了条件反射的那些方式，有没有其他更温和的处理方式呢？

如果你是焦虑型依恋，我希望你可以像我那位不停地打电话的朋友一样，通过情绪按钮，做自己情绪的主人，真正认识到自己的需求是什么。如果你期待的是获得关爱，那不妨直白地说出来，用理智来调节自己的情绪。

如果你不是焦虑型依恋，那也欢迎你把这样的方法分享给身边偏向焦虑型的朋友，相信会对他有所帮助。

无法做出决定，是因为缺少情感

我在介绍三大基本心理需求的时候说过，当一个人做任何事情都符合自己的价值观、意义和兴趣的时候，他的内在自我就是融洽的，他所有的心理资源都在往同一个方向使劲，这就是我们所说的自主。

而能不能达到这样的状态，主要取决于你自主感的需求是否得到了充分的满足。一旦没有得到满足，人就会出现两种倾向，那就是无主和他主。

比如，是留在大城市，还是回老家？

无主倾向的人一般会想：怎么办呢？大城市和小县城，各有各的好，也各有各的不好，好像对我来说没什么差别，我也不知道自己更喜欢哪个。

而他主倾向的人就会想：我更喜欢大城市，可爸妈就我一个孩子，他们特别希望我回老家，我不回去的话他们就会伤心，别人会说我不孝，我也觉得对不起他们。

所以，无主，就是我不知道自己要什么；他主，就是我在追求他人想要的东西。

虽然无主和他主都是自主感缺失的表现，但症状不同，背后的成因也不一样。

决策需要理智与情感协作完成

想要讨论清楚这一点，我们不妨先往极端的情况想一想：在什么样的情况下，一个人会完全无法做出决策？

美国脑神经科学家达马西奥（Damasio）曾经有一个著名的案例，他有一个病人做过脑部手术，负责情绪部分的脑区受到了损伤，以至于他再也不能有效地产生情绪。

如果你给他看一些场面比较极端的照片，他会说："嗯，我记得我以前看这种照片的时候会有强烈的情绪，但是我现在什么感受都没有。"当他给达马西奥讲自己生活有多艰难的时候，达马西奥都听得眼泪汪汪的，可他自己却没有任何反应。

虽然这个病人感受不到情绪，但他的智力还是正常的，从数学运算到公司业务到人际交往，他还是对其中的规则了如指掌。很多人都以为，既然他理智还在，那么在不受情绪干扰的情况之下，他一定能取得更多的人生成就。

然而现实恰恰相反，本来他是大家公认的模范员工，现在他却失业了。因为他感受不到情绪之后，也做不了任何决定。稍微复杂一点的事情，他虽然知道所有可能的选项，但他不知道该选哪一个。比如，为了给文档归类，他就能想一个下午，还是不知道这些文件到底是应该按日期分类，还是按大小分类。再比如，用什么颜色的笔、在哪里停车、穿什么衣服这些在我们看来是最简单的决定，在他那里却成了不可逾越的难关。

为什么会这样呢？既然他受损伤的是情感而不是理智，他难道不是应该能够更好地推理和分析，更好地决策吗？

不光我们觉得意外，就连柏拉图、笛卡儿、康德这些伟大的哲学家也认为，人的最佳决策都是来自"高级推理"，要获得最佳解决方案，就必须将情绪排除在外，依靠理性来分析。

决策是理性分析的结果，这是千百年来我们大家认定的结论。但是达马西奥的研究恰恰表明，这个我们千百年来认定的结论，其实是错的。

这位病人之所以无法做出决策，从根本上来说，就是因为他缺乏情绪。我们都知道，理性分析是一个复杂的过程，需要经过运算、分析和评估以后，在很多选项中选出最好的一个。按理说，如果能像人工智能一样单纯地做运算，只要推理分析就能得出结论，反倒容易一些。可现实情况是，当一个人通过理性做决策的时候，面对海量的信息，又要推理分析又要权衡比较，压力非常大。在这个过程当中，如果没有情感的参与，没有潜意识里的情绪告诉你如何趋利避害，我们很可能就迷失在复杂的推理过程中，花再长的时间也做不了决定。

也就是说，那位病人的问题并不是在于没有理性思维，而在于没有感性来帮他做决定。所以，那些在我们看来很简单的决策，到他那里，却会变成一项非常艰难的任务。

因为我们做决定的时候，不只是依靠理智来分析，很大程度上是依靠情感来感受。当你对着衣柜决定自己要穿什么的时候，你的潜意识正在飞速想象你穿着这件衣服的样子、别人的反应，以及你自己的感受。是这些感受和理智一起最终推动了你做出选择。

我想你已经意识到，我们的决策是理智和情感共同作用的结果。一个人之所以无法自主地进行决策，就是因为理智和情感没能很好地协作。

美国著名积极心理学家乔纳森·海特（Jonathan Haidt），写过一本书叫作《象与骑象人》，也很好地验证了这一点。

我和乔纳森·海特曾经一起讨论过中美文化心理的比较，其中就涉及了自主这个话题。我们俩都认为，一个人自主的丧失，能不能做出独立自主的决策，在很大程度上取决于他的情感是否出现了问题。

乔纳森用大象和骑象人来形容情感和理智的关系，大象代表着情感，骑象人代表着理智。我们的理智就像手里握着缰绳的骑象人，但并不是说只要动动缰绳，我们就可以指挥情感的大象转弯、停止或者往前走了。因为大象的力量比骑象人大得多。当一个人感性的欲望很强烈的时候，理智又怎么可能完全控制了它呢？就好像我们每个人都知道要保持饮食健康，但又有多少人真的能靠理性的意志来拒绝美食的诱惑？所以，一旦大象真的想做什么，骑象人根本斗不过它。

在绝大多数时候，骑象人只能选择跟大象合作，他们才有可能往更好的方向前进。也只有当情感的大象愿意相信理智的骑象人，信任他的指挥时，我们才能够独立自主地做出决策。

也就是说，真正能够让我们往前走的，是我们的情感，仅仅靠理智是无法实现的。理智没有了情感，就像你的内心空有骑象人，但是没有了大象，你当然哪里都去不了。

无主的人为什么做不好决策

大多数人形成无主的倾向，是理智和情感无法好好合作的结果。但是，这样的问题又是怎么来的呢？

一般来说，无主的形成有两种方式。

第一，是一个人的大象不被允许存在，也就是情感被否认；第二，是他的大象不信任骑象人，也就是情感抗拒理智的判断。

你可能还记得，我前面提到过一个学生小冰，她就是从小在这样的环境中长大的。父母从小对她管得很严，但孩子总有自己的意志，当小冰听从内心大象的召唤，不听父母话的时候，她的父母是怎么做的呢？

否认情感

首先，在小冰的记忆里面，父母常常否认她的情感表达。7 岁生日的时候，小冰的阿姨送了她一条裙子，大家都夸好看，小冰开心极了，结果回家后却被妈妈数落了一顿："一条裙子就让你开心成这样？小小年纪就爱慕虚荣！"还有一次，妈妈让她给大家跳个舞，结果她摔了一跤，坐在地上哇哇大哭，妈妈不来安慰她，却说："快起来，摔一跤就哭，丢不丢人啊！"

可是，被夸了高兴，摔痛了想哭，这些都是自然的情感啊。是孩子内心的大象感到了强烈的冲动，想要表达出来。但是妈妈的数落、批评，让小冰开始评判自己："原来我开心是错的，原来难过是不被允许的。我不应该有这些情绪感受。"这个过程，就像骑象人强行勒住大象，不允许它自然地奔跑，大象就会变得越来越虚弱，也就是说，小冰大脑中的情感系统的发展受到了阻碍。

阻碍孩子最真实的情感表达，就是在不断否认、打压他情感的大象，大象不会变得更懂事，只会变得更虚弱。最终孩子就会错失情感功能发展的机会，影响他将来做决定的能力。

影响情感对理智的判断

除了打压情感大象的存在，很多父母还会想办法，让孩子内心的大象失去对骑象人的信任，让孩子潜意识里觉得自己的理智就是不靠谱的。

小冰的妈妈从小对她说得最多的一句话，就是："我还不是为你好？你听我的就行了。"而她爸爸的口头禅则是："等你长大以后就知道了，将来你谢我都还来不及呢。"

你看，在小冰生活中充斥着大量这样的声音：你不需要做任何决定，我们替你做决定。不管你再怎么想，都没有我们深谋远虑。

可是一个人如果从小就不能做决定，那他长大以后也就很难自我决定。为什么呢？

因为人类的大脑具有很强的可塑性，它遵循一个最基本的原理，叫作用进废退，也就是越用越发达，不用就退化。就好像如果孩子小时候就经常运动，那么他主管运动的脑区和神经回路就会越来越强，相反，如果他从小缺乏运动，那么这方面的脑区和神经回路就会越来越弱，他长大之后的运动能力也就会比较差。同样地，大脑中负责理性决策的部位叫作前额叶，如果一个人从小就经常能够自己做决定，那么前额叶就经常需要和情感系统对话，它们之间的连接就会变得越来越强，但如果从小孩子就没有机会根据自己的情绪整合理性去做决定，那么理智和情感之间的连接能力就会越来越差。

这就好像骑象人和大象之间互相磨合，如果骑象人想指挥大象去一个地方，那必须和大象协商、磨合，最终说服大象一起上路。

可小冰父母的这种压制，意味着直接告诉她：你的骑象人是靠不住的，别用它了。小冰刚开始可能还会挣扎几下，可挣扎之后发现也没有用，内心就会开始自暴自弃，最后她就从情感上放弃了对自己理性判断的信任。

当一个人从情感层面都已经不再接纳自己理性思考的意义和结论的时候，他做任何事情都会觉得"就那样吧""无所谓了""怎么样都行"。即使有一天，你好像摆脱了别人的控制，骑象人又回到大象的背上，好像各就各位了，但是缺乏指挥经验的骑象人，就算有想法也使不上劲。这就是为什么，小冰早已长大成人，有了自己做决定的自由，可当她面对选择的时候，依然还是手足无措。

如何摆脱无主，做到自主决定

所以，如果想要从无主的状态中走出来，你还是得回到情感上。是丰富而流畅的情感，让一个人知道自己讨厌什么、害怕什么、喜欢什么、渴望什么，然后才能做决定。你不用立刻强求自己迈入充满意义的自主境界。你要做的是，把心里的那头大象重新养育健壮，感受它带来的各种最深层的情绪。

比如，你可以回顾一下，你什么时候会被激发出开心喜悦的感受？什么时候产生过真切的感动？又在什么时候毫无保留地表达过愤怒？你可以把相应的经历和感受联系起来。

除此之外，你还可以在日常生活中主动去做一些事情，去喂养你内心的那头大象。比如，你发现去博物馆看一件文物，能够激发你对历史和文明的敬畏；看一部电影或者小说，能够引起你内心中莫名的感动；或者跟家人或者朋友一起聊天，让你感到温暖等，这些都可以。

最后，我还想强调一下。人经常容易被表面的痛苦所迷惑，比如，无主的人总觉得做任何事都没有动力、没有意义，就会想着直接去寻求意义，可到头来又会发现，自己根本没办法一下子体验到别人常说的那种意义感，于是对自我的存在价值就感到更深的怀疑。这是因为步子迈得太大，只会走得更艰难。你不能刚走几步路，就指望大象能飞奔。请你给大象多点时间，多点耐心，让它有机会慢慢长大。

和内心的大象一起重温快乐。

请你打开你的手机相册，把你过去一年因为开心、好玩而拍过的一张照片发给朋友，也说一说这背后的故事，尽量多描述描述你当时的感受。

比如，我有一张照片，是我前不久去广东潮州出差，发现他们那里的气候比北京温暖得多，空气也干净得多，于是我高高兴兴地换上了跑步的衣服，到他们的江边去跑了一个来回。我很喜欢跑步时那种竭尽全力、大汗淋漓的感受，尤其是到了一个新地方，看着新风景、新的人群，就跑得更开心了。

你在过去一年里，肯定也有这样的开心记忆。

为什么你总是在意别人的想法

为什么很多人总是太在意别人的想法，甚至终其一生都在追求别人想要的目标呢？他主背后的原因是什么，我们又应该怎么样调节这种倾向？

为什么会太在意别人的看法

父母的期待

前不久，有一个学生，我们就叫她小 A 吧。她来跟我告别，说自己要离开北京，回老家的一家国有企业工作了。我觉得有点意外，小 A 当时在一家互联网初创公司工作，虽然累，但是干得很开心，跟同事们处得也挺融洽的。为什么突然就要回去了呢？她能适应老家国企的工作气氛吗？

小 A 说她其实也不想回去，但是没办法，父母不放心啊。小 A 常常晚上 9 点多还在公司加班。父母就特别着急，觉得工作累就算了，离家远，还不是什么"铁饭碗"。所以从那以后呢，他们就经常在电话里面劝小 A 回去，有时也拉着亲戚们在微信的家族群里一起劝。最近，他们又花了很大的力气帮小 A 争取到了一家国有企业的名额，小 A 觉得，这下再不回去，就真对不起他们了。虽然自己很想留在北京，但最后她还是听从了父母的安排。

为什么小 A 最终还是妥协了呢？因为，比起自己的想法，她更在乎父母的想法。当双方的想法出现矛盾的时候，她选择了听从父母的意愿。这就是他主的典型表现。

这种倾向的形成其实和一个人小时候的环境有关。

小A出生在一个普通的家庭，是家里的独生女，全家人都对她抱有极高的期待。从小爸妈就经常对她说："我们这辈子也就这样了，你可一定要有出息啊。"这种期待也让他们的心情随着小A的表现起起伏伏。小A表现好的时候，他们就喜形于色，对她亲热得不得了；表现不好的时候呢，他们也不自觉地愁容满面唉声叹气。

小A印象最深的一个场景，就是一次月考，她数学只考了六十几分，妈妈看了成绩以后，一句话也没有说，就是对着试卷发呆，家里的气氛变得非常凝重。爸爸把她拉到一边去，跟她说："你看看你妈多不容易。为了你的学习，每天早上5点就起来给你做早餐，不管刮风下雨，都接送你上学。你就考成这样，对得起她吗？"小A形容说，这种感觉比直接挨骂还难受。

当父母的情绪起伏就像一杆秤一样，随时衡量着孩子的表现的时候，这些行为和语言都是在告诉孩子："你让我们失望，你就对不起我们。只有你实现了我们的愿望，我们才对你满意。"

这种情况下，人就很容易形成迎合父母的倾向，也就是他主。用上一节里象与骑象人的比喻来说，这就意味着父母把孩子从大象身上挤了下来，自己骑上去控制大象前进的方向。结果就会像小A自己说的那样："我觉得我心里同时挤进了三个人：我自己，还有我爸妈。每次一遇到什么事情，总是他们两个压过了我一个。我感觉我已经不是我了。"

即使成年后脱离了原本的成长环境，这样的倾向也容易被激发。比如说，虽然小A内心更希望继续留在北京工作，但是一想到她做出这样的决定，父母会对她感到失望，她自己也会内疚不安，这种痛苦是她无法承受的。这就是"他主"的身心记忆带来的行为习惯。

他人的失望就像一张审判书，让人备受煎熬。相比追求理想带来的快乐，让父母失望的后果是他主倾向的人更无法承受的。当他们发现只要妥协听父母的，就可以获得喘息的机会，从痛苦中逃开一会儿时，他们自然就会选择听从父母的。

外在事物的操控

当然，在日常生活中，导致一个人形成他主倾向的原因，除了追求别人的目标之外，还有可能是过分追求某种外在的东西。用比喻的话，就是大象身上除了骑着别人，还有可能是骑着别的东西，比如，金钱、地位、外貌、面子等。

比如说，假如在你从小成长的环境里，人们都特别注重攀比的话，在家里，妈妈跟你说："你看看别人家的孩子，你怎么就不如他呢？"爸爸跟你说："一定要出人头地，每次都要考第一！"到了学校里面，同学之间也整天相互比较，谁的文具更贵，谁穿的衣服牌子更大，谁的爸爸职位更高，等等。

在这样的环境下，如果我们不认同这些东西的价值，就很可能被其他人排斥、贬低。有的人会选择接受这些事物的价值，以换来大环境的认同，最终也陷入了他主的状态。就像有的人追逐金钱名利，并不是因为享受得到金钱的幸福，而更多的呢，其实是害怕被比下去的痛苦。

你可能会有个疑问：你不是说了吗，情感才是做决定的基础。出于情感，人肯定会去做那些自己喜欢、认可的决定啊，为什么还会选择去迎合呢？

是的，追求内心想要的才是真正的快乐。但如果这样的快乐，意味着要和外部大环境去抗争，并且有可能会被排挤的话，这些随之而来的痛苦反而让人更难承受。比起追求满足带来的快乐，他主倾向的人更害怕抗争所产生的痛苦。

父母的期待，或者对外在事物的过度追求，就会在无形之中成为一种情感控制的枷锁。那些因此被激发出来的负面情绪，对于大象来说，就像鞭子一样。大象是因为害怕鞭打才前进，而不是因为真正喜欢才朝这个目标奔跑。从表面上看，他主倾向的人也可能会表现得很优秀，比如，能发愤图强考高分，能很快地明确结婚生子等重大人生决定，但其实他们内在并没有多少幸福和充实的感觉，因为他们做这一切仅仅是为了获得喘息，避免遭受身心记忆里的那种痛苦和煎熬。

过度迎合别人的期待有何风险

当然，你可能也会说："被负面情绪驱使有什么不好呢？我焦虑才会玩命挣钱，我嫉妒才能出人头地，别管这些目标是我的还是别人的，不都是动力吗？"

但其实，过度迎合外在因素，最大的风险就在于会忘记自己内心的想法，彻底陷入被外在事物操控的旋涡里面。我来举一个例子：四年前，我邀请北京大学心理健康教育与咨询中心的副主任徐凯文老师到清华来讲课。徐老师通过调查发现，北大有 40% 的学生觉得人生活着没有意义，他说："他们已经取得了一般社会上认可的那种荣誉和成就，可内心还是弥漫着强烈的无意义感。"

徐老师还谈到一位高考状元，那位状元说："学习好工作好只是基本的要求，如果学习不好，工作不够好，我就活不下去。但也不是说因为学习好，工作好了我就开心了，我不知道为什么要活着，我对自己总是不满足，总是想各方面做得更好，但是这样的人生似乎没有一个尽头。"

你看，这个孩子也在努力学习、努力工作，并且取得了杰出的成就，但他不是因为这样做能给他带来多少快乐和意义，而只是因为这样做能够避免不被认可的痛苦。

陷入他主状态的本质就是一个人去做那些看上去被社会称赞的行为，争取那些看上去光鲜亮丽的成就，却不是为了追求满足，而是为了逃避痛苦。当这样的倾向变成这个人唯一的追求时，他可能也在拼命奔跑，但是奔跑的同时，又伴随着强烈的无意义感。就像一个人内心的大象，一直是在被鞭子抽打着前进。终于有一天，大象会放弃挣扎，认为人生无非就是一场鞭打加上另一场鞭打，逃避也只能获得短暂的喘息。他就可能会放弃自己，彻底陷入他主的旋涡之中。

如何逐渐摆脱迎合别人的倾向

所以，当你意识到自己处于他主状态之下时，最重要的事情，就是要想办法让骑象人重新回到大象的背上。无论骑在你的大象身上的，是其他人，还是其他东西，终归都不是你自己。只有你才最清楚你内心的需求和愿望。

其实，在每个人身上，无主、他主和自主之间并没有明显的分界线，有时候它们甚至可能会共存，有时候也会因为一些调整相互转化。所以我们总是可以调整自己，让自己变得更自主。调整的方式就是找到自己的积极情绪。因为真正的自主，带来的都是积极的情绪。也就是说，当你选择做一件事情，做之前充满期待，做的时候全情投入、满心欢喜，做完之后感到充实而有意义，那才是你的大象和骑象人统一和谐了，那就是自主。

只有从积极情绪出发做选择，才是你的大象真心喜欢的，也才能够让它重新认同你自己骑回到它身上。按照美国心理学家芭芭拉·弗雷德里克森（Barbara Fredrickson）的分类，积极情绪有 10 种之多，包括喜悦、感激、宁静、好玩、敬畏和爱等。

比如，我自己在生活当中，就会有意识地去激发更多的积极情绪。比如说，最能让我感到喜悦的事情之一，就是跟家人在一起，所以我晚上一般都不应酬，总是要回家吃晚饭，饭后跟孩子玩儿。而最能让我觉得平静、安宁的，就是读书，所以我再忙，都会挤出时间来读一本好书。还有一种积极情绪是我个人特别喜欢的，就是敬畏和升华感，所以我一般都不会看场面热闹的动作片或者恐怖片之类，而是喜欢看那些能打动深层情感、让我感到悲喜交集的电影，深深敬畏于生命和人性的伟大。

你的生活中，也一定有很多能够打动你、震撼你的积极情绪，只是过去它们可能被那些消极情绪给挤到角落里，落满了灰尘。当然，我也知道这做起来不容易，但是没关系，你可以慢慢来。

我希望你生命的这棵树，不仅仅只是为了逃避痛苦而加深向下生根，更可以慢慢地做到因为追求快乐而向上生长。

探寻属于你自己的象与骑象人，这个行动分为两步。

第一步，请你拿出一张 A4 大小的纸，画出你内心的大象。它的体形有多大？谁骑在大象身上？是你吗？除了你，还有别人或者其他东西吗？这些东西看起来重吗？对此，大象是怎么想的？它有什么样的感受，又会说些什么呢？请你边画边想这些问题。这一步的目的是让你找到，自己的行为背后究竟是自己的愿望，还是父母的期待？又或者是外在环境的压力呢？

第二步，请你画完之后，仔细地欣赏画中的大象，和它安静地待几分钟，感觉一下，你的心里产生了什么感受？你可以通过这一步去感受自己的情绪。大象究竟是开心的、感激的、喜悦的，还是畏惧的、垂头丧气的？

如果实在不方便画，也可以直接想想这些问题，并且将你的感受也记录到"行动系统"中。这会是一次很难得的内心探索之旅，你将会更深入地探索自己和大象的关系，了解你的自主感状态。

怎么变得更自主

无主和他主这两种状态，常常会让你失去对生活的掌控感，比如说，不知道怎么做选择，或者做出选择后，仍然伴随着强烈的无意义感，做起事来缺乏动力。

而自主就不一样了，当一个人处于自主的状态时，他会对自己所做的事情抱有积极的态度，他的自我内部是融洽的，他感到自己做出的行动能反映他真实的内心愿望，体现他的价值观、意义和兴趣，他们做事时往往也会充满激情和期待，会勇敢挑战更艰难的任务。

不过，虽然无主和他主是你在年幼的生长环境里，不得已而发展出来的生存策略，但是，无论过去的境遇怎么塑造了你，你总是可以从现在开始，选择变得更自主。具体怎么做呢？

无主、他主、自主可同时存在

自我决定理论认为：作为一种复杂的生物体，没有人是始终处于哪种绝对的单一状态的。

我们在日常生活中，尤其是面对一件事情的时候，经常会是自主、无主和他主的倾向都有，三者混合在一起；也可能是根据时间和境界的变化，在这三种倾向之间来回切换。

比如说，如果领导调整你的工作，让你参加另外一个项目组，你可能会想"既然领导已经安排了，那我就去吧"，这是无主倾向；你可能也会想"我不想手头的项目做一半停掉，但是听说那个项目组能够拿到更多奖金呢"，这是他主；当然，你还可能也有自主的念头，比如说："那个项目应该更有意思，能学到更多东西吧。"当你在面对选择的时候，这些倾向往往同时存在，这就是我说的第一种情况。

第二种情况，是你可能会在这三者之间来回切换。

我自己就深有体会。我刚上大学的时候并不喜欢足球，但是因为学校组织新生足球比赛，所有男生都得参加，我也就跟着去了，那时候我踢足球，主要是出于无主，随波逐流。

后来我发现，宿舍里六个人，除了我之外其他五个人都喜欢足球，如果我不去，就很难融入他们。这个时候我去踢球，更多的是出于他主。但是足球踢啊踢的，我发现它还真是蛮好玩的，也就慢慢喜欢上了踢球，这个时候我再去踢球，就变成自主了。

也就是说，随着时间的推移或者某些条件的变化，这三种倾向是可以转换的。

所以，对于一个人来说，无主、他主、自主之间并没有一个泾渭分明的分界线，它们之间其实是可以相互转化的。

无主、他主、自主如何转化

自我决定理论的创始人爱德华·德西在 1971 年做的一个实验，就展现了外部因素怎么样转化人的自主状态。

当时德西把一群孩子随机分为两组，一个是实验组，另一个是控制组。德西让两组孩子连续三天都去玩一个立体积木游戏。其中对实验组的孩子，德西第一天让他们随便玩，第二天游戏结束的时候给了他们一些钱作为奖励，第三天又不给钱。而控制组是三天都不给钱。

结果发现，控制组的孩子，对游戏的热情在三天里没什么变化。但是实验组就不同了，第二天拿到钱后，他们对这个游戏的热情大涨，可第三天发现没有钱，他们的热情又一下子降了下去，还远远低于第一天了。

为什么会这样呢？德西解释说，本来孩子玩这个游戏主要是出于兴趣，是自主的倾向，但是突然加入金钱奖励之后，孩子会觉得他不是因为兴趣在玩，而是为了钱在玩，他的状态就转换到了他主。在他主的状态下，金钱、权力、他人的认可等这些外部因素都是不由自己掌控的，你得到的时候很快乐，但失去时更痛苦。所以后来一旦没有钱了，孩子们既失去了外部刺激，原来的乐趣又遭到了破坏，就会觉得玩积木既没意思而且不公平，也就不想做了。

其实这种事情，不仅出现在孩子身上，我们成年人也一样，比如，当我们单纯地对一件事情感兴趣时，我们会很享受地去做这件事，然而当这件事突然掺杂进利益时，我们就很容易变得患得患失。比如，你因为喜欢创造，就进入了设计行业，但是如果你周围的同事，每天讨论的不是怎么做出美妙的设计，而是怎么赚到更多的钱的时候，你也会慢慢地觉得：原来我做设计并不是因为自己内心的兴趣，而更多的是出于利益，那这个时候，你其实就丧失了很多做这件事的积极性和自主感。

那么我们怎么样才能提升做事的自主性呢？接下来这个案例，会告诉你答案。

沃顿商学院管理学教授亚当·格兰特（Adam Grant）曾经帮助一个大学的话务员成功地在工作中找到了更多的自主性。

这些话务员每天的任务就是给校友打电话，请校友捐款资助学校的贫困生。但是你可以想象，大部分时候他们都是被人拒绝。所以他们体会不到自己工作的价值，缺乏工作的动力，有严重的职业倦怠。后来，电话中心的主管就请来了亚当·格兰特教授。格兰特出了个主意，让那些被资助的学生到这个电话中心来，跟这些话务员面对面交谈五分钟。从那以后，话务员每周打电话的时间增加了一倍半，而且每个人拉到的捐款差不多增加了两倍。

只是说了五分钟的话，为什么能够给话务员带来这么大的变化？因为这五分钟，就可以让话务员意识到自己工作的意义和价值所在。你可以想象，面对面闲聊的时候，受助学生可能会讲述自己的经历、表达感谢；而话务员可能会介绍自己的工作内容，询问学生的个人情况。双方就建立起了一种人与人之间的连接，这种面对面真实的交流，可以让话务员强烈感受到自己工作的意义和价值，他们内心里那种积极正面的情感得到了激发。而正是这种正面情感的激发，才使得他们心中的大象开始认可现在所做的事情。

如何提升做事的自主性

所以，要想让自己变得更自主，核心和关键是从你所做的事中，找到里面的兴趣、价值和意义。具体怎么做呢？通常有三种方式。

第一种方式，是在你所做的事情当中，想办法增加你和别人之间的连接。

这就是格兰特教授使用的方法。其实任何一份工作都有连接的对象，比如，老师和学生，医生和病人，编辑和读者，程序员和用户等。很多时候，你觉得工作没有意义，是因为分工太细，流程太长，那些因为你的工作而变得更好的人，不一定就在眼前。正是这种关联断裂，让你产生了对工作意义的怀疑。所以，如果你能够直接接触到那些服务对象，看到你的工作给他们带来的变化，收集到他们真情实感的反馈，同时也想办法让他们多了解你，这个双向的连接，就能带来很多意想不到的情感动力，能够再次激发你做这件事情的价值感和意义感。

第二种方式，是环境激发，也就是营造能够激发意义感的环境场。代表着情感的大象往往很容易从外界环境中捕捉到情绪线索，所以你可以制造一个充满意义感的环境场，来获得更多的自主感。

比如，我在清华大学积极心理学中心就是这么做的，我们做的积极教育项目，一直在为国内很多老师提供积极心理学培训。我就会把那些教过的学生和老师的照片打印出来，贴在办公室里。每次看到这些照片的时候，就会感到一阵温暖，觉得自己再辛苦，这些工作也都是值得的。再比如很多常见的方法，像把喜欢的座右铭设置成电脑桌面，把从别人那儿得来的积极反馈、感谢赞赏，打印出来贴在办公桌上，这些都属于环境激发。

第三种方式，是定期进行自我反思记录。反思什么呢？就是在做每件事、每个选择的时候，这里面的自主倾向有多少。比如，你可以问问自己：你对这件事情有兴趣吗？你享受这个过程吗？它能不能给你的人生带来更多意义呢？它能让你获得成长吗？即使面对同一件事情，人的自主倾向也会有变化，所以养成定期反思的习惯，可以让你始终有着明确的方向。

举个例子，假如一个人一直是为了满足父母的期待而活，他可以追问自己几个问题：你满足父母期待背后的真正目的是什么？是为了逃避某些负面情绪，还是在积极追求家庭的幸福？你在实现父母期待的过程当中，自己的心情和感受是什么样的呢？

如果答案是正向的，你的内在自我会因为这样的反思变得更融洽。而如果答案有冲突，那么这样的反思提示你该进行调整了。

当然，你也可能会说："可是有些事情，我实在找不到任何意义。我真的就是迫不得已去做的，一点喜欢的成分也找不到。"这怎么办呢？根据自我决定理论，我总结出了一套方法，总共分为三步。

第一步，接纳情绪。在被迫的情况下，你肯定有很多负面情绪，没关系，接纳它，不要强迫自己还欢天喜地地去做这件事情。当你在不自主的情况下，就应该产生负面情绪。

第二步，理解原因。深入剖析一下，既然我不愿意，我为什么还要做这件事情呢？肯定还是有些深层的原因。归根到底，是不是它还是和我的价值观、意义、兴趣有关系呢？

第三步，提供选择。哪怕看上去是你迫不得已要去做的事情，你也还是有选择的空间的。在那些坏选择当中选择最不坏的一个，总比连这个选择都放弃了好。

这个三步法，怎么用呢？我来举个例子。

我自己经常因为工作需要到处出差，但其实我很讨厌在路上奔波，每次出差我都特别不情愿。这个时候呢，我第一步就会先共情自己："唉，出差又花时间，又累，还要离开家人，是很讨厌。"第二步，我也试着理解为什么必须这么奔波，比如说："这是我工作的一部分，我那么喜欢积极心理学，到外地去，不就可以把积极心理学带给更多人吗？"这就是给这件本来我头疼的事情找到意义了。第三步，我会想想这里面有什么选择："这次出差，我带什么书看呢？"因为我特别喜欢读书，做这样的选择总是能让我非常愉快。这样的正面情绪，会让我在做那些我不喜欢做的事情的时候就又多了一点自主感。

今日行动

我想邀请你一起加入的就是一场"自主行动"。

请你结合"环境激发"的方法，把你目前所在的环境里，最能够激发你自主感的东西拍照发给我。可以是你的手机桌面，也可以是对你来说很重要的纪念品等，然后和朋友讲一讲它背后的故事。

比如说，我有一张照片，那是一个纪念品——一所学校的校旗。这所学校叫坤成中学，是一所马来西亚的华文学校。华文学校在马来西亚的处境非常艰难。他们拿不到政府的拨款，学历也不被公立大学承认。但是机缘巧合之下，他们了解到我们做的积极教育项目，学校全体管理层在这种艰难的情况下，还都来到清华，接受了我们的培训，这让我非常感动。

所以，我就把他们送给我的校旗挂在了我办公室的墙上，每次看见它，都让我体会到我工作的意义。在这次疫情期间，坤成中学的老师还发消息问候我，为我们加油鼓劲。

你不缺少能力，只是缺少能力感

能力感是除了关爱感和自主感之外的第三种基本心理需求。

能力感是指一种主观的感受：你感到自己是自信的、有能力的，你感到自己想去寻找更高级的挑战。所以要注意：能力感和能力本身，并不是一一对应的。一个人很可能并不缺少能力，但是缺少能力感。

比如，《哈利·波特》电影里赫敏的扮演者艾玛·沃特森（Emma Watson），一出道就获得最佳女主角奖，成绩又好，被三所常春藤大学所录取，是很多人心目中的女神学霸。但其实，她对自己获得的成就并不自信，她对自己的表演总是觉得"不舒服"，她作为女权人士代表，在联合国发表演讲的前一天晚上，还会因为"恐惧感"而无法入睡。她说有时候会觉得自己像是欺骗大众的骗子。用她自己的话来说，就是："进步越大，我的自我怀疑就越强烈，这就像一个怪圈。"

在心理学上，这种心理模式被称为"冒牌者综合征"，这类人总觉得自己是"冒牌的成功者"，习惯于把他们的成功归于运气，并认为别人高估了自己的能力。

其实，像这种"赢了是运气，输了是自己不行"的心态也广泛存在于人群之中，而一个人之所以容易产生这样的心态，很大程度上，就来自他内心能力感的缺失。这种人通常有三个特点：第一，往往不敢走出舒适区，碰到挑战就会绕着走；第二，哪怕试着挑战一下，碰壁之后也会迅速放弃，不太能坚持；第三，他们特别在乎别人怎么评价自己。

所以，能力感缺失往往会在潜意识层面，影响我们在面对挑战、挫折和外在评价时的态度和行为。

究竟是什么在影响你的能力感

但是，为什么客观上能力差不多的人，在主观的能力感上会有如此巨大的差异，表现出如此不同的行为特点呢？

这个问题，斯坦福大学卡罗尔·德韦克（Carol Dweck）教授研究了超过 50 年。我和德韦克也在一起合作做研究，我发现她是分为三步，来探索能力感背后的核心机制的。

两种目标：学习型目标 vs 表现型目标

首先，想要了解行为，得先看行为背后的目标。人往往是为了实现自己的某个目标，或者满足某个需要而采取行动。德韦克认为，人的目标可以分为两种，一种叫学习型目标，一种叫表现型目标。

所谓学习型目标，简单地说，就是我做一件事情，是为了学到新东西，能够有提升；而表现型目标是说我做一件事情是为了表现好，为了在别人面前展示才华、证明自己。

两种思维：成长型思维 vs 固定型思维

但是，为什么人们会追求这样两种不同的目标呢？这背后，其实反映了两种不同的底层认知。

追求表现型目标的人，考了一个坏成绩，输了一场比赛，工作里面一个项目失败，跟喜欢的人告白被拒绝，都经常会带来毁灭性的打击，他们会因此否认自己的价值。

为什么呢？因为在他们看来，能力是固定不变的，失败，就意味着自己不行。德韦克把这种底层认知叫作固定型思维。固定型思维的人会把每一次行动，都看成对能力的审判。所以他们要做的，就是不断向外界证明自己的能力。为了避免出丑、避免暴露自己的不足，最保险的办法就是只做自己有十成把握的事情。

而那些追求学习型目标的人正好相反。他们之所以愿意专注于学习技能，是因为他们骨子里就认定了，失败和成功都不是板上钉钉的事情，能力本来就是可以通过努力而得到提升的，他们所做的一切不是为了证明自己，而是为了提升自己、为了成长。这种思维模式，就叫作成长型思维。

能力感背后的思维模式如何形成

但是，为什么人会发展出不同的思维模式呢？

德韦克和她的团队通过 20 多年的研究之后发现，你看待能力的思维方式，主要和你从小到大获得的外界反馈，尤其是小时候父母、老师这类权威角色给你的反馈有关。

换句话说，当你做成一件事情的时候，他们是怎么夸你的；当你遭遇挫折的时候，他们又是怎么反馈的，这些都会对你的思维方式产生影响。

我们先来看看不同的夸奖方式，是怎么样影响一个孩子的思维模式的。

德韦克的团队曾经在一所小学里做过一个非常著名的实验。研究者把小孩分为三组，让他们先做一个非常简单的任务，当然每个小孩都完成得很好。研究者对三组小孩的表扬却不一样。他们对第一组孩子说："你做得这么好，一定很聪明！"对第二组孩子说："你做得这么好，一定很努力！"第三组是控制组，这是为了跟前两组进行对比，明确不同夸奖方式带来的影响有多大。研究者对控制组的孩子只是简单地说："你做得很好！"后面就没有再做特别的原因总结。

但是，只是这么一句不同的表扬，就会对孩子的表现产生很大的影响。随后，研究者安排了一系列的场景测试。

第一个场景是，研究者问孩子："我这里还有两套题，一套比较简单，另一套比较难，你想选哪一套呢？"

结果，控制组的孩子选这两套的各占一半，但被夸聪明的孩子有三分之二选了容易的题目，而被夸努力的孩子几乎都选了比较难的题目。

第二个场景是，研究者故意给这些小学生准备了一套非常难的题目，远超他们的能力水平。当然，每个孩子都错得一塌糊涂。这就是人为给他们制造了一个挫折。然后研究者问他们："怎么样？你觉得这些题好玩吗？想拿回家继续做吗？"

结果，跟控制组相比，被夸聪明的孩子更可能说"我讨厌这些题目，再也不想做了"，而被夸努力的孩子更可能说"这些题目还挺刺激的，我还想拿回家去再继续琢磨琢磨"。

第三个场景是，研究者给了孩子两个信封，一个上面写着"解题策略"，另一个上面写着"平均分数"。结果发现，被夸聪明的孩子绝大多数会选择看平均分数，因为他们更想跟别人比一下自己到底表现如何，而被夸努力的孩子大多数会选择解题策略，因为他们更想提升自己的能力。

最后，研究者又给了孩子一套中等难度的题目，看看他们在遇到前面那个挫折之后的表现。结果发现，被夸聪明的孩子平均成绩下降了18%，而被夸努力的孩子平均成绩上升了25%。

所以，如果你从小得到的认可，是着重强调你固有的天赋，那么固定型思维就很容易被激发出来。一旦孩子接受了这个观点，就会尽力维护自己的形象。你不再关注挑战本身，而是在反复跟别人比较：到底我是不是聪明，有能力？这样一来，你反而不敢走出能力的舒适区，能力感就很难被满足。

相反，如果你小时候得到的表扬里，父母更多的是在强调你在这个过程中的努力和投入，暗示你得到了成长，那就会激发你的成长型思维。你不再需要为了证明自己去做事，而是自然而然地愿意挑战，而且越战越勇，从微小的进步中也能获得能力感。

不过，比起表扬，大人在孩子遇到挫折时的反馈方式，对他的思维模式影响更大。

德韦克通过研究后发现，父母对失败的信念，会通过言行表达出来，进而影响孩子的思维模式。比如说，请你回忆一下，小时候如果有一次你考砸了，比如说是数学吧，那么父母通常会怎么安慰你呢？

也许他们会说："别担心，孩子，虽然数学学不好，但是你语文好啊，语文能学好就行。"或者会说："没关系，我知道你尽力了。"或者会说："没考好就没考好，别太在意了，爸爸妈妈还是一样爱你的。"

当然，比起教训、批评，这些安慰的话语的确能够满足我们对关爱感的需求。但是其实，父母也没有意识到，这些话无意中把他们对失败的消极信念传递给了孩子。久而久之，这就会影响到日后孩子对能力感的满足状态。

为什么说这些话是消极信念的体现呢？我来把刚才那些安慰的话翻译一下，你就明白了。"数学不好没关系，语文能学好就行"背后的意思其实是："那就放弃数学吧。""没关系，我知道你尽力了"背后的意思是："看来你再努力数学也就只能这样了，很难有进步的空间了。""没考好就没考好，别太在意了"其实是在说："算了别想了，这事儿就这样了，就让它过去吧。"

父母无意识地把这样的消极信念传递给了孩子，而这样的消极信念就会在长期的互动中，通过语言、行为等方式被孩子吸收，最终发展出固定型思维。

那么反过来，对于失败有着积极信念的父母又会怎么说呢？他们虽然也会承认失败的结果是糟糕的，但他们会把重点放在过程上。比如说："没考好？是不是你最近对数学学习的投入不够呢？""嗯，我们问问老师，看看是不是你的学习方法哪儿不太对。""哦，没考好没关系，我们正好来看看你的问题出在哪里。"

像这样就是在告诉孩子，进步是可以期待的，只要你不断调整过程。关键在于，结果你没有把握，但过程总是可以掌控的，这样的话孩子的能力就会增强，并且可以强化成长型思维，而成长型思维又能促进他在将来获得更多的能力感，这就形成了一个正向循环。

所以，回过头来看，能力感缺失，本质上是因为一个人从小就吸收、内化了外界对能力的消极信念，形成了关于能力的固定型思维。因为认为能力是固定的，输一次，就伤一次，那么为了避免能力感缺失，你就在潜意识里害怕挑战，停留在原地。可是越停留，不就越缺少机会去满足能力感了吗？

　　自我决定理论的创始人爱德华·德西和理查德·瑞恩指出，真正的能力感，来自你克服困难的过程，而不是轻易获得的成就。当你在竭尽全力之后，遇到一个个障碍又一个个克服了它们，哪怕跟别人相比仍然不足，但这种大汗淋漓竭尽全力激发出全身潜力的感觉，也要远远胜过你轻松击败别人时那种没有用力的感觉。

今日行动

　　请你回想一下，在你的生活经历当中，有没有你曾经认为很困难做不到的事情，后来经过你的努力，取得了很好的结果，让你的能力感在那一刻蓬勃涌出？

　　这个行动的目的是通过回想，帮助你找回自己的能力感，通过这样的良性刺激，你也会逐渐巩固自己的成长型思维，更积极地迎接未来人生道路上的挑战。

如何获得更多能力感的满足

能力感缺失的本质，是因为一个人从小就吸收、内化了外界对能力的消极信念，形成了关于能力的固定型思维。所以，想要获得更多能力感的满足，关键在于从底层认知上改变你对能力的思维模式，从固定型思维转变为成长型思维。

具体怎么改呢？我会分为三步来为你讲述具体的方法。

第一步：相信能力是可变的

首先，你需要重新看待你对能力的思维模式。可能有些人会因为自己更倾向于固定型思维，而感到失落。但其实完全没有必要。

第一，人在遇到困难的时候，或多或少都会产生一点固定型思维，从某种程度上说，固定型思维就像你的防御机制一样，是为了让你感到安全才存在的，所以你大可不必责备它。而且，成长型思维本身就是在说，不管现状如何，都只是暂时的，你要相信改变的力量。所以呢，你不要对你的思维模式有固定型思维。

第二，绝大多数人在对待能力的时候，本来就都兼具两种思维模式。

比如说，有些人可能会觉得写作能力能够通过练习不断提升，但是一提到数学能力，他们就面露难色，连连摇头；也有些人觉得自己四肢不协调，运动能力再怎么练都比不过别人，但是如果是脑力，比如注意力、记忆力这些，他又觉得多练一练就能提升。

换句话说，我们每个人的思维模式都是成长型和固定型的混合物。只是在不同的具体能力领域里，由于每个人的成长经历不同，从外部接收到的反馈也不同，所以两种思维模式会出现不同的领域划分。

在成长型思维模式看来，任何能力都可以通过后天的努力得到提升。你没有听错，是任何能力，没有例外。

为什么呢？因为你天生就有一个高度可塑的大脑。

我曾经讲到过，人类的大脑是用进废退的，越用越灵活，不用就会退化。这个，说的就是大脑的可塑性。

大脑的运转是通过神经元之间的连接来传递信息的，新的连接会不断产生，旧的连接也可能失去，关键就是看你给的刺激多少。如果你经常去练习一件事情，一些本来不太相关的神经元就会在你的脑中建立起一个新的连接。越练习，相关脑神经的连接就越强壮。

反过来假如你有一个能力本来确实很强，但是很少练习，相关的神经元很少在一起被激活，它们之间的连接就会逐渐削弱甚至断开，你原本觉得很强的能力也就会退化。

所以，每当你发起一个行为，无论是打球、写作，还是演讲等，都是在刺激大脑里的一些特定的神经元，让它们之间形成更强有力的神经回路。这个回路越强大，就是你能力不断提升的过程。

请你回想一下，你以前上学的时候，一定也从老师那儿听到过这样的话："这个孩子其实挺聪明的，但就是不努力。要是再努力一点，成绩肯定非常好。"或者："别看那个孩子不怎么聪明，但是人家踏实肯学啊，所以现在成绩一直很稳定。"

你听，这些话听起来是在强调努力的重要性，可更多的弦外之音还是在说，天资聪颖总是比勤奋好学高一等。努力很多时候是为了弥补人太笨这个改变不了的事实。

所以，你会发现，很多人不承认自己为了拿高分，挑灯夜战多少个时日；也不愿意承认自己为了拿下一个项目，加班加点熬了多久。这样他们就可以看起来更聪明，轻轻松松就成功了。

但神经可塑性的意义就在于，它告诉我们，你完全可以从心底里去相信，你的能力可以通过有效的努力得到成长。这种成长不仅仅表现在外在成果上，甚至还会刻入你的大脑，改变你的神经结构，真的让你变得越来越聪明。因为反复的尝试和投入，还有反复的总结复盘，不是"笨方法"，而正是一个人不断积累聪明才智的象征。

所以，成长型思维，就是建立在你相信能力是可以改变的基础之上的。正是这个信念的点燃，才会让人有走出固定型思维，迈向新挑战的内在动力。

这是克服固定型思维，走向成长型思维的第一步，也是在我看来最重要的一步。

第二步：觉察固定型思维

第二步，是进行自我观察，看看哪些场景，特别容易激发你的固定型思维，观察你当时的内心感受。只有充分摸清了固定型思维出现的规律，你才能更有效地应对。

具体怎么做呢？你可以自己想一想，观察一下，通常你的固定型思维会在什么时候跳出来？它会对你说些什么？你为什么会有这样的感受呢？

比如说，固定型思维可能会在你面对一个巨大的工作挑战的时候，从你的脑子里蹦出来，在你耳边说："没有金刚钻就别揽瓷器活，同事会发现你能力不行的，那时候你就丢人丢到家了。"

也可能是你本来自豪且擅长的领域，出现了一个比你厉害的同辈，这个时候固定型思维又跳出来了："之前觉得你混得也还行，但是跟他一比，你还是差远了。算了吧，你永远也不可能比别人强的。"

当然了，还有可能在你搞砸了一件事情、受到领导批评或者被 deadline 紧紧追赶的时候……

我自己也会经常进行自我观察。因为在学术界，每天大家都在争论和批评，那我就发现，每当我投了篇学术文章，被审稿人挑刺；或者在学术会议上，被同行质疑的时候，我脑中的固定型思维也会跳出来："唉，果然不是科班出身就是不行啊！"

因为我本科学的其实是化学物理，虽然现在已经是一个心理学博士，也做了不少业内认可的成绩，但面对质疑的时候仍然会本能地担心，觉得好像一个人的本科专业就决定了他一辈子的知识水平一样。

这当然是一种固定型思维。不过一旦我意识到了这个思维之后，我就可以相应地做出应对了。

第三步：用成长型思维对话

怎么应对呢？就是进行第三步，自我对话。

通过第二步的自我观察，你会发现，工作、生活当中诱发固定型思维的诱因实在太多了。但是没关系，这些都是正常现象，在觉察到这些固定型思维后，我们就可以用成长型的思维和它对话，让它跟着你一起往成长型思维的方向走。

还是拿我刚才举的例子来说吧。专业上的挫折会激发出我的固定型思维，但是我已经知道怎么样应对了。

首先，我不会急着压制我的固定型思维，而是稍稍地接纳它一下，让它折腾一会儿，等它稍微安静下来以后，我再开始进行自我对话。比如，我会这么跟自己说："你这十几年来读了那么多文献和书籍，做了那么多研究，跟那么多心理学大师交流，都是在学习啊，就是这些学习让你一直在进步！那么，这个人的批评，不是正好又给你提供了一个学习的新机会吗？别着急，还是先看看他说得有没有道理吧。"

所以你看，其实一件事怎么影响我们，往往并不取决于这件事情是怎么样的，而取决于我们怎么想。为什么要进行自我对话呢？就是要在那些让你紧张的场景里面，让你通过内心模拟的语言表达，召唤出你的成长型思维，来主动干预、战胜你的固定型思维。

实现自我能力感的提升

到这里，克服固定型思维的三步法就讲完了。但是，我还想再做一些延伸。

其实除了能力之外，和自我相关的每一个领域，都会受到思维模式的影响，比如，性格塑造、情绪管理甚至兴趣培养，等等。

举个例子，对性格持固定型思维的人，容易遇到事情就对一个人下结论。同事迟到了，就想："这个人真懒！"自己忘了给朋友回电话，就会想："我这个人真差劲！"但是对性格持成长型思维的人，考虑问题就往往能够做到对事不对人，比如说："哦，他迟到了，可能是因为今天堵车特别严重。"或者："唉，我最近太忙了，连给朋友回电话都忘了。"你看他就不会直接给一个人的性格下定论。

情绪管理也一样。如果有人对情绪持固定型思维，那他可能会觉得："我就是天生情绪容易激动。"那么，他遇到事情的时候，可能就会肆意地宣泄情绪，因为他觉得自己反正也对情绪无可奈何。但是对情绪持成长型思维的人就会觉得，不管我天生有什么样的情绪倾向，我都可以保持一个更好的情绪状态。因为我总是可以通过努力把控好自己的情绪。

兴趣也是一样，你大概也经常听到过"找到兴趣、追随激情"这样的说法，但是你想过没有，这其实就是一种固定型思维。它是在暗示每个人的兴趣都是早已形成的，你只要找到它，就能拥有无限力量。但是这会有一个后果：如果过程中遇到了挫折，你更可能会放弃这个兴趣，因为你会觉得：既然发展得不顺利，就说明这个兴趣不是我命中注定的。相反，成长型思维的人知道，一个人的兴趣也是可以不断变化的，兴趣可以通过努力，还有跟外界的互动而逐渐发展。所以呢，没有兴趣就去培养兴趣，他们会对新的兴趣仍然存在着好奇心，而且知道兴趣本身并不能解决所有问题，追求兴趣的时候还是会遇到挑战，因此他们在遇到挑战之后还能保持兴趣。

而最最重要的思维模式，其实就是你对自我本身的看法。无论是能力，还是性格、兴趣、情绪，其实都是自我在不同方面的表现。对自我抱有固定型思维的人，会早早地开始画地为牢，不愿意改变；但是抱有成长型思维的人，能够勇敢地面对暂时的缺陷，把所有精力都放在怎么样弥补不足，持续提升上。

所以，请你对你的自我也要有一个成长型思维。无论什么时候你都可以开始进行自我决定。

而成长型思维能够开启一个正循环，给你带来更多能力感的满足。当你阅读到这里，相信关系模式和依恋是可以修复的，相信自主的状态是可以改善调整的，并且愿意开始行动，不怕暂时的挫折和失败，这就意味着你的成长型思维正在被激发。你一直坚持在做的每日行动，也都是在给你的能力感添砖加瓦。你的自我，就会在这三大心理需求相辅相成的调整和改善中，不断进化、不断成长。

今日行动

为你自己设计一份成长型思维的"语言清单"。

我们都知道，思维模式的转变需要一个训练和适应的过程，如果你觉得无从下手，就可以像我一样，给自己设计一份"语言清单"，在生活中更频繁地使用我们前面提到的方法。因为语言拥有非常神奇的力量，很多时候我们换一种说法，其实就是在换一种思维。坚持做下去，你的思维模式就能够发生转变。

具体怎么做呢？

第一步，列出你最经常出现固定型思维的场景，这一步可以帮助你再次遇到这个场景时提醒自己转换思维。

第二步，记下在这个场景里，你的固定型思维通常会跟你说些什么，这一步可以帮助你觉察你心里暗藏着的消极信念。

第三步，换成成长型思维，它又会对你说些什么呢？再把它写下来。这一步就可以让你逐渐拥抱成长型思维。

你是真自尊，还是假自尊

我相信你对自己已经有了更多的了解。比如说，在依恋关系中你是安全型、焦虑型还是回避型，你的内心是倾向于自主、无主还是他主，是成长型思维还是固定型思维，等等。

这些内容相当于很多观察指标，帮你看到了自我的很多切面。那如果我们想从整体上看到自我发展的全貌，又该怎么办呢？比如，当三大基本心理需求都满足的时候，我是什么样子？有的缺失，有的满足，对我来说又意味着什么？最终，我的自我要朝着哪个方向进化，又该怎么做？

想要解决这么多疑问，实在不容易。所以我一直在想，有没有什么更好的方式，既能够跟前面学到的东西建立起联系，又能反映一个人自我整体发展水平？后来我终于找到了答案，那就是自尊。

为什么你需要了解自尊

为什么需要进一步了解自尊，有两个原因。第一，它是自我进化过程中，三大心理需求状况的综合反映，它可以让你从一个既核心又本质的角度，整体上把握自我的发展水平。第二，它是一个你既熟悉又陌生的词汇。每个人都在用"自尊"这个词，但不见得每个人都理解它的真正含义，甚至还有不少误解。

首先，我来问你两个问题。

第一个问题是："如果你是异性，你会不会喜欢自己？"可能有人会毫不犹豫地点头表示会，但也可能有人会摇摇头。那么，你呢？

第二个问题是："如果你是老板，你会雇用自己吗？"对于这个问题，你又会怎么回答呢？

其实，这两个问题考查的就是你的自尊水平。

所谓自尊，在心理学上，是指一个人对自我的总体评价和感受。具体来说：你觉得自己有价值吗？有能力吗？值得被爱吗？总体上你喜欢自己吗？

你看，心理学上对自尊的定义是指我们整体上怎么看待自己，跟别人没什么关系。可是日常生活中很多人在谈到自尊的时候，却往往要跟别人的行为反应联系起来。我就经常听到这样的说法："我这个人自尊心比较强，就算喜欢别人我也不会主动的，要是被拒绝了我自尊心受不了。"或者："你跟他说话的时候要注意点，那个人自尊心很强，受不得批评。"

这就有点奇怪了，如果一个人本身很认可自己的内在价值，他为什么又要这么在意外在的评价或打击呢？

其实，说这些话的人，对自尊的理解和评估，只停留在了单一的高低维度上。也就是说，觉得自己是有价值的，值得被爱的，就是高自尊；反过来，对自己的总体评价比较低，就是低自尊。

如果只是从高低维度来理解自尊，也不能算错，只不过这样一来，日常生活中很多人的行为反应就没办法得到完整的解释。想要清晰地理解和评估自己的自尊水平，你还需要再加一个维度，那就是稳定性。就拿前面的例子来说，一个人总体上对自己的评价很高，可他日常生活中的很多行为反应，又表明他受不了外在的批评。那么，基本上就可以说明，他的自尊水平是不稳定的。

你是哪一类自尊

那么，什么叫自尊的稳定性呢？

美国心理学教授迈克尔·克尼斯（Michael Kernis）提出，人的自尊分为两层：一层是外显自尊，一层是内隐自尊。

外显自尊，指的是一个人显示在外面的、在意识层面对自己的总体评价。而内隐自尊指的是隐藏在里面的、潜意识里你的自我价值感。每个人在日常生活中都会从外界得到各种各样的反馈，当你将这些反馈内化了之后，你对自我就会产生一种本能的判断，常常连自己都意识不到。

如果一个人的内隐自尊和外显自尊基本一致，那么他的自尊水平就比较稳定，不会总受外界环境的影响而产生波动。反过来，内隐自尊和外显自尊不一致，这个冲突，就会让人反复从外界寻找线索来确认自己的价值。可外界的反馈总是起起伏伏的，所以越是从外界寻找线索，他的自尊水平就越不稳定。

那么接下来，我们就能画出一个完整的自我评估的轮廓了。从高低和稳定这两个维度，我们就可以把自尊分为四个类型：稳定的高自尊、不稳定的高自尊、稳定的低自尊和不稳定的低自尊。通过这些分类，日常生活中我们的很多行为反应，都能得到更好的理解。

稳定的高自尊

总体来说，稳定高自尊的人，外显自尊和内隐自尊的水平都比较高，所以他们的内心冲突很小。他在意识层面知道自己的价值，对自己持有正面、积极的看法，内心深处也有坚定的信念。

所以在现实生活中，稳定高自尊的人看起来简单、自然、真实，成功的时候会开心，失败的时候也不掩饰难过。被表扬的时候就感谢对方，被批评的时候就想想对方有没有道理，就事论事，不会因此而否定自己或者埋怨别人，别人跟他相处也愉快。

《红楼梦》里的贾宝玉就是典型的稳定高自尊。他生出来就是万千宠爱集于一身，几乎所有人都喜欢他，所以他从潜意识里就知道自己是非常有价值的。他对外界的打击能够处之泰然，别人批评他几句他也不会急着跳脚、争辩。林黛玉对他发脾气，他也不会因此就觉得自我的价值受到否定，反而还会主动安慰情绪无常的林黛玉。

不稳定的高自尊

不稳定的高自尊通常外显自尊水平比较高，在意识层面相信自己的价值和能力。但是，他们的内心深处，对自己并不是那么有把握。所以，"容易受到打击"是不稳定的高自尊最典型的特点。

周围的人都会有一种感觉，不敢轻易在他们面前说反对或批评意见，就怕好像要戳破了什么东西似的，担心他们生气。这种感觉是对的，他的愤怒来自他内心里无意识的恐惧，他担心那个弱小的内隐自尊会被伤害。

林黛玉就是典型的不稳定的高自尊。她在主观层面知道自己是有价值的：外貌出众，饱读诗书、高雅不俗。可是在潜意识里她知道，自己母亲去世了，父亲也不在身边，如今只能寄人篱下，战战兢兢地生活，内心非常没有安全感。因此，她在遇到刺激的时候经常会做出过度反应。比如，有一回大家聚在贾府看戏，史湘云开林黛玉的玩笑，说台上一个戏子长得跟她很像。林黛玉当场就感到不舒服，只是碍于大家都在，不好当面发作。回到住处后，她把所有负面情绪一股脑地发泄到宝玉身上。林黛玉这种敏感、孤傲的背后，其实说明了一点：好像外在的任何一点评价，都证实了她自己心里觉得没有价值、不值得被爱的担忧，都变成了她否定自我价值的存在。

现实生活中，不稳定高自尊的人，内心深处常常隐含着不安，总想通过外界的评价和反应来证明自己是有价值的。可是外界因素很不可控，谁都会遇到领导的批评、同事的反对、客户的不满等，这些负面信息仿佛都在告诉他们："你确实不行，你很糟。"于是他们常常会陷入对外界评价过激的反应之中。

稳定的低自尊

如果一个人意识层面认为自己没价值，内心深处也觉得自己没价值、不喜欢自己，那就意味着他的外显自尊和内隐自尊相对都比较低。他们的典型特征，就是"逆来顺受"。

你在职场上可能也遇到过这类人。他们在自己的岗位上默默工作，总是倾向于选择附和别人的意见。如果请他来表达自己的意见和想法，对他来说很难，因为他总觉得自己不值得信赖。别人表扬他时，他会觉得哪里不舒服，觉得自己配不上这些表扬。别人批评他时，他反而会笑着承认："是啊，我确实这么糟糕。"当自己做成了一些事情时，他也会诚惶诚恐："真的没搞砸吗? 就是我运气好撞大运了吧? "因为习惯了接受自己的低自尊，所以不管外界好的、坏的事情都不会影响他的自尊水平。

不稳定的低自尊

相反的，是不稳定的低自尊，不管是正面、负面的外在事件，都会影响到他们。他们虽然在意识层面常常觉得自己不够好，但内心隐隐觉得自己可能还是有些价值的。

他们最大的特点就是"容易变化"。平时表现得很谦虚，一般在有很多人在的场合中他们很少发言，习惯于小心翼翼地观察别人的反应。如果觉察到周围的气氛比较轻松，他们才会比较好地表达自己的想法。但一旦有人强烈反对，他们很快就会乱了阵脚缩回去，没办法坚持己见。做成一件事情的时候，他们会短暂地感觉良好，自尊水平会提升一些，但一般也维持不了太久，等下一次出现困难的时候，他们又容易泄气。

谁影响了你的自尊类型

这四种不同自尊类型的人，各有各的特点。它们都体现了一个人在适应外在环境的过程中，曾经怎样选择了最适合自己的方式。

那么，这四种不同类型的自尊是怎么来的呢？

我说过，自尊，其实是能够用来观察自我发展水平的综合指标，它和三大心理需求的满足程度息息相关。

首先，自尊水平的高低，整体上和一个人得到的心理需求满足的多少有关系。

如果一个人的关爱感、自主感和能力感从小就得到了持续、充分的满足，他最后往往就能发展出比较稳定的高自尊。相反，假如这些需求长期无法得到满足，因为缺少关爱感觉得自己不值得被爱，缺少能力感所以对自己没有信心，缺乏自主感所以找不到自己的价值。这样就很容易发展成稳定的低自尊。

那么不稳定的高自尊又是怎么形成的呢？最普遍的原因就是来自原生家庭的"有条件的爱"。

如果父母只在孩子表现好的时候才爱他、夸奖他，表现差的时候就冷若冰霜，甚至说"你不好好学习，我就不要你了"之类的话，那一个人的关爱感就会时有时无，时断时续。他可能会取得一定的能力感，因为和父母的连接是我们儿时最本能的需求，所以孩子往往会努力迎合父母的期望，取得一定的成绩；但这个过程中，自主感又会受到父母或者外在事物的压制，造成了他主或者无主倾向，结果就是他的自我价值感会比较混乱。

所以，不稳定的自尊，又叫"有条件的自尊"。"有条件的爱"往往会带来"有条件的自尊"。小时候一个人习惯达到条件了，才感到自己有价值、有能力、值得爱，没达到条件，就否定自己。那么他长大以后，这种身心记忆会影响他，把外在表现和别人的评价当成自尊的衡量标准。如果你平时表现还不错，那你会倾向于不稳定的高自尊，而如果你经常达不到别人的要求，反复受挫，反复陷入自我怀疑，就可能形成不稳定的低自尊。但不管怎么样，你内心对自己都没有一个稳定的认识和评价，自尊总是随着外界的反馈而起起伏伏。

最后，我想再整体强调一次，认识自尊、理解自尊，最大的意义就在于，让我们每个人都充分意识到，外界的声音常常只是一种参考，不能作为左右我们看待自我的关键。你想要的尊重，不应该来自外界对你的评价，而应该来自你和自己的关系。

请你试着分析一下你的自尊类型。

我会设置一个场景给你，请你根据对自己的理解，从"想法"和"行为"两个维度来回答。这个场景是这样的：

你在参加一个比较重要的策划会，会议上一个比你经验丰富的同级职场前辈提出了一个方案，一半的同事听完后觉得还不错，另外有一半没有明显表态。而你自己觉得这个方案有个不太行得通的地方。

第一步，想象一下，假如你处在这样的场景下，你的内心想法是什么？

第二步，想一下你实际上会做出的行为又是什么呢？

第三步，结合你内心所想的与实际的行动，你觉得这跟你的自尊类型有关系吗？

这是一个简单的自我分析，它能够帮助你更好地了解自己。

迈向稳定的高自尊

自尊是衡量一个人自我发展水平的综合指标，根据高低和稳定两个维度，自尊又能分成四个类型：稳定高自尊、不稳定高自尊、稳定低自尊以及不稳定低自尊。

这四种不同自尊类型，各有各的特点。我想强调的是，这些自尊类型没有绝对的好坏、对错之分。因为它们都是每个人的自我在适应生活的过程中，曾经给出的最优解。

当然，从整体上看，稳定高自尊对人的发展更有利，因为这样的人，往往会把外界的评价和反馈看成一种参考，而不是衡量自我的标准。因为相信自己始终是有价值、有能力也值得被爱的，所以他们更能放开手脚地去追求自己理想的生活，打拼属于自己的事业。

那么，如何调整你的自尊水平，往稳定的高自尊方向发展呢？

自尊类型测试

以下各题描述了生活中的一些场景以及可能的反应，请你根据自己的实际情况进行选择。

1. 当你成功完成了一件有难度的事情时，你的想法是：

A. 虽然完成了，但我知道其实做得并不好。

B. 看看，就说我很厉害嘛！

C. 这回大家应该觉得我还可以了吧。

D. 能完成这件事，我很开心。

2. 当你做一件有难度的事情，失败了时，你的想法是：

A. 我总是这样，什么事都做不好。

B. 那些人还不如我，怎么就成功了呢？

C. 是准备的时间太短了，所以我才做不好。

D. 是这次没有成功，并不能说明什么。

3. 当你被别人赞扬时，你的想法是：

A. 他们一定是有什么误会，或者是在嘲笑我。

B. 非常开心，希望能听到更多的赞扬。

C. 哪里哪里，并不都是我的功劳。

D. 感谢他人的赞扬。

4. 当你受到外界的负面评价时，你的想法是：

A. 就是这样的，事实上我比你说的还要糟糕。

B. 为什么说我呢？别人做得还不如我啊！

C. 我确实这样，终于隐瞒不住了。

D. 思考一下是哪里出现了问题，不会太过于在意。

5. 以下有关自己的描述，比较符合你的是：

A. 我经常觉得自己一无是处，什么也做不好。

B. 我认为我很有价值，当别人不认同时，我会感到很愤怒。

C. 我认为自己值得骄傲的地方不多，但是当别人指出我的不足时我会很生气。

D. 我肯定自己的价值，并且很少受到他人的影响。

6. 当同学聚会时，别人无意间说到了你曾经的糗事，你的想法是：

A. 感到有些伤心，又回忆起当年自己更多不好的事情。

B. 对说的人感到很生气，也说一件对方不好的事情。

C. 感到很尴尬，试图转移话题。

D. 和大家一起笑，回忆青葱岁月。

7. 你负责了单位的一个项目，在项目结束后对方的评价比较低，你的想法是：

A. 有些难过，但也在意料之中，因为自己本来就做不好负责人。

B. 感到很生气，自己付出了那么多，对方还不满意。

C. 感到有些担忧，因为领导也会知道这个结果。

D. 感到有些意外，与对方进行沟通，看一看是遇到了什么问题。

8. 你在工作中参与小组讨论，当遇到别人的反对意见时，你会：

A. 在小组中，你基本不会发表意见，都是顺从大家的决定。

B. 证明自己见解的好处，指出对方意见的不足。

C. 感觉对方说的更有道理，并改变自己的想法。

D. 和对方就事论事，求同存异。

9. 当你邀请别人受到拒绝时，你的想法是：

A. 平时很少主动邀请别人，被拒绝后，就更不会再主动了。

B. 感觉自己没有受到重视，会感到很生气。

C. 他可能不太想跟我一起参加，下次不邀请他了。

D. 他可能是有事情，或者是对这件事不感兴趣，下次合适的活动再叫他。

10. 在新接手的工作中，你遇到了一些困难，你会：

A. 觉得自己能力不够，没有办法解决。

B. 自己钻研，哪怕需要花费很多时间。

C. 让领导知道自己的困境，以免责怪自己。

D. 尝试向同事寻求帮助，因为他们可能更熟悉情况。

11. 在工作中，当你想让同事帮你做一件事，被拒绝时，你的想法是：

A. 是自己平时不会和同事处好关系，关键的时候都没有人帮助自己。

B. 这个人比较势利，下次他有需要我帮忙的，我也不会去帮他。

C. 他觉得我没有那么重要，所以才不来帮忙。

D. 每个人都有自己的事情，不能帮忙也是正常的。

12. 你完成了一个项目，领导夸奖了你的表现，同时也指出了不足，你的想法是：

A. 当夸奖自己时会感觉不自在，倒是指出不足更容易接受。

B. 对于夸奖觉得自己确实如此，指出的不足很多其实并不是自己的原因。

C. 领导对如何评价员工很在行，其实重点就在于指出不足。

D. 仔细记录，帮助自己复盘分析。

13. 当同事把事情搞砸了，但是领导却批评了你，你的想法是：

A. 连这样的事情也会批评我，可见我真的是很不讨人喜欢了。

B. 明明主要的责任不在我，为什么偏偏是我被批评呢。

C. 我觉得领导就是针对我，可能早就看我有些不顺眼了。

D. 领导只是当时很生气，需要发泄一下情绪，之后找机会澄清一下。

14．关于对自我的肯定，更符合你的是：

A. 我对自己不是很满意，别人对我的质疑也是正常的。

B. 我很为自己骄傲，当别人质疑我时我会很不舒服。

C. 我对自己的认可度一般，但是当别人质疑我时，我会感到不舒服。

D. 总体上我对自己比较满意，即使受到质疑也是如此。

15. 下面一些描述，你觉得更符合自己的是：

A. 我觉得自己很普通，不像别人那样有那么多的优点。

B. 为了赢得别人的尊重，我会努力去发挥自己的优势。

C. 我认为自己有一些美好的品质，期待着别人能发现。

D. 无论别人是否在意，我认为自己身上有很多美好的品质。

计算各维度得分：

A. 稳定低自尊：外显 -1，内在 -1。

B. 不稳定高自尊：外显 +1，内在 -1。

C. 不稳定低自尊：外显 -1，内在 +0。

D. 稳定高自尊：外显 +1，内在 +1。

把 15 道题的分数相加，会得到（外显 =x，内在 =y）的一对数字。

测试的结果可能会落在四个象限：稳定高自尊，不稳定高自尊，不稳定低自尊，稳定低自尊。

当 x > 0 且 y > 0 时，你是一个稳定高自尊类型的人

倾向于稳定高自尊类型的人，整体上对于自己很满意。你对自己的看法是积极、正向的，并且能从心底认可自己的价值，内心深处有坚定的信念，因此不需要向外界刻意去证明自己的价值。当别人持不同的意见时，当面临批评时，你也不会怀疑自己的能力和价值。胜不骄，败不馁，受到赞扬会很自然地感谢对方，受到质疑也会就事论事。因此在人际交往中，别人也会感到很轻松愉快。

你也许会因为别人的评价而沮丧，但你是内心深处并不会把别人的评价当作你为人处世的标准，你始终在坚守自己内心的价值观。

相信你能够继续保持，面对困难永不气馁，发展为更好的自我。

当 x＞0 且 y＜0 时，你是一个不稳定高自尊类型的人

倾向于不稳定高自尊类型的人，从表面上看自尊很高，但是内心却涌动着低价值的感觉，这种感觉会让你感到很不安。你很在意自己是不是有价值，也一直在试图证明自己的价值感。你的自尊会比较脆弱，比较容易受到打击。当你受到外界的质疑时，当遇到批评或者是失败时，你会将负面的内容进行放大，会把它们当成是威胁和敌意，感到生气甚至是愤怒，引发过激行为。因此别人在和你相处时，有时会担心是不是说错了话而伤害到你。

当 x＜0 且 y＞0 时，你是一个不稳定低自尊类型的人

倾向于不稳定低自尊类型的人，会觉得自己不够好，但是内心深处还是隐隐觉得自己是有价值的。你的内心没有很坚定的信念，因此比较容易受到外界的影响，无论是正面的赞扬，还是负面的批评，都会让你的想法发生变化。在需要发表观点的时候，经常会小心翼翼。如果周围人是接受的，可以比较好地继续表达自己的想法；但是当有人反对时，就会陷入自我质疑。

当 x＜0 且 y＜0 时，你是一个稳定低自尊的人

倾向于稳定低自尊类型的人，对自己的评价比较低，不认可自己，并且不仅是表现得对自己不满意，从内心深处也认为自己没有价值。哪怕是获得了成功，得到别人的赞扬，仍然不能改变你对自己持续的贬低，而且会感到很不自在。你认为自己的想法不重要，也经常会缺乏自己的想法，愿意附和别人。甚至当受到一些不公的待遇时，你也会觉得是正常的，有时会有一些"逆来顺受"。

我们如何"错误"地维护了自尊

很重要的一个前提是，我们先要避免用错误的方式维护自尊。

当一个人的自尊在面临威胁和压力的时候，很自然地会产生痛苦、冲突的情绪

和想法，通常这个时候，我们就会本能地做出一些行为来缓解这种不舒服的感受，来维护或增强我们的自尊心。这种内在调节机制，在心理学上就叫作心理防御机制。

不过，有些内在防御机制虽然能够帮助我们获得短暂的安全感，但同时也会很容易让我们失去一个发展自我的机会。

举个例子，假如一个同事对你说："我觉得你的性格有些问题，最好改一改。"你会怎么想？这是一个典型的会让人觉得自尊受到威胁的场景。

稳定高自尊的人可能会想："噢？先听听你说的有没有道理吧。"由于他们对自己的价值认可比较高也比较稳定，所以他们就会直接面对这个问题。

但其他三种自尊类型，通常都会启动心理防御机制。比如说，不稳定高自尊的人可能会想："你凭什么对我的性格指指点点，你还不先反省下自己的情商？"所以，不稳定高自尊的人就会下意识地选择回击："这不是我的问题，而是你的问题，我不需要改。"

而不稳定低自尊的人就会想："我是不是做错了什么，好想逃走，不想听下去，要被同事发现我这个人不行了。"当他们这么想时，其实是下意识地想要逃跑，避开直接面对这个问题。

而稳定的低自尊更可能会想："唉，我早就知道我性格有问题，果然如此。"看起来他是在直面问题，但其实他是通过承认自己果然不行的方式来逃避：既然自己本来就这样了，那也就没必要改了。

虽然不同自尊类型的人想法不太一样，但都是为了能让自己在当时的环境里好受一些。可问题是，下意识地推卸问题、回避问题，或者向问题妥协，类似这样的防御机制都有一定的自我欺骗性，它们在帮助我们缓解痛苦的同时，也让我们误以为这个让人痛苦的问题就不存在了。

所以，为了在保护自尊的路上走对方向，也为了将自尊水平调节得更健康，我会先带你了解几种短期有效却比较消极的心理防御机制。

稳定的低自尊：回避和退缩

稳定低自尊的人最常用的防御机制是回避和退缩。简单来说，就是为了避免失败、避免众人的评价，他们干脆选择躲起来，什么也不做。

对稳定低自尊的人来说，回避和退缩能够帮助他们有效地维护自己本来就已经很低的自尊。它会在很多场合中出现。比如，在职场上，越没有存在感，对他们来说越舒服，为了防止负面评价的出现，他们干脆连得到正面评价的机会都不要了。

但是，这并不是说他们并不渴望成功和奖励，而是因为他们已经不相信自己有能力去获取成功。那怎么办呢？他们会选择通过"间接成功"的方式来寻找自尊的补偿。比如说，从跟他们关系特别近的人那里获得自尊。最典型的例子，就是父母把培养出优秀的孩子当成唯一的自尊来源。这些稳定低自尊的父母的内心想法是："我这辈子也就这样了，不过我虽然平凡庸碌，但我把我们家孩子培养得很出色啊。你看他现在发展得多好。"这么一想，就感觉自己的自尊也得到了维护。

当然，我并不是说你不应该把自己家的孩子培养得出色，或者孩子出色你不应该感到骄傲。只是很多稳定低自尊的人，自己都没有意识到，他们把"别人成功，我也跟着成功"当成了提升个人价值的唯一途径。这样一来，他们自己失去了很多独立发展的机会，他们的孩子或者其他那些被他们当成自尊补偿对象的人，也会被绑得喘不过气来。

不稳定的低自尊：防御性悲观主义

不稳定低自尊的人虽然常常觉得自己不行，但他们内心里还隐隐地相信自己是有价值的，所以当碰到一件事情时，他们虽然非常害怕失败带来的打击，但还是会想着试试看，万一成功了呢？

可是既然要尝试、想成功，那他们就得做更多的心理准备来应对失败的风险。

我在学生时代，就一直遇到这样的同学。他们经常在考试前会到处跟别人说

"唉，这次没有好好复习，不行了，肯定考砸"或者"唉，这门课我真的听不懂，没指望了"。说是这么说，最后他们的考试结果并没有那么糟，甚至有时候还考得很好。

当然我也很了解这些同学，他们并不是虚伪或者假谦虚，而是下意识地做了这样的心理准备。这样一来，如果真的失败了，那失败给他的自尊的冲击也会小很多。不但外在的面子上挂得住，最重要的是，心里也不至于把自己否定得一无是处。

这样的防御机制，叫作"防御性悲观主义"，就是因为一个人害怕失败所带来的打击，所以他先悲观地预期自己会失败，这样就能防御住失败后别人的评价和自我的否定。

他们在生活中，还有很多这样的类似情况。比如，谈恋爱的时候，和对象吵个架，就忍不住反复和朋友说自己可能要失恋了。在职场上，一个项目刚开始，就会不断地和别人说："怎么办啊，这回业绩要完不成了，又要被老板批评了。"

在他们的眼里，失败当然很糟糕，但比失败更糟糕的是"失败了还没有借口"，所以他必须事先给自己把台阶铺好了，然后才敢去迎接挑战。

不稳定的高自尊：投射

不稳定高自尊的人，因为在表面上非常认可自己的价值和能力，所以他们更愿意冲出人群，迎接各种挑战。但正因为如此，他们容易获得更多成就，也容易遭受更多失败。

不稳定高自尊的人因为内心深处藏着一个脆弱、幼小的自尊，所以对于这些失败，包括别人的负面评价等，他们几乎本能地会感到恐惧。

为了保护弱小的内在自尊，他们最常用的防御方式，就是把那些负面的感受投射出去。什么是投射呢？举两个例子你就知道了。

比如，工作上出了错时，不稳定高自尊的人往往会想："虽然确实我在执行的环节中出了一些错误，但是这回负责统筹拍板的是另一个同事，他才应该负最大的责任。"

这种想法听起来像是在故意推卸责任。但是推卸责任是一个人主观意识层面故意发起的，而内在防御机制往往是人的本能反应。对于不稳定高自尊的人来说，出了错就得反省，就意味着要承认自己的不足，这是很难受的一件事情。因为扛不住这种难受，所以他们会本能地把这种负面的感受抛出去。这个过程，就是投射。

同样地，情侣吵架的时候，如果不稳定高自尊的人被伴侣挑毛病，他们也会下意识地启动投射机制："是，我是有几个小毛病，但你比我更糟糕，你怎么好意思说我？"

总之，为了避免看到自己的弱小，投射就成了不稳定高自尊的人常用的防御机制。但是从长期来看，这么做其实会对他们的人际关系产生很多负面的影响。

总的来说，回避和退缩，防御性悲观，投射，这些维护自尊的防御机制虽然有效，却不健康，反而会让我们在原有的自尊类型里原地打转，限制了自我的进化。

提升自尊的正确方法

稳定良好的自尊，是三大基本心理需求满足的结果，自尊出现问题的根源，都可以在心理需求的缺失中找到答案。但这并不意味着我们只能去讨伐过去的伤害，弥补过去的错失。

其实我们还有更直接的方式。你可能见过，在宴会上人们用香槟酒杯搭成的宝塔。如果把香槟塔比成一个人的自我，自尊就像是垫在底层的杯子，越往上，越是一些你看得见、摸得着的行为表现。提升自尊的过程就像倒香槟酒一样，往最上层的杯子开始倒，最终底层的杯子也会被注满香槟。这里的香槟，就相当于我们在行动中获得的成功体验。

美国心理学之父威廉·詹姆斯是最早研究自尊问题的先驱，他认为一个人的自尊水平，不仅仅取决于他取得了多少成功，还取决于他对成功的判断标准。如果用一个方程式来表示的话，就是自尊 = 成功 / 自我要求。

这个公式的意义在于：它可以作为我们自我观察的一个参考，随时进行调整。比如，当我们在某件事情上获得成功，可以停下来想想：这件事的成果能让我感到自尊的提升吗？如果获得的成绩远远超过了我的预期，那自然会感受到自尊的提升；但如果原本的预期高于现在取得的成绩，那我们可能就无法感受到自尊的提升了。这个时候，我们需要重新评估一下：究竟是这件事本身对我们来说微不足道，还是我们确实对自己的要求过高了？

所以简单来说，不管哪种自尊类型，想要稳步提升你的自尊水平，都要从这两方面入手。

第一，不断积累成功的经验；第二，及时调整你对成功的期望值。

首先，一个人的自尊，需要从体验到更多的成功中得到滋养和提升。我们获得的每一次成功，都像是从香槟塔的最上一层开始一点点地倒酒。

昨天我帮同事解决了困扰他很久的一个问题，得到了积极的评价和肯定，我往自我的香槟塔里多倒了一点酒；今天忙了三个月的项目终于结束了，取得了很漂亮的业绩，那我的香槟塔上又倒了满满的一杯；再比如，记录一个个成就，尝试一个小挑战，使用一次情绪按钮，找到一个生活的乐趣等。这些成功看上去好像离提升底层的自尊还有很远的距离，但倒香槟的过程就是你不断行动和成长的过程，香槟酒最终会从上层慢慢流到中间层，最后注满下层，最终让你的自尊水平得到提升。还记得我在第二节心理需求里提到的"三件好事"行动吗，其实跟我们这里强调的积累成功经验，有着异曲同工之处。坚持记录三件好事，能够帮你获得更多关爱感、自主感和能力感的满足，你的自尊水平自然也就在这个过程中得到不断的提升。

当然，光是积累成功的体验还不够，你还需要及时调整自己对成功的期望值。

我们都有过这样的体会。第一次做成一件事时，成就感和幸福感往往是最强的，我们的自尊水平也因此涨了一大截；可接下来，同等水平的成功体验多了，我们变得习以为常，甚至开始不满足。久而久之，我们对成功的期望值就越来越高，对自己的要求也越来越高……

对自己要求高当然是好事，但如果只是为了要求而要求，反而会陷入对自己的苛责，产生受挫的感受，降低自己的自尊水平。所以，在追求更高的成功时，也不要忘了回头看看自己来时的路。再确认一下，你现在的追求，是希望获得真实的成功，还是获得好高骛远的"成就感"。从这个角度来说，有时候，学会管理你的渴望，甚至学会放弃，反而更有利于提高你的自尊水平。很多时候，我们都想追求完美，无形之中却拔高了对成功的期待值，反而给自己带来了更多的压力。

今日行动

结合香槟塔原理，倒"成功"的香槟酒，来滋养塔底的自尊。

行动主要分三步来进行。

第一步，回忆一下，最近一个星期内，你在工作或者生活上取得了什么成功的体验？请你至少列出一项。

第二步，你可以把这些成功体验看作香槟酒，然后把酒从上到下注入香槟塔，我们知道香槟塔底层的杯子代表自尊，通过这一步你可以看出，那些成功经验是否能够滋养你的自尊。

第三步，请你重新调整一下期望值，看看能否往香槟塔里倒入更多的酒。

怎样走出完美主义

也许你一直有这样一个困惑：这些方法确实对我有些启发，但是，我到底什么时候才能变好呢？

这个问题，其实这么多年来我已经被人问过无数遍了。过去呢，我可能会非常耐心地解释，你已经在变好的路上了，你在做的过程中觉得怀疑、焦虑和挫败，是每个人都会有的正常情绪。你应该感到高兴，这本书的内容不只停留在你的头脑里，而是实实在在地促使你做了一些实际行动。

但是后来我才知道，这个答案没办法让他们感到满意。因为他们所说的变好，并不是指"改善""进步"，这对他们来说远远不够。他们想要的是立刻摆脱那个有缺陷、有不足的自己。他们想要的变好，其实是变得完美。

当然，你可能会有个疑问，想要变得完美有什么不对吗？做一个完美主义者，恰恰是一个人上进、有追求、注重细节的体现。

想要变得完美当然没错，这是每个人都会有的心态，我们也正是因为想要变得完美，才有动力不断向那个理想的自己靠近。但问题是，人们通常只热爱想象那个完美的结果，却对变完美的过程和代价缺乏预期。只幻想最后的完美结果，却不肯面对变化的过程。这个时候完美主义就会变成一个陷阱，不但没有让我们变得更好，反而会阻碍我们的发展，甚至成为你自我进化过程中最大的绊脚石。

所以，我们就来好好聊聊完美主义者无法面对的"过程"。

完美主义者的恐惧：面对过程

无法开始行动的第一步

完美主义者对过程的恐惧，会体现在很多行为表现上。最典型的表现就是迟迟无法开始行动。

比如，我就认识几位博士研究生，总是在纠结到底博士论文做什么题目，总觉得手头的那些选择，要么太小，没有意义，要么太大，没法做，要么就是没什么突破性。结果，他们的论文也就这么一天一天地拖下去了，其他同学都开始做实验、收数据了，他们却连开题都还没有做。

拖延症的背后，其实暴露了完美主义者最常有的心态，那就是一个完美的目标，必须在开始后就迅速跨进完美的结果，否则就会像多米诺骨牌一样，第一张牌有任何闪失，之后的每一张牌都会被推翻。他们希望一出手就赢得满堂喝彩，一次性就解决掉所有问题。但现实情况往往没有那么理想化。想法越多，就会越焦虑、越纠结，也就越无法开始行动。

容易破罐子破摔

另外，对过程的恐惧通常会让他们极其想要把控过程中的每一个环节。完美主义者在做一件事时，不管是开始前的做计划，还是过程中的执行，他们都希望能够按照自己设想的那样进行，一旦出现丝毫偏差，他们就会产生自暴自弃的心理机制，也就是我们常说的：破罐子破摔。

举个例子，很多人其实都尝试过做早起计划、减肥计划或者阅读计划。在制订计划的过程中，我们获得了对事情满满的掌控感，这让我们觉得很爽，好像接下来只要按照这个计划走，就一定会有个完美的结果。可现实情况经常是，中间只要有一天没坚持下来，我们就不想继续做了。

为什么会这样呢？因为对完美主义者来说，这些计划和行动的背后，承载了他们对完美自我的幻想，他们必须小心翼翼地控制着一切，不能允许过程中有任何偏差。一旦行动、计划和预期偏离，那个完美的自己也就跟着破灭了。既然不"完美"，那还不如清零、重启。

但问题是，这个世界上并不存在按照预期"完美"发展下去的事情。绝对的完美只存在于理想中，出现偏差本就是追求完美的宿命。

完美主义背后：被忽视的过程

你可能有一个疑问：为什么这么多人希望追求完美，但对变完美的过程有这么多的抵触情绪呢？总的来说，这是整个社会合力施加影响的结果。很少能有人向我们展示完美结果背后的过程。外界的更多声音，反而是在加固我们"要么完美、要么失败"的极端思维。

在我们对完美的过度追求里面，有两个推波助澜的重要角色：一个是我们已经说过很多次的了，父母老师的权威角色，以及社会上的评价体系；另一个就是现代社会里泛滥的媒体信息。

比如小时候，你要是考得很差，糟糕的情况是被父母教训批评一顿；好一点的情况，是父母安慰两句"算了，别太在意"。这安慰的背后，其实也传达了他们对失败的消极信念。

有些孩子就算考了 95 分，父母也要忍不住追问："你这剩下的 5 分是怎么丢的？怎么这么不小心？"在他们看来，丢掉的 5 分比拿到的 95 分还要重要。很少有父母会陪孩子耐心反思取得结果的过程，他们更习惯确认试卷上的结果。

长大后，社会上的评价体系也同样在告诉我们：完美的结果比过程更重要。像企业强调业绩，一个员工的价值必须通过业绩来体现，只有苦劳等于没有价值。新闻媒体几乎只展现那些极少数人职业生涯中的巅峰时刻。我们只看得见年少成名的天才运动员，一亿元只是个小目标的大企业家，或者拿了无数奖项的作家等。而荣誉背后的无数次失败的尝试、曲折艰难的过程统统都被剪辑掉了。

如今，社交媒体的流行也加剧了人对完美结果的渴望。朋友圈上到处都是去国外度假的人生赢家、和行业大佬谈笑风生的风云人物还有每天运动打卡的自律狂人，以及容光焕发的美颜照片。我们经常反复地看到各种轻松成功、永远吃不胖、7×24小时敬业的完美形象，然后我们也下意识地要求自己下一分钟也变成这样。

这些我们反复看到的完美的结果，不知不觉中让我们形成对完美的狭隘认知：我们误以为完美是一步到位的，是不接受过程的。但是我们忘记了，大多数运动员成名之前可能连登上竞赛擂台的机会都没有，大多数企业在上市前都经历过大大小小的危机，大多数作家在写出成名作之前往往无人问津。其实，大多数人的生活跟你我差不多，有高光时刻，但绝大多数时候也很平凡。缺陷和不完美才是绝大多数人的人生真相。

所以，所谓的完美主义，更像是一个由社会合力包装出来的谎言。这个谎言放大了完美的结果，抹去了过程中反复的尝试和无数次的试错。

否认过程会让我们失去什么

读到这里，你可能还是想说，就算这样，抱着完美主义的心态不也确实更容易取得成功吗？

不是的，前面我已经说过，完美主义让人更拖延，更焦虑，因此并不见得更容易就取得成功，而且关键是，即使他们成功了，他们也无法停下来好好享受成功的喜悦，享受获得成功的过程。

这让我想起了曾经在一次心理咨询的活动中，认识的一位学生小张。从上小学开始，小张就非常努力地学习。因为父母告诉他，全市最好的初中就那么一所，如果不努力学习，花再多的钱都进不去。后来小张如愿考上了那所初中，他很高兴，但他只是短暂地开心了一会儿，因为从初中开始，他又要为三年后的中考做准备了。小张很快又陷入了新一轮的焦虑和压力中。他安慰自己，再撑一撑，考上重点高中后就好了。中考成绩公布的那一刻，小张长长地舒了口气，他终于凭借自己的努力和付出考上了心仪的高中。可是两个月后，小张开始了他的高中生活，他又把目标对准了国内最好的大学，这次和他一起竞争的同学都是从各个地方来的非常优秀的人，他的压力越来越大，他努力学习的过程变得越来越痛苦。小张苦笑着跟我说："唉，我再撑一撑，没准考完就好了。"

小张的人生还很长，但我们设想一下，这么努力的小张，确实很能够获得很多世俗标准里定义的成功。可是你发现了吗？他从来没有真正享受过成功带来的快乐。因为在他眼里，每一次成功都只是奔向下一个成功的起点，成功带给他的，不过是片刻喘息的机会。

对完美主义者来说，只有尽快从起点到达终点才是重要的，到达目标就意味着全部。一旦抱有这样的认知，你当然就永远无法享受过程中的乐趣。你只能永远望着前方的目标，以为只要目标实现我们就能获得幸福。但当我们跑到第一个终点，才发现这不过是下一趟旅程的起点。

如何从否认过程走向接纳过程

那么，我们应该如何从否认过程转变为接纳过程，用更好的心态去前进呢？

哈佛大学最受学生欢迎的心理学讲师泰勒·本-沙哈尔（Tal Ben-Shahar）认为，摆脱完美主义的最好方式，就是在生活中，更多地去追求最优主义。

所谓最优主义，其实意味着坦然接受过程中的不完美。承认现实条件的限制，并且想办法在有限的条件里，争取最优的选项。最优主义承认在追求目标的过程中，失败存在的合理性和必然性，他们虽然也不喜欢失败，但他们愿意拥抱失败。简单来说，就是如果完美主义从起点到目标是一条直线的话，那么最优主义就是一条起起伏伏，但是大方向朝着目标前进的曲线。

那么，具体应该怎么做呢？

首先，分解你的完美主义心态。

从心理学的角度来说，当我们很难改变一个习惯、行为时，往往是因为我们潜意识里相信，这个东西能够给我们带来一些好处。完美主义也一样。我们往往把它和很多美好的品质联系在一起，比如，注重细节，精益求精。所以很多人求职面试的时候，如果被问到你的缺点是什么，标准答案都是完美主义。想要真正让自己改变，我们需要重新分解一下完美主义，这个方法可以帮助我们开始接纳过程、承认过程。

可以试着问问自己：完美主义对我的意义是什么？它的哪一方面会让我感到骄傲？为了更完美，我需要经历什么样的过程？这个过程中有哪些部分是我想抛开的？比如，有的人也许想要保留自己的上进心，但要消除对过程的强烈控制欲。当我们把这些分解清楚，并真正做好准备去改变的时候呢，内心对过程的恐惧和排斥就会小很多。

其次，是培养"足够好"的思维方式。

我们常常会有这样的野心，总想要在生活中的各个领域都表现完美，既想要在工作中投入很多，好让自己升职加薪，又不希望冷落了伴侣，还想拥有足够的时间发展自己的兴趣。雄心壮志当然很重要，但有时也会带来不必要的压力和恐慌。结果呢，可能什么都想要，就什么都得不到。

但"足够好"的思维能让我们开始学会接受存在偏差的过程。这个方法是为了能让我们学会享受过程，坦然接受过程中的不完美。比如，也许每天重复的工作会让人时不时感到倦怠，但它能给我们的生活提供稳定的基础，甚至因为工作结交到志同道合的朋友，这就已经"足够好了"。

不要因为过程中的磕磕碰碰而太过苛责自己，你可以用"足够好"的思维去享受当下过程中的快乐。你会发现，生活中很多微小的喜悦都是你的高光时刻。

具体怎么做呢？先找到对你而言生活中最重要的几方面，比如，工作、朋友、自己独处的时间。再试着想想：在这几点上，做到什么程度就已经"足够好了"？比如，在最完美的情况下，我应该每天坚持跑步一小时，再去健身房举铁一小时。但对我而言，只要能保证每周运动三次，每次半小时就已经足够好了。同样，每周能和好友聊上一次，剩余时间能陪陪家人和孩子也足够好了。采取这样的思维方式，能让我们在有限的条件下，找到分配我们时间和精力的最佳方式。当然了，"足够好"的标准每个人可能都不一样，不同阶段不同状态下，"足够好"的标准也会有所改变。所以我们首先要做的，就是花一点时间识别出那些对自己最重要的事情。这种调整策略，将会帮你最优化地平衡你的精力和行动效果。

著名的人本主义心理学家卡尔·罗杰斯（Carl Rogers）曾经说过："美好的生命是一个过程。它是一个方向，而不是一个终点。"生命是一个不断前行的过程，不要因为追求成功的结果，而忽略了对过程给予足够的耐心和等待。完美和过程并不相斥，反而是过程中的尝试、失败让我们更接近完美。希望你能够逐渐摆脱追求完美时否定过程的心态，体验自我进化的美好过程。

今日行动

练习培养"足够好"的思维方式。它主要有三步。

第一步，仔细想想，你想要改善自我的哪些方面呢？可以列出三到五方面，然后按照重要性进行排序。

第二步，针对你列出来的这些方面，达到足够好的状态分别是什么样子？

第三步，为了达到这个状态，你会先做什么？

我希望你做这个行动的目的有两个。第一，它能够帮你梳理好优先级，帮助你更高效地去开启自我进化；第二，做这个行动本身就能够有效帮助你接纳过程、享受过程，体会自我进化过程中的美好。

放下自我是认识自我的最后一步

由于每个人和环境的互动方式千差万别，所以每个人的自我都是独一无二的。为了帮助你更好地理解自我，我们先前所有的注意力都放在不断深挖和不断剖析每个人的独特自我上面。但最后，我想告诉你的是，认识自我的最后一步，恰恰是学会放下自我。别把自我看得太重，尤其是别把自我的独特性看得太重。

每个人都觉得自己是最特别的

承认并接纳自我的平凡，对每个人来说都是一件很困难的事情。

从发展心理学的角度来说，追求自我的独特性，是每个人与生俱来的本能。

我们生来就觉得自己才是生活的主角。当我们还是婴儿时，我们觉得整个世界几乎都围着我们转。饿了有人喂，哭了有人哄。

稍微长大一点，虽然知道自己不再万能，但我们依然觉得自己会对周围人产生巨大的影响。如果有人感到快乐，那一定是我做对了什么；如果别人生气或难过，那一定是我做错了什么。比如，成绩好的时候，父母和老师会表扬；表现很糟糕时，他们又会很生气。

后来，随着年龄渐长，我们开始隐隐约约地发现，好像自己并没有这么特别。每个人都有很多自己的事要忙，没有人能真正关心我们想什么、做什么。但是，我们并没有放弃对独特性的追求。相反，我们形成了一种信念，为了获得别人的目光，必须让自己显得与众不同。比如，靠优秀的成绩、漂亮的外貌、过人的特长，或者靠与众不同的衣着打扮、博人眼球的言行举止等。

从某种程度上来说，追求自我的独特性，确实有它的合理性。

一方面，它让我们离成功更近一些。这个时代鼓励我们追求自我，标榜个性。我们的社会，经常暗示每个人都应该是特别的，不该流于平凡。不够特别，往往容易被遗忘，也容易错过机会。因此，对自我独特性的追求，让我们更敢于在众人面前，表达自己的观点，争取自己的利益。

另一方面，它促使我们不断思考个人价值。比如，我是谁，我想要成为一个什么样的人，我要怎样才能活出自我。在思考这些问题的过程中，你的自我也会变得更加深刻。

放不下自我会怎么样

但是，你可能没有意识到，追求自我独特性并不总是好事，对独特性的执念恰恰也是大多数人痛苦的来源。我们可以从三方面来看。

容易陷入自我怜悯

首先，为了追求自我的独特性，很多人会让自己持续浸泡在负面体验中。我观察过很多人后，发现了一个有趣的现象。有不少人在生活中，因为工作或者感情不顺而产生一些负面情绪时，既想要别人来安慰，却又抱着一种"我的痛苦，你们不管怎么样都无法理解"的心理，抗拒别人的共情。

对这些人来说，所有的负面体验最好也只属于自己，因为如果别人都能理解，那自己就不再特别了。所以，哪怕这些负面体验让人不舒服，他们也会选择忍受，并且很容易掉进自我怜悯的陷阱之中。

容易丧失感受快乐、感受进化的能力

其次，追求自我独特性的人，往往会在内心构建一个理想中的自我，然后不断朝那个方向努力。问题是，当理想中的自我和现实中的自我差距过大时，他们很容易为此感到痛苦。

我曾经在美国参加过一个积极心理学公益活动。活动中，有一位中国女士和大家分享了她自己的经历。她说自己从小就属于"别人家的孩子"，家庭条件不错，学习成绩也非常好，高考时，她成为老家的高考状元，顺利考入了北大。学校的风云榜上她的名字和照片摆在了最显眼的位置。她特别享受这种成为人群焦点的感觉。大学毕业后，她就来到美国继续读研，之后供职于一家知名的律所，并认识了现在的丈夫。

听她讲到这里时，我注意到周围有不少人露出了羡慕的眼神。可是，这位女士却说自己过得并不幸福，反而一年比一年焦虑，她觉得高考那年过后，自己的人生就开始走下坡路。比如，她很遗憾自己当时在美国深造读研时没能考进顶尖的学府，找工作时，选中自己的律所在美国连前五都排不上。

可能有些人听着会觉得这位女士好矫情，是不是变相嘚瑟呀？太不知足了。明明该有的成就都有了，怎么还不满足？

但是我发现，她其实一直忍受着一种痛苦，那就是不再有人为自己喝彩的痛苦。她希望逃离这种自我被淹没在人群中的窒息感。但是我也知道，她越想逃，就越逃不掉。为什么呢？因为她把所有的目光都集中在了自己身上，看不到别人，也听不到别的声音。

读到这里，如果你把前面的内容连接起来，那你可能就注意到了，就是像这位女士一样太看重自我的人，往往追求的都是"表现型目标"，而且他们生存的方式更接近他主倾向。

这两个概念我们前面在讲能力感和自主感时都提到过。表现型目标是指一个人一切行为的目的都是证明自己很强，比别人强。他主指的是为别人或者别的东西而活。就像这个例子中，这位女士看起来是追求理想中的自我，但其实一直受困于外在的名声，不停地想要追逐巅峰。

曾经认为自己是被命运选中的少数人，到头来却要承认自己的平平无奇。因为太不甘心，所以他们活得痛苦、焦虑，感到深深的孤独和无力。由于太过沉溺其中，她完全没有意识到，虽然自己没能进入前五名的律所，但通过自己的努力，她一样在现在的公司里产生了巨大的价值。比如，她帮助很多企业和个人解决了很多法律问题，这个世界上有很多人因为她的努力变得更加幸福。这些难道不是人生意义吗？所以，从本质上，因为太看重自我的独特性，她丧失了感受快乐的能力，也丧失了感受自我一直在进化的能力，持续地活在焦虑和挫败当中。

限制了自我的发展和进化

最后，放不下自我对一个人最大的影响就是，从长远来看，它会限制自我的发展和进化。

当我们把所有的能量都放在自己身上时，就很难再有足够的精力和他人、和世界发生真诚的互动。也许你也健身，但你在乎的是健身房的照片能不能凸显你精致的生活理念；也许你也读书，但你在乎的是能不能在下次讨论中说出与众不同的观点；也许你也谈恋爱，但你在乎的是不断考验对方，看看对方有多重视你。

你的能量都用来关注自己，没有足够的能量向外释放，去投入地生活。我在开头就提到过，自我进化而来，是为了帮助你更好地解决和自己、和别人、和世界的关系。而如果没有把更多的能量投入和世界的互动之中，你的自我就无法得到进一步的进化。

这个过程就像打球，一头是自我，另一头是世界，你来我往。当我们的注意力都集中在观察对方和如何回球上时，我们更有可能接到球，球技也会在这一来一回的过程中，得到提升。可是对自我有执念的人，常常更关注的是自己，发球的姿势怎么样，刚刚输了的那球太不应该了，别人会不会笑话我等，这只会让我们在球场上越来越焦虑，越来越烦躁。

总之，努力追求自我的独特性，确实是自我发展的必经阶段，但它一定不是自我进化的终点。对每个人来说，那个终点去向哪里，可能都不一样，但可以肯定的一点是，只有真正放下自我，你才有可能发展自我。

放下自我，才有机会发展自我

自我关怀

那么，具体应该怎么做呢？我认为最重要的就是，学会用外部视角来看待自己，对自己进行自我关怀。

自我关怀是美国心理学家克里斯汀·内夫（Kristin Neff）最早提出的一套理论。她认为，关怀自己，并不需要我们拥有什么特别的品质，而是我们每个人本来就值得被关爱和理解。这就意味着，掌握了自我关怀的能力，我们就不必依靠所谓的独特或者成就来让自己感觉良好，它就能够有效帮助我们放下对自我的执念。

克里斯汀·内夫提出，自我关怀主要包含了三个核心部分。

第一，放下自我批判，接纳真实的、不完美的自我。

我们通常对自己比对别人要严格苛刻得多。宽慰一个失落的朋友对我们来说并不难，但当我们自己犯错或者失意时，我们总是指责自己。所以，自我关怀的第一个核心，就是学会积极主动地像宽慰朋友一样宽慰自己。

第二，平凡和苦难都是人类共有的，时刻提醒自己，你并不孤单。

当我们陷入低谷时，常常会陷入"只有我这么痛苦"的自我怜悯之中。但就像我们前面所说的，这种孤立无援的感受除了帮助我们维持虚假的独特感之外，并不会让我们变得更轻松。每个人都会经历苦难、脆弱和不完美，这些你所面临的问题并不是个人问题，而是绝大多数人的共同问题。我们也许是在跌跌撞撞地前进，但我们一定不是独自在前行。认识到这一点，你会更容易从那些负面情绪中抽离出来。

第三，静观当下。

所谓的静观，和正念减压疗法创始人乔恩·卡巴金（Jon Kabat-Zinn）所说的正念冥想有点类似。

当陷入对自我的执念时，我们通常激起的是负面能量。做得好的时候也总觉得不够，受挫的时候更失落。卡巴金曾经说过这样一句话："你无法阻止波浪，但你可以学会冲浪。"而学习冥想，其实就是用一种平衡的方式来处理我们的负面情绪，既不过度沉溺，也不过度批判。最基础的静观练习，可以从闭目静坐开始，把你所有的注意力都投到此时此刻的体验上来，可以关注呼吸，或者关注身体的变化。在这个过程中，最重要的就是专注、平静地观察当下，不对任何一个想法或情绪进行评判。

自我关怀的茶歇时刻

结合以上三个自我关怀的核心要点，这里我给你提供一个日常生活中就能使用的心理学练习，叫作"自我关怀的茶歇时刻"。

当你发现自己正处于一个压力情境中，感到焦虑不安时，找一个安静的角落，给自己创造五分钟的茶歇时刻。

首先，试着追踪一下身体的感受。人的身心反应往往是结合在一起的，从身体感受入手捕捉情绪，更有利于我们进行觉察。观察一下，这种让我难受的情绪现在堵在了我身体的哪个部位？我的哪个身体部位感受最强烈？也许是胸口堵得慌，也许是胃部隐隐作痛，也许是双肩特别沉重等。

然后，缓慢地对自己说："是的，我真的很难受。我知道现在的情况特别艰难。不过，挣扎本来就是生活的一部分。我相信其他人肯定也有类似的经历和感受，不只是我一个人这样。"

这一段话里，包含了自我关怀的前两个核心成分：接纳真实的自我，以及连接他人，避免自我孤立。

最后，你可以试着把双手轻轻放在心口，感受从你的双手中传来的温柔，然后对自己说：

"愿我善待自己。"

"愿我接纳自己本来的样子。"

"愿我原谅和宽恕自己。"

"愿我平安。"

"愿我坚强。"

这五句话，其实来自佛教当中慈爱冥想的祷告。它可以帮助我们训练对自己的同理心和觉察，帮助放下对自我的执着。当然，如果你有更适合自己的语句，也可以替换进去。关键在于，你应该像说给正在遭遇困难的知心朋友那样，说给自己听。

当我们从自我的束缚中跳出来后，你将会释放出更多的注意力。接下来，你要做的事情就是将这些注意力转移到具体的事情上，去解决具体的问题。相信我，你的自我会在和世界的互动中逐渐发展、越来越蓬勃丰富。

今日行动

制作"关怀对话卡片"。

我们知道，过度关注自我，往往会让我们陷入对自我的不满和憎恨之中。我也在刚才"自我关怀的茶歇时刻"里，教你如何通过关照身体，观察情绪。接下来，我要教你一个自我关怀的对话技巧，它一共有三句。第一句表示接纳，第二句是用来连接，第三句是产生行动。

比如说，假如你没能成功戒掉甜食，对自己感到很失望。这时候，你可以通过自我关怀来调节自己的情绪。首先，先接纳、承认现在的痛苦："确实让人失望，想建立健康的饮食习惯真不容易啊！"

接着，想想那些同样决心调整饮食习惯却失败的人："原来我不是一个人啊，也有很多人跟我有一样的烦恼呢。"

最后，可以问问自己，该怎么做才能更快乐地解决这个问题，比如，告诉自己："坚持饮食调整的大方向，但每周允许自己吃一次甜的，给自己一点激励。"这一步是为了帮我们从自我苛责转移到解决问题上。

下面是我制作的这套"关怀对话"卡片，想想看，最近一周你在什么时候对自己感到不满呢？尝试用这套卡片，进行自我关怀吧。

你对自己不满的时刻	
对话 1	_____ 的确是很痛苦的。
对话 2	体验 _____ 是人类生活经验中的一部分。
对话 3	我应该 _____ 才能让自己更快乐地解决这个问题。
你的感受	

很多人发现自己在做依恋测试的时候，结果是混合型依恋，这要怎么去理解？

关于回避型和焦虑型的区别已讲得很清楚了，但是有没有交叉的情况，比如，一个人同时拥有两种表现呢？这代表我拥有两种依恋模式吗？

我的答案是：对的，混合型依恋在人群里是一个很常见的现象。当初，发展心理学家根据母婴互动观察，划分出了两个显著的变量，也就是焦虑程度和回避程度。根据这两个维度水平，科学家归纳出了三种典型的依恋模式——安全型、焦虑型和回避型，并且认为依恋模式一旦形成，会一直影响这个人到成年。

不过后来发现，尽管最初的抚养经历会使一个人形成某种核心的依恋模式，但随着成长环境的变化和人际互动的变化，在核心依恋模式之外，可能会形成新的、通过二次学习而获得的依恋模式。这种外层依恋模式，不一定更好，也不一定更糟，只是如果它和你最初的依恋模式不一样的话，你就会表现出混合型的特点。

比如，你很小的时候形成了焦虑型依恋，上学之后被送到祖父母家生活，祖父母反复强调自立自强的重要性，告诉你求人不如求己，不要指望别人，于是你渐渐习得了回避型依恋的一些特点。长大后，可能你的表层看上去像回避型，跟你接触不深的人觉得你不好亲近、理性克制，而跟你熟悉亲近之后，会重新激发你底层的焦虑型依恋。于是研究者可能会这样形容你：你的底层是焦虑型，表层是回避型。

也有相反的情况，比如，你小时候有一个很好的成长环境，你的底层是安全型依恋。但后来阴差阳错，你经历了很长一段时间的关系破坏，比如，因为被送到寄宿制学校受到欺凌，或者年轻时谈了一段非常糟糕的恋爱等等，这些经历让你变得不敢期待、不敢相信，所以在表层形成了非安全依恋的模式。

你可能会问，怎么判断我的依恋模式哪个是底层，哪个是表层？基本上，当你在和亲近的人相处，处于放松的状态时，比较容易浮现底层的依恋模式。我们还可以结合第二个问题来看，会给你带来更多理解。

在亲密关系中表现出焦虑型，在面对父母时是回避型，这是正常的吗？

其实这和混合型依恋的表现是一个道理。依恋模式不仅会因为后天的学习，形成表层和底层之分，还会因为面对不同的人，表现出不同的倾向。

即使在婴儿时期，父母对孩子的态度也可能是不一样的，比如，孩子呼唤母亲时得到了回应，可呼唤父亲却彻底没有响应，于是跟母亲之间形成焦虑型，跟父亲之间形成回避型。长大之后，当他面对女性角色时表现出焦虑型的行为模式，面对男性角色时就表现出回避型的行为模式。这都是很常见的。

有很多人成年后，跟原生家庭划分出更清晰的界限，即使曾经对父母有很多焦虑和怨言，随着父母年龄老去和自己能力的提升，权利角色发生了转变，子女往往也会对父母更宽容或更回避，以免引起冲突。但面对自己的伴侣，这是一个经得起折腾的、势均力敌的角色，于是底层的依恋诉求重新被激活，底层的依恋模式会更容易展现出来。

另外，因为人一直在后天学习，一直在遇到新的人、新的人际关系，哪怕我们没办法一下子改掉底层的非安全依恋模式，也并不意味着我们面对任何人都体会不到安全依恋的感觉。比如，你可能在亲密关系中表现出非安全依恋，但面对某个朋友或者某个老师，也可能表现出安全型的特点。

结合前两个问题，我们可以看到，每个人都可以通过后天的学习和修复类的经历，形成一个起作用的表层安全型依恋。在面对新的对象、新的人物时，我们也可以形成新的体验，那个底层的非安全依恋模式，不是必然会在所有人身上激活的。

我是偏焦虑型依恋，小敏和那对夫妻的案例都曾经真实发生在我身上。之前有一个实践题是让我们试着做自己的安全型父母，但其实我不太清楚安全型究竟是什么样子，所以不知道该怎么做。

这真是个好问题，我们花了很长时间去剖析问题和症状，反而对安全型依恋这个状态少了很多描绘，到底什么样的状态算是安全型依恋呢？

首先，来回顾一下心理学家在实验观察中，看到的安全型宝宝是怎么表现的。

1．把宝宝放到一个陌生的环境里，妈妈在场时，孩子会主动去探索，到处爬一爬、摸一摸，偶尔回头看一眼妈妈，然后继续探索新环境。

2．妈妈离开，孩子产生分离焦虑，变得紧张、沮丧，陌生人去安慰孩子，有一定的效果，但孩子不怎么探索环境了。

3．妈妈又回来了，孩子主动寻求妈妈的安慰，对妈妈表达依恋，妈妈重新安抚孩子，孩子也很快能再次平静下来，然后继续玩耍。

我们把这三点对应到成年人的关系里，你就会看出来安全型依恋的人有哪些表现。

1．来到一个陌生的人际环境，比如，新学校、新公司、新的活动场所，你愿意主动探索，到处看一看、交流交流，对周围的人抱着比较友善信任的假设，因为你内心有安全感，就像内心始终有一个妈妈在护着你。

2．当你在生活中遭遇了关系的伤害，你能正常地哭、正常地倾诉，或找到其他健康的排解方式，不会觉得这是羞耻的、无能的，亲朋好友的安慰对你是有效的，你不会过度压抑或彻底失控。

3. 当关系出现了矛盾，你依恋的人回头找你沟通，你能够给台阶、给机会沟通，主动表达自己的心声，而不是让对方耗尽心血去安抚，彼此的感情都能可持续发展。

当然还要补充一点，安全型依恋的人，有明确的关系底线，当关系不得不结束时，你也能认真面对，做好善后和告别，并且照顾好自己。

说到底，安全型依恋最本质的表现，就是在关系里有一个稳定的、健康的自尊，能很好地照顾对方，也能很好地照顾自己，不会过度自我牺牲，也不会过度以自我为中心。

....

我和别人（特别是领导）相处时或者相处后，经常喜欢在心里攻击自己，觉得自己哪里没做好，哪里没注意到，好像这样的反思总结能帮助我下次做得更好，但其实实际效果很有限。为什么我总是这么喜欢怀疑和苛求自己呢？这种现象和一个人儿时的依恋模式也有关吗？

当然有关系。其实这个问题，问的就是依恋模式和自尊之间的关系。

自我苛求，往往意味着某种程度的自我忽视。在心里攻击自己，过度反省自己每一个瑕疵。这种行为模式的底层其实是你的内心在发出一种声音：我要方方面面都做得最好，才配怎么怎么样。

其实这是你的自尊出了问题，而自我苛求成为你调节自尊的方式。自我苛求是一种高度自我竞争的调节方式，为了维护内心的价值感，逼迫自己必须满足很多苛刻的条件才行。

自我苛求的人，容易忽视真实的自我需求，忽视自我照顾，到最后其实不太分得清那些反省和总结，到底是为了满足别人的期待还是在完善自己。已经渐渐失去了自主感，当然也就没有什么实际效果了。

　　进一步看，一个人为什么会形成这种自尊调节方式，为什么需要这样来证明自己的价值，确实跟你身边的人如何抚养你、对待你有关。如果他们给你的都是"有条件的爱"，你的存在、你的生命价值不是天然就有的，必须由你拿出东西来交换，比如，好的表现、好的成绩，或者满足父母某些特定的需求，那么你可能会内化这些条件，最后告诉自己，整个世界就是这样的，如果我没有能力做到，那么我的存在都是不配的。

第二章

建立你的关系

Build
your
relationships

自主孤立，还是被动连接

　　你可能会好奇，在一本以认识自我、提升自我为目的的书里，我们为什么要谈论关系？

　　首先，作为社会性动物，没有任何一个个体可以脱离关系存在，每个人都需要在关系中更充分地定义自我。自我决定理论认为，人类最重要的价值观和动力之一，就是和别人建立有意义的联系。也就是说，当我们在谈论关系时，其实就是在谈论关系中的自我。

　　其次，日常生活中，我们面临的大大小小的人生课题，它们其实也都是"关系"的课题。小到怎么把握和领导、同事相处的分寸；大到怎么避免父母过多地干预生活，或者和什么样的人谈恋爱、结婚等。谈论关系，本质上就是在谈论我们的人生。

　　最后，也是我最想说的，所谓的关系，并不是外界赋予的像"缘分"或者"命运"一样的存在，实际上关系是由我们自己决定的。当你明白了自己的关系模式，并且了解自己在关系中的真实需求时，你就能够拥有主动创建让自己舒服的关系的能力。

　　我会先和你探讨一下，如何利用"关系模式"厘清复杂的人际关系。接着，我会分别从原生家庭、亲密关系和其他社会关系三方面，来跟你讨论不同关系的常见问题，并从积极心理学的角度，给你提供一些具体方法。

关系只看距离远近，够吗

先给你讲一个我的真实经历。

那是十多年前，我还在纽约工作的时候，有一天我跟一个中国同事闲聊，偶然听他说起跟我平时关系还不错的一个美国同事最近结婚了，而我竟然毫不知情。我当时心中翻起的第一个念头就是："完了，我人缘太差了！每天一起开会的同事，不但婚礼没邀请我，连结婚的事儿都没告诉我一声，他得有多讨厌我啊。"还好这个中国同事又立刻补充了一句："其实他只邀请了几个亲朋好友，不相关的人都没邀请。"听他这么一说，我这才松了口气。

不久后我也要结婚了，我邀请了所有同事。结果不出所料，身边的中国同事立刻接受了邀请，而美国同事除了几个跟我特别熟的，都委婉地拒绝了。最有意思的还是一位印度同事，没等我邀请他，就冲过来抓着我的胳膊说："听说你要结婚了？恭喜恭喜！你可一定要邀请我啊！"我说："那当然！"然后跟他半开玩笑地说："那你结婚的时候，也一定要邀请我哦！"他说："那肯定啊！我得回印度结婚，到时候你一定要来啊，让你见识见识什么才叫婚礼。"其实我是见识过的，他曾经给我看过他姐姐结婚的照片，婚礼整整持续了一个星期，来了 1000 多人。

这是两个非常典型的例子：美国同事的人际距离很远，结婚了不请人，连说都没说一声，我当时已经在美国待了十年了依然没有适应；而印度同事的人际距离又太近了，总让我想起自己老家的情况，三句不离人情，结婚、生小孩、盖房子都得送礼，虽然你不愿意，但又非去不可。

反差这么大，让当时的我开始陷入困惑，到底人和人之间的关系是近一点好，还是远一点好？我们到底应该怎么样去定义这个边界，而这又会给我们带来什么影响呢？

如何衡量你的人际关系

土耳其心理学家库查巴沙经过研究后发现，人与人的关系不仅仅有距离远近这个维度，距离远的相对孤立，距离近的连接比较紧密；还有一个维度是自主程度，也就是说，你在建立关系时，通常是遵从本心比较多，还是受外界因素影响更多，比较被动。

按照这两个维度，人与人之间的关系模型可以分为四种，分别是：他主连接型、他主孤立型、自主孤立型、自主连接型。

他主连接型

第一种是他主连接型，指的是人和人之间有非常紧密的联系，但并不是心甘情愿、发自内心愿意的。他主连接型通常在重人情的传统型社会里比较明显。可能是迫于外界压力，如果不这么做显得不合群，会被排挤，会被人说；或者是为了从关系中得到好处，比如，为了利益跟同事、领导拉关系；当然，也有的人是随波逐流，既然大家都看重人情往来，那我也就跟着吧。

他主连接型的关系，就像一把双刃剑，好的是，彼此紧密连接，互相之间带来了很多便利和照应；但不好的是，也会让人不堪重负。因为很多时候陷入其中的人，交往的过程并不快乐，只是为了避免痛苦和外界压力。每个人都不得不戴上合适的面具，不能做真实的自己。

他主孤立型

第二种是他主孤立型，就是指你跟别人保持着比较疏远的人际距离，但这并不是你真心想要的。可能是因为环境不允许，比如，你发现周围的人都很冷漠，你想交朋友却交不上；也可能是你为了其他目标而不得不牺牲关系，比如，你虽然想要谈恋爱，但工作缠身没有时间，怕耽误人家于是干脆放弃；还可能是因为曾经的关系创伤，担心跟别人的关系太近，自己会再次受到伤害等。

他主孤立，通常会发生在我们的生活环境出现变化的时候。比如，你从小一直生活在人情关系紧密的小县城，突然换到大城市去学习工作生活。因为脱离了那个共同的生活圈，和老家的朋友联系渐渐变少了；跟父母通常是报喜不报忧，想聊聊心里话，他们又常常理解不到点子上；新认识的人，他们都有自己的生活，看起来客客气气，好像又藏着防备和不信任。你周围看似有很多人，但你在关系体验里孤零零的，孤独、忧郁、焦虑的情绪可能会在内心越积越多。

所以总体上来说，他主孤立是四种关系类型中最糟糕的一种。一个人既失去了原有的连接，深深地压抑自我，又没有适应新的文化环境，无法从别人那里得到情感支持，往往就会伴生很多心理问题。

自主孤立型

第三种是自主孤立型，就是一个人主动选择了比较疏远的人际关系模式。他们经常持有着一种信念，那就是每个人都是一座孤岛，大家井水不犯河水，各过各的日子；哪怕结婚生子了，也就维持一个核心家庭，跟原生家庭或者其他人都不会有太过密切的往来。我在一开头提到没有邀请我参加婚礼的美国同事，就是比较典型的自主孤立型。大家高度尊重彼此的隐私，没有人会过多地评判你的个人生活，更没有人情捆绑。

在像我们这样强调关系连接的文化背景下，其实自主孤立型的关系模式对每个人来说有着不一样的意义。尤其是当你和父母、伴侣、朋友或者孩子之间的关系过度紧密时，主动学习如何划分人际边界，适当推远人际距离，坚守自己的人际界限，反而显得尤为重要。就像梭罗在他的作品《瓦尔登湖》中说过："当一个人离群索居时，才可能体会出生命的意义。"适当的疏离是必要的，因为它能够使我们的生命恢复完整，回到自我的根源，去寻求身心的安顿，去探索内在更深刻的意义。

自主连接型

最后一种是自主连接型，指的是我们自己主动选择去构建关系，和别人拉近距离。比如你喜欢跟一个人在一起，觉得这段关系是好的、正确的事情，所以主动地去爱别人；与此同时，你也欣然地接受被别人爱着。我前面提到过，关爱感需求和自主感需求都是人类的基本心理需求，所以只要有合适的机会，其实我们每个人往往都会本能地想要发展自主连接型的关系模式。

不知道你发现没有，其实在关系中，相对于距离的远近，你是否感受到充分的自主，才是更重要的。换句话说，不管是连接还是孤立，只要是你发自内心做出的选择，对你来说，就都是好的关系。

我们如何客观看待自己的关系

下面我还是会结合我自己的亲身经历，来说说我的关系模型都发生了什么样的变化，以及我是怎么看待和面对这些变化的。

22 年前，我刚到美国留学时，曾经非常不适应，因为我在国内的时候都习惯了，同学之间的关系都是"好哥们"，打成一片。可到美国之后才发现，同学之间基本上都彬彬有礼地保持着距离。

我还记得第一年在美国过感恩节，那是美国人家庭团聚的日子，跟我们的春节差不多。实验室里的同学都早早地回家了，就剩下我一个人，我打开收音机，听着欢快的节日音乐，却不知道可以找谁聊一聊或喝一杯。虽然我确实拥有很大的个人空间，可我发现自己并没有像美国人那样享受这种"孤独的自由"。对他们来说这是自主孤立的舒服关系，对我来说，那时候却是非常糟糕的他主孤立，我想去发展关系，但是被环境束缚住了，我得不到关系。

好在，人都是有适应性的。我在美国继续待了一段时间后，就开始慢慢地被同化了，觉得像这样的人际疏远也挺好的，少了人情捆绑，多了独立发展的机会。于是我就自顾自地发展我的各种兴趣爱好，开始学习享受陡然变大的人际空间。此时，我的关系模式就变成了自主孤立型。

这个状态虽然对我来说不算最理想，却是我人生中非常必要的成长过程。我学会了适应这种边界清晰、距离遥远的人际关系，也学会了坚守自己的人际边界。

不过，因为习惯了从小跟别人热热闹闹地往来，所以我还是很渴望人际连接。

于是最终我还是决定主动地、有选择地去尝试构建自己的关系。

首先，我认真地发展了亲密关系，建立自己的小家庭，结婚生子。虽然这并不是每个人必备的选项，但是我知道我有这样的需求，并且接纳了这样的需求。

结婚后，我和妻子就轮流接双方的父母来美国住，因为我们俩都特别看重跟原生家庭的关系。这个就不是因为外在环境的压力了，而是我们主动的选择。他们在国外住了几次，一开始当然很新鲜，后来也嫌生活不方便、不习惯，我们也不强迫他们再来。双方都是在自主的状态下，用爱来连接这些关系，就很温暖舒畅。

至于和朋友，一方面我们主动寻找一些志趣相投的中国人，每周组织活动，大家一起玩一起学习成长；另一方面，在公司里我也不再被动等待，而是主动留心周围的同事。比如前面提到的那个印度同事，他是个狂热的曼联球迷，而我也喜爱足球，于是我们经常在一起聊足球、看比赛，慢慢地也就成了工作之外的好朋友。这么一来呢，我在关系中，变得更加自主了。

我总结了一下我的个人经历，在关系中变得更自主的要点有两个：

第一，觉察自己真实的人际需求之后，不去否认和压抑。

第二，建构自主关系的时候，有重点、有选择。比如，我并不强求要和每个同事都交朋友，有些同事比较难以接近，不必勉强自己。有些同事人很好，平时有事我们也会相互帮忙，但是确实没有共同话题，没法发展共同的感情，就算了。

写到这里，我还想再展开几句。

我知道有很多年轻人，跟我当年一样，从强调他主连接的小地方来到大城市，在应对关系时，往往会面临着两难的痛苦。他们通常夹在他主连接和自主孤立中无法挣脱。一方面，他们想要摆脱他主连接的束缚，因为那种相互干扰、彼此牵扯的关系让他们的生活变得太过拥挤，逢年过节回家对他们来说是很痛苦的事情。但另一方面，生活在陌生人社会的城市里，当医疗保障、消费信贷都可以由制度和机构承担，不再需要个人慷慨解囊时，他们仍然不能接受自主孤立的关系模式。

为什么呢？因为我们从小接受的教育一直就是，不管我们是不是愿意，只有连接的关系才是好的。结果，我们常常羡慕那些人缘好的同学，走到哪里都能跟别人打成一片，然后给那些主动和大家保持距离的人，贴上不合群的怪癖标签。

当有一天，他们来到大城市后，虽然隐隐约约意识到，适当的疏离和独处反而让人有更多机会思考真实的自己，但我们依然会怀疑：我真的可以选择自主孤立的关系模式吗？这么做真的是对的吗？结果就是，他们既不敢真正去追求自主的关系，又不敢享受孤立所带来的快乐和意义。

可正如我前面所说，只要是自主的关系，对你来说就是足够好的。虽然我们都一样生活在众人之中，但没有谁规定必须像众人一样活着。别人怎么发展关系，别人怎么看待你的关系，对你来说一点都不重要，重要的是，你在各种人际关系里的真实感受是什么，理解了每种关系类型会带来的影响后，你根据自己的实际情况，分领域、有选择地做出改变和调整就行了。

今日行动

对于关系，每个人都可以选择自主地连接。你想要如何重新定义和父母、恋人、朋友或同事的人际距离呢？用圆圈分别代表你和别人，然后画一画属于你的人际圈。行动可以分三步走。

第一步，你目前和父母、恋人、朋友或同事的人际距离分别是远还是近呢？有可能离得很远，也有可能有部分重叠，甚至大面积重合。请你根据目前的实际情况画出来。

第二步，再想想从现在开始，你希望自己和他们的人际关系保持在什么样的距离呢？你可以再画出一组。

第三，请你简单说说你想这么画的理由。

不过我也要再强调一下，不管最后画出来的结果是什么样，都没有对错之分，你只要选择对你来说最舒服，你最想要的，你内心真正需求的关系模式就好。

"天下父母皆祸害"吗

原生家庭关系，是所有人出生之后第一个也是最重要的关系。

其实我们已经聊了很多原生家庭对自我的影响。很多朋友也跟我说，他们感到很无力，好像原生家庭就这样决定了他们的一生。

前一阵子，有一位朋友给我打电话，聊了一会儿就开始跟我抱怨，说最近三天两头跟太太吵架，他太太总怪他脾气太差，太情绪化，孩子也跟他一点都不亲近。他想来想去，就觉得自己受父亲影响太深，因为他父亲就是个典型的火暴脾气，小时候可没少让他受罪。结果现在呢，这代际之间的传承，还连累到了自己的家庭。

我一方面当然表示理解，因为从某种程度上来说，这些痛苦的感受，确实是原生家庭中糟糕的那一面的证据；但另一方面，我也在担心，他就这么困在这种对原生家庭的怪罪之中了，无法面对真实的生活。

因为讲原生家庭的问题太多了，我们就往往会不由自主地开始讨伐它所带来的伤害。有人甚至会说："天下父母皆祸害。"但其实，几乎每个人在和父母的互动中，都会带有冲突和遗憾。这个世界上并不存在完美的家庭，我也从来没有见过哪个人，小时候的关爱感都得到了完美无缺的满足。关键在于我们如何理解和面对伤害，并且从中汲取力量，这才是我最想帮助你做到的事情。

从这个角度来说，我们在第一部分中对原生家庭的回溯，并不是要让你绝望，而是要让我们一起充满希望地注视每个人身上过去独特的伤害和伤疤，然后一起成长为更稳定和强大的人。

所以，我会和你聊聊如何客观地看待父母的过错，也就是原生家庭中的伤害，再说说你可以怎样做出积极的改变。

父母影响测试

以下问题是关于父母一些行为的描述，请你根据自己青少年时期的情况进行回答。如果父母的行为方式不同，你可以对父亲和母亲单独测试。请你依据父母的符合程度进行选择，答案没有对错之分。

A. 非常符合　B. 比较符合　C. 一般　D. 比较不符合　E. 非常不符合

1. 在我说话时，父母会显得没有耐心，经常打断我。
2. 当我做错事时，父母会冷落我。
3. 在我遇到困难时，父母会及时给予我帮助。
4. 当我没有按照父母的要求去做事时，他们会很严厉地批评我。
5. 当我做一件事时，父母经常给予我鼓励。
6. 父母会经常让我向别人家的孩子学习。
7. 父母会和我商量关于我的事情，并尊重我的意见。
8. 父母会干涉我和什么样的人交朋友。
9. 父母曾查看我的日记或者手机。
10. 当我向父母说出我的需要时，一般他们都会满足我。
11. 父母曾干涉我选择学校或者是专业。
12. 当我取得了一些成绩或者表现得好时，父母会表扬我。
13. 对于我的兴趣爱好，父母表示支持。
14. 当我因为成绩等问题伤心的时候，父母会鼓励我。
15. 我的课余生活主要被父母所安排，很少有自己的时间。

16. 父母很喜欢听我说学校发生的事情。

17. 父母经常对我说他们遇到的一些事情以及他们的想法。

18. 当父母做一些伤害到我的事情时，他们会向我道歉。

分别计算各题得分，正向计分A=5，B=4，C=3，D=2，E=1；反向计分：A=1，B=2，C=3，D=4，E=5。

正向计分题目：3，5，7，10，12，13，14，16，17，18。

反向计分题目：1，2，4，6，8，9，11，15。

将各题分数相加，得到总分。

当总分<42时，在你的成长过程中，父母对你的控制相对较多

无论是在大事上，还是在一些小事上，你的父母都希望亲手帮你安排妥当，甚至在某些事情上，要求你按照他们所说的去做。

当你想表达自己的想法时，父母往往容易忽略你的感受，因此可能阻碍了你和父母进一步的交流，影响着你和父母之间的亲密程度。

大多数时候，父母对你的期望比较高，因此对你的负面的批评比较多，当你取得一定成就时，得到的赞扬相对较少，使你对自己的负面评价增加，导致自尊的降低。

成长之路是漫长的，父母可能在之前的生活里，在养育你的过程中，对你造成了一些负面的影响，但是这些影响是曾经的，并且也是有限的。希望你能客观地认识原生家庭带来的影响，给自己成长的机会。

当42≤总分<66时，在你的成长过程中，父母对你有一定的控制

父母会希望你按照他们的想法去做事，会为你安排好很多事情。但是当你提出你的想法时，他们也会加以考虑，不会完全忽视你的请求。

在生活中，你们也会相互交流一些自己遇到的事情和想法，你们之间的关系是相对比较亲密的，但也有一些话题使你们的意见冲突，从而产生一些不愉快。

父母对你有着适当的期望，当你做一些事情没有满足他们的要求，或者犯了一些错误时，父母也会给予你相应的批评，使你对自己的负面评价增加。

当总分 ≥ 66 时，在你的成长过程中，父母对你的管理较为宽松和民主

父母给予你比较大的自主权，尊重你的选择，关注你的需求。

你们之间的关系比较亲密，你们会经常交流自己遇到的事情和想法，你可以比较自如地表达自己内心的想法和需求。

当你犯错时，遇到困难时，父母也会在你身边支持你，给你鼓励，这些关爱和支持滋养着你的自尊。父母给予你的自主和支持，给予你比较轻松的家庭氛围，这些都是你成长过程中非常宝贵的人生财富。

如何客观地看待"伤害"

童年确实在很大程度上决定了我们人生初始阶段的质量，然而自我成长却是我们一辈子的事情。所以呢，客观看待原生家庭带来的伤害，也是我们给自己一次新的成长机会。

父母也是大环境的受害者

第一，很多我们眼中所谓的父母过错，其实是我们拿着今天的文化理念去衡量的结果。这种做法对父母来说并不公平，因为他们也是大环境的受害者。

我们知道，父母的养育方式，很大程度上也是他们的家庭、文化和社会等各种因素交互作用的结果。当我们把自己受到的伤害全都怪罪到父母身上的时候，其实就是让个体背负了整个集体的过错。

比如，很多人从小接受到的都是打压式的教育，哪怕考得再好，父母也仍然会泼冷水，看起来是在打击你，其实可能是因为他们从小接受的观念，就是谦虚是美德，骄傲自满容易坏事；当父母要求你找份体制内的工作，不要轻易冒险时，看起

来是他们缺乏边界感，想要控制你，可其实，如果我们回过头来看他们成长的环境就知道了，在他们那个年代里按部就班、稳定地生活就是最好的。

当我们把父母放回到他们所处的环境中去看的时候，你就会发现，他们也没有得到足够好的爱和教育，甚至他们自己就经历了混乱而破碎的原生家庭。比如，他们的父亲也可能为了照顾生计，长期缺席他们的成长；或者他们自己可能也是重男轻女、"棍棒底下出孝子"等观念的受害者。

很多父母其实已经意识到了原生家庭给自己带来了负面影响，所以当他们成为父母后，就会暗地里下定决心，绝对不要让孩子承受自己以前经历过的痛苦。但是很多时候，他们虽然意识到上一代的错给自己带来了伤害，但在很大程度上又延续了这些过错。这种心理创伤在一个家族里代代相传的现象，心理学上叫作代际创伤。其实，从"受害者"变成新的"加害者"，这个问题本身，就是需要整个社会一起面对和消化的。

接受父母必然是不完美的存在

第二，客观地看待原生家庭，意味着要收起我们对父母理想化的期待。

小时候的我们会很自然地崇拜自己的父母，在很早期的阶段，我们甚至会认为自己的父母是完美的，是全世界最好的。

但是，随着我们的成长，我们的一次次经历会慢慢纠正自己心中"理想化父母"的形象。当我们意识到"父母不再完美"这一点的时候，就等于我们又经受了一次与"理想父母"的关系破碎的过程。

很多人在成年之后，仍然对父母的过错无法释怀，其实就是因为在这背后，隐藏了内心深处对父母"过于理想化"的期待：比如说，"我觉得我应该得到父母所有的爱，得到父母所有的关注，但是我没有得到"，或者"我觉得父母应该是完美的，无所不能的，但是父母并没有做到"。是这些期待的落空，最终演变成了父母的过错。你对父母的期待有没有超出他们的能力范围呢？这些太过理想化的期待，也可能是你偏见的来源。

所以，理解父母的不完美，是客观看待伤害的重要一步。因为终有一天，我们也要接受自己成为不完美的父母，我们会面临孩子的失望和愤怒，也要接受自己终将成为常常让孩子感到扫兴的大人这样的事实。

小时候的伤害是躲不掉的

第三，童年时期的我们特别容易受到创伤，也是因为我们在那个时候，不得不依赖我们的父母，这种生存的本能，让小时候的我们很难逃避来自父母的伤害。

我们先来看一个实验。发展心理学家哈洛在 20 世纪 60 年代曾经做过一个非常有名的"小猴实验"。

哈洛的研究团队在一只笼子里放入两只假的母猴。一只是全身包裹着柔软绒布的"绒布妈妈"；另一只是全身缠绕着铁丝的"铁丝妈妈"，但它胸前装了一个 24 小时喂奶装置。然后，实验者把一只刚出生的小猴子放到这只笼子里。除了喝奶，大部分时间，小猴子都趴在"绒布妈妈"身上，因为温暖的感觉可以给它安全感和关爱感。

接着，为了观察当小猴子受到伤害时会不会离开"绒布妈妈"，他们把"绒布妈妈"改造了一番：当小猴子靠近时，它会吹出强大的冷气，把小猴子吹得只能紧贴笼子的栏杆，并且不停地尖叫。

可是令人意想不到的是，尽管如此，小猴子还是会忍受这些有伤害性的刺激，一直留在"绒布妈妈"的身边，而不去"铁丝妈妈"那里。实验结果证明，出于对安全感的需求，猴子不愿离开伤害自己的"绒布妈妈"，哪怕它会伤害自己。

由于猴子和人类是亲戚，这个实验结果也被投射到人类的依恋关系上。而人类的依恋关系也在后来的很多实验和历史现象中得到了证实。我们生存的本能决定了，在能力还没发展好之前，我们会十分依赖重要抚养者，自然也就无法躲开来自重要抚养者的伤害，这是人类的共性。在我看来，"不祸害，非父母"。其他肤浅、表层的关系，想伤害你还伤害不到呢。正因为你和父母的关系如此深厚，来自他们的一点点失误才会对你造成那么大伤害。但是，这个伤害本身，往往没有你想象的大。理解了这一点，我们就能够以更平静的心态去看待这些伤害。

原生家庭的影响是有限的

不过，我必须强调的是，尽管我们必然会受到一些来自原生家庭的伤害，但这些伤害是有限的，更是可以弥补的。

著名的发展心理学家布朗芬·布伦纳，最早提出了"生态系统理论"。这种理论认为，"原生家庭"确实是对一个人影响巨大的子系统，但并不是唯一的，除了原生家庭，还有学校、社会等。而且，不管哪个子系统，对一个人的影响都不是决定性的。原生家庭的影响也并非无法弥补。

美国心理学家艾美·维尔纳（Emmy Werner）曾经对 201 个在贫民区长大的弱势儿童做了 20 年的追踪调查。这些孩子从小就遭遇了很大的成长风险，比如，父母贫穷、教育水平低、家庭不和谐等。如果真的是原生家庭决定一生的话，那么这些孩子基本上不会有好的未来。

但是后来的调查结果显示，他们当中的确有大概 2/3 的孩子像父母一样消极生活，10 岁的时候就出现了严重的行为或学习障碍，18 岁前就触犯法律等。但仍然有 1/3 的孩子长大后获得了成功和幸福。

为什么这些孩子能够摆脱原生家庭的束缚呢？研究人员发现，他们和其他孩子相比，有更强的心理复原力，能更好地利用环境中的各种资源帮助自己成长，而且会更加乐观地进行自我修复和自我疗愈。

这个研究告诉我们，影响人成长的因素实在太多了，除了原生家庭环境这个子系统之外，我们在成长过程中也会接触到学校、朋友等其他子系统，也会通过各种渠道获取知识，而最重要的是，我们的内心还拥有很强大的心理复原力，这是属于我们自身的力量，它能让我们更好地自我修复和成长。

如何做出积极的改变

成年后，很多人还是会认为自己对原生家庭带来的负面影响无能为力。可是事实上，只要我们意识到"改变是可能的"，就有了走出伤害的勇气和可能。所以最后，我们来聊聊，如何尝试做出一些积极的改变。这里，我给你提供两个方法。

第一，重新认识父母；第二，调整你的认知偏差，主动发现父母身上好的一面。

首先，我想先问问你，和你生活了几十年的父母，你是不是真的了解他们呢？你知道父母生活的时代是怎样的吗？父母也有他们的原生家庭，他们之间的关系是什么样的呢？你知道父母是不是喜欢自己的工作吗？他们擅长什么，不擅长什么呢？

这个问题清单还可以列很长。关于这些问题，能够清楚回答的人并不多。其实作为孩子，我们往往只看到了父母身为父母的一面，虽然真实，但还远远不够完整。重新认识父母，最大的意义就在于，我们可以更理性地看待父母的过错，更容易从伤害的旋涡中走出来。所以，你不妨找些机会，和父母直接聊一聊，或者找其他家人去了解。

也许他们年轻时，也曾经像我们一样，对未来既迷茫又向往。可是生活早早地把他们拖回到现实之中。才刚二十出头，他们就慌慌张张地背负起了整个家庭，他们不够完美，甚至有很多缺陷。当你看得越多，就会理解得越多，也就越容易放下对伤害的执念。

其次，以更积极的视角看待父母。

比如，日常生活中，你可以观察一下，父母平时对你是什么样的，他们什么时候对你表现出关怀和爱，会不会因为你已经把他们的关怀和爱当成理所当然，而忽略过去了？你可以主动收集这些好的证据，并记录下来。

除此之外，你还可以观察一下父母身上的优点，比如，爸爸行事风格果断利落，妈妈擅长人际交流、热情幽默等，可以每个人至少列出三个，然后想想这些优点在生活中是如何体现的。当你用优势取向的视角来代替问题取向的视角，能够有效发现生活中的积极力量。

当然，最后，我必须提醒，如果你经历了比较深的家庭创伤，已经严重影响到了你的生活，那就不用强迫自己一定要去发现积极的意义，更不要否认父母对你的真实伤害。不要想着"忍忍就过去了""中国家庭都是这样的"，要知道，事情的发生并不是你的错，我希望你可以鼓起勇气，向专业人士寻求帮助。

为了帮你更好地迈出这两步，我为你准备好了一份对谈清单，如果你不知道要问父母什么，可以参考清单上的题目。也许你会通过这些题目发现，关于父母，你不知道的太多；而你过去知道的，也很可能都是错的。

"不一样的对谈"清单：

你最近最快乐的一件事是什么？

哪一刻你觉得自己还年轻？

如果能重返 25 岁，你最想做什么？

你到目前为止做的最让自己满意的一件事是什么？

你最希望拥有哪种才华 / 能力？

你觉得什么是婚姻？

你最怕什么？

你的个人理想是什么（跟我无关的）？

你和父母的关系好吗？

你可以通过微信、当面沟通或电话的方式，询问父母其中的几个问题。大多数时候我们都在想，如何让父母更理解自己、支持自己。但其实，他们也需要一个机会，让你了解他们真实的样子、真实的想法。

今日行动

画一画你的家庭优势树。这个练习能够以一个更加视觉化的方式，帮助你从积极的视角看待父母，并且加深你对家庭成员之间关系的理解。

第一步，请你画出树的主要枝干，每个家庭成员，你和你的父亲、母亲、兄弟姐妹都有一个属于自己的枝干。

第二步，用每个成员的优势来装饰这棵树。请你尝试写下每位成员的三个优点，或者说积极的心理特征，并把它们填充到对应的枝叶中去。你可以想一想他平时生活中、工作中发生的一些事，或者其他人对他的评价，从中发现他的优点。

第三步，填满这棵优势树后，你可以好好欣赏一下。看看家庭成员之间有哪些相同、相似的优点，又有哪些完全不同的优点，这些背后，有没有更多的小故事。

如果可能的话，你也可以和父母一起画这棵树，或者画完之后给父母看看你画的这棵树，大家一起聊一聊互相的优点，相信也会是一次不一样的体验。

处理关系的原则

每个人多少都受到过原生家庭的"伤害"，但每个人也都能靠自己的力量去面对伤害，发展自我，构建新的生活。

当然，这并不意味着我们在原生家庭里必须一味地委曲求全，所以，我来着重聊聊怎么应对原生家庭中可以说是最让人头疼的关系纠缠问题。

前段时间，一个叫小婷的女孩，机缘巧合地了解到我之前做的一个积极心理学咨询项目，她通过邮件的方式，和我说了她正面临的烦恼。她和男朋友已经恋爱两年多了，感情一直挺好的，彼此对未来都有所规划，打算一年内结婚。但她妈妈一直觉得男朋友工作太不稳定，将来她一定得跟着吃苦，所以不认可两人的关系，甚至要她尽快分手。小婷并不希望和男朋友的感情就此打住，但是她也不想伤害了她和妈妈的关系。她觉得自己面临着一道非常难的选择题，选择哪个都会让自己很痛苦。

她的例子其实体现了原生家庭中非常普遍的情感纠缠问题。对父母来说，他们经常把子女当成人生的一部分，想要干涉甚至控制子女的生活，如果子女没有听自己的，他们就会觉得心寒；对子女来说，做选择时又常常不得不照顾父母的情绪感受，不照做会内疚，照做的话又要承担更痛苦的后果，比如，失去一段自己满意的婚姻。

所以，原生家庭中的情感纠缠，最让人痛苦的地方就在于，子女和父母双方由于关系太过紧密，情绪感受和责任都混淆在一起，失去了该有的边界。最后，越是亲近的人反而越容易互相伤害。那么，我们该怎么应对呢？今天我为你介绍一个处理关系纠缠的重要原则——课题分离。

什么是课题分离

课题分离的意思是，在生活中，你有你的课题，我有我的课题，大家彼此做好自己的课题，也不要去干涉别人的课题，这样就能免去无数的人际烦恼。

这里说的"课题"，并不是什么复杂的学术概念。我们的人生中有着各种大大小小的事情，大到上学、谈恋爱、工作、结婚……小到吃饭、买东西、打电话……都可以叫作"课题"。

那你可能会问，那么，到底怎么区分一件事情到底属于谁的课题呢？其实也很简单，那就是，这个选择的后果最终由谁来承担，那就是谁的课题。

比如刚才那个例子，小婷想要和男朋友结婚，但妈妈不同意，甚至想要强迫她分手。按照课题分离的定义和评价标准来看，在这件事上，"选择和谁结婚"就是小婷的课题，而不是父母的课题。

因为在结婚这件事上，对后果负责的人是小婷，将来无论这段婚姻是好是坏，都要由小婷自己去经历和承担，她的妈妈无法代替她和对方过日子。如果小婷的妈妈觉得这个男朋友靠不住，完全可以提出自己的意见，但不能强迫她分手，更不能代替她去做决定。

课题分离为什么这么难

课题分离的概念，其实听起来并不难理解。但是在应对原生家庭中的关系纠缠时，想要真正地做到课题分离，还真挺难的。这种困难通常会表现为两种情况。

第一种情况是，明明自己才是课题责任人，但是我们往往会在不经意间，把自己的课题甩给父母。本质上，是因为潜意识里你无法对自己的课题负责。

举个例子，我有一个女同事，她婚后不久就生了孩子。因为夫妻俩都要继续工作，所以她请自己的妈妈过来一起住，帮忙照顾孩子。

在妈妈的照料下，她的生活变得轻松了很多。但是没过多久，她就有了新的困扰，因为两代人的育儿观念不一样，让她特别有压力。比如，孩子三四个月大的时候，因为她妈说的，孩子要"多喂一点"，结果孩子明显超重，为此她很有意见。再有就是平常孩子出个湿疹，得个小病，她妈妈总想找很多土方法给孩子试，还跟她说："你放心，你小时候也有过这样的毛病，我都是这么做的，很快就好了。"害得她要花很多时间来做说服的工作。

我这个女同事的情况，从表面上看，确实是她妈妈干涉了她养育孩子的问题。可是仔细想想，她的困扰背后，反映了一个更关键的问题，那就是，她并没有完全对自己的课题负责。因为在育儿这件事情上，请妈妈来帮忙的是她本人，所以一开始就需要跟妈妈说清楚，"我才是课题责任人，孩子的各种事情应该由我来主要做决定"。而且既然允许妈妈介入，也就要相应地允许妈妈在育儿上的不完美。当然，她可以提前做好风险预警，确保这个不完美的后果基本自己都能承担，比如，孩子被多喂一点，是自己可以接受的。

生活中，面对来自父母的干涉，我们很多时候就会顺水推舟地把自己的课题推给他们，让父母担责。如果结果是好的，那当然皆大欢喜，但如果结果不好，回过头来又感到后悔，然后开始抱怨父母。而这背后更深层的原因，其实是我们并没有真正做好为自己的选择负责的准备。

第二种情况是，我们常常为了得到父母的认可，而把父母的课题，当成自己的课题。其更本质的原因是，把父母的评价当成自我的价值衡量标准，还没有做到真正意义上的心理独立。

去年，在一个积极心理学资助项目上，我遇到了一个年轻的姑娘。她父母关系不太好，爸爸和家里比较疏离，主要是妈妈在照料她。由于母女俩互相依靠着生活，很多时候她也成了妈妈的情感寄托。妈妈因为压力太大情绪不好时，都会找她倾诉。有时候，也会莫名奇妙地对她发火，但发完火之后马上就后悔了，又紧紧抱着她大哭。

她有时候会觉得很委屈，但也常常觉得妈妈很不容易，她一定要好好保护她。于是，她早早地挑起了照顾妈妈所有情感需求的重任。即使后来工作了也依然如此，她业余时间都和妈妈在一起，没什么朋友，也没有自己的生活。每晚工作结束，准备回家时，她的心情就开始变得沉重。

有一次我问她："你有没有考虑过离开妈妈，搬出去住？"她沉默了一会儿说："这些年我都习惯了，而且我担心如果我不在身边，她可能会撑不下去。"

我接着问了她一句："你有没有想过，其实是你没有给妈妈机会，让她尝试去独立面对呢？"

这个女孩受成长环境影响，不知不觉中承担了照顾妈妈感受的课题。长大后，她想要摆脱，但一想到要离开妈妈，就会非常内疚自责。

她以为是妈妈离不开自己，其实她并没有意识到，她也离不开妈妈。是潜意识中对连接感的需要，让她不愿意把妈妈的课题交还回去。而对她来说，忍受这种内疚感，接受自己和妈妈是彼此独立的存在，才是她在个人成长过程中，真正要面对的课题。

生活中，很多人和这个女孩一样，在做选择时总会被自己的内疚感所折磨。这种内疚感的背后，往往隐藏着一种恐惧，就是我们有可能让父母失望、伤心和愤怒的恐惧。比如，从小接受有条件的爱的孩子，长大后往往更害怕做出让父母失望的选择，好像父母对自己失望，就意味着自己不再值得被爱。他们把自己的个人价值建立在父母的评价上，所以，尽管父母的期待很不合理，他们的内心也会涌起巨大的内疚感，推动着他们去做出妥协、牺牲。

可是，无法忍受父母失望和不满的人，意味着还没有实现真正意义上的成长。你应该知道，对于你做的选择，父母其实是可以失望的，那是他们的课题，如果你真的很在意，可以选择通过沟通的方式进行调节。你应该知道，我们并不需要父母时时刻刻的认同。承担父母对自己的失望和不满，也是你早晚都该面对的人生课题。

课题分离的具体方法

当然，我也想强调一下，其实课题分离本质上，是在父母和我们的关系之间设置一道弹性的边界，要不要分离，分离到什么地步并不重要，重要的是，我们应该拥有选择分离的权利。在中国的环境下，确实也有很多家庭不用做课题分离也能找到非常融洽的相处方式。但是，假如这种相处方式已经给你带来痛苦了，我们就需要面对和解决。具体怎么做呢？

一个最重要的前提是，在经济上做好独立的准备。

我见过很多原生家庭的例子，子女之所以和父母纠缠不清，是因为他们虽然嘴上抱怨着要摆脱父母的控制，要改变，但在经济和情感上又仍然依赖着父母。这和我国的社会经济和文化背景有很大的关系，很多人是工作两三年之后，才开始逐渐经济独立。也有些人甚至结婚后，在经济上仍然受着父母的掌控。从现实的角度来说，如果无法做到经济独立，相当于我们仍然在让父母承担我们的课题，那怎么样进行课题分离呢？

讲完了课题分离的重要前提，我们再来说说更具体的方法。要做好课题分离，从实际操作层面来讲，更多的是沟通问题。比如说，当父母干涉你的课题时，明明拒绝的话到了嘴边，却总是说不出口。或者你曾经尝试过，但说着说着就和父母吵起来了。

这里，我来介绍一种方法，叫作"自我坚定"。它能帮助你在与父母沟通中，坚定地表达自己的想法，同时也尊重父母的观点，避免冲突升级。简单来说，自我坚定主要分三步：计划、表达和回应。

第一步是计划，就是在和父母沟通之前，你要先明确对这件事的态度和想法。比如，你想辞去现在的工作，在另一个行业中寻求新的发展。那么，就需要自己好好地想一想，为什么不喜欢现在的工作？新的行业有哪些地方吸引你？转行可能有哪些困难和挑战？你已经做了哪些准备？……你必须自己先想清楚，才能在和父母沟通时避免被自己的内疚或愤怒等情绪带着跑。

第二步，表达。表达时，尽量不用"你们"，而是以"我"开头说话。比如，

"我感到""我想""我希望"，这样的表达方式，既能客观陈述自己的感受，又减少了话语中的攻击性。

比如，你想要拒绝父母的相亲安排，如果是以"你们"开头，那就会是："你们怎么都不问问我就安排了？为什么你们总瞎操心？"但其实你可以用"我"开头，你可以这样说："我对相亲感到挺突然的，也感到很慌乱。因为我的工作特别忙，我希望等到这个项目结束之后，再开始考虑恋爱的事情。你们觉得呢？"

"自我坚定"的下一步，就是回应。在面对父母可能的质疑和指责时，可以采取"非辩护式回应"：不提任何要求，也不做任何解释，只做回应。回应意味着你在输出自己的观念、看法。相反，一旦我们因为父母的负面评价而急着为自己辩解，其实就相当于我们陷入了他们的价值评判体系中。这样一来，在沟通时就会处于被动的状态。

我们前面提到的那个一直和妈妈生活在一起的姑娘，在和我深入交流过后，打算试着搬出去住，改变一下目前不太健康的母女关系。当她提出要出去住的时候，她妈妈情绪非常激动地说："怎么？你不要我了吗？我养你这么大，你怎么对得起我啊！"

姑娘当下就慌了，替自己辩解起来："没有啊！我一直都有为你着想。可不管我为你做些什么，你总是不满意、不满足。"结果那次交流很快就以失败告终。

后来我跟她说，当你请求父母理解你时，你就已经给了他们拒绝你的权利，对话的主动权就跑到了父母手上。所以，回复这类指责最好的方法是非辩护式回应。

比如，她可以平静地回答："妈妈，你不同意我的这个决定，我感到很遗憾。"或者："妈妈，很抱歉，这个决定让你伤心了。"

因为回答中没有提出任何要求，所以不太容易遭到拒绝，也避免了矛盾的升级。这时候再试着表达自己的想法，比如，"最近我都一直在思考，我对现状并不满意，也许我搬出去住才是最好的。我们都是成年人了，我很关心你，但我并不希望我们俩总是这个样子。我希望你也能够尊重我的想法"。

类似这样的沟通并不是说一次就能见效，但能够帮助你在面对父母的反对、埋怨和指责时保持冷静，同时也能争取更多机会表达自己的想法。我们和父母沟通的目的，也并不是非得寻求他们的认可和赞同，而是找到更多机会让父母理解你、尊重你。从长期利益来看，课题分离对于父母来说也是更好的，他们不应该用一辈子的时间对我们的课题负责，他们值得拥有自己的生活，同样你也不用一辈子为他们的情感课题负责，你也值得拥有自己的生活。

大家可能还是会有一个疑惑：不管怎么沟通，父母非要把我的课题当作自己的课题，那我该怎么办？我该怎么让他们配合我一起实现课题分离呢？其实，这个想法本身就是对课题分离的一种误解。我们只能做好自己的课题，父母是否改变、能改变多少是他们的课题。但是，当我们开始主动行动、开始有意识地进行课题分离时，就是父母理解我们的开始。

今日行动

我想发起的正是"课题分离"行动，这个行动一共分为三步。

第一步，请你想一想，最近一年来，你与父母意见不和或者发生争吵的一件事是什么？你们之间的分歧点是什么？

第二步，设想一下，让你产生困扰和纠结的问题是什么？

第三步，尝试将问题分类，哪些问题属于父母应该面对的？哪些属于你自己的课题？

从权利争夺到权利共享

我们一起回顾了会对自我发展产生影响的各种因素，也渐渐地把目光从自我转移到了外部世界。

现在，你的旅程到了新阶段。你开始寻找同行的伴侣，这和普通朋友不一样，因为你希望跟他特别亲密。你会产生很多不同于以往的体验，关爱感、连接感、归属感，好像都涌了过来。但同时呢，和另一个人分享自我、分享生活，也免不了会有冲突、争吵、妥协。

对于亲密关系，我们大多数人都抱着一种既理想化又防备的心态，既期待体验到忘我的情感，又害怕不知道会不会失去自我。其实，这背后隐藏着一个最为核心的议题，也是建立亲密关系的关键，那就是我们在享受亲密关系的好处的同时，也要学会面对亲密关系中最重要的课题之一，那就是权利争夺。

亲密关系对自我的好处

在我看来，亲密关系是一个人成年以后，对自我进化影响最大的关系。这句话怎么理解呢？

亲密关系的工具性价值

我在美国宾夕法尼亚大学的一位老师詹姆斯·帕维尔斯基（James Pawelski）教授曾经借用一句电影台词，来形容亲密关系对自我的意义。这句台词来自《甜心先生》这部电影，男主角对妻子说："You complete me."意思是你补充了我，你让我感到完整。

这里的"完整"实际上表达了亲密关系给自我带来的第一个价值：工具性价值。我们在亲密关系里能从对方提供的某些资源里获益：无论是金钱支持、时间投入、身体安抚还是情绪精神支持等。

作为不完美的人，我们可以通过爱上别人来实现自身的完整。比如，一个不稳定高自尊的人，和一个稳定高自尊的人走到一起，他的自尊类型能够得到一定程度的修复和滋养。亲密关系给人在原生家庭之后，又提供了一个非常亲近的人际环境，让人可以温柔地学习如何成长为更好的自己。我们可以成为更好的爱人，而更重要的，是可以构建更好的自我。

亲密关系的终极性价值

另外，亲密关系更重要的意义，是它对一个人的终极性价值。

终极性价值是相对于工具性价值的一个概念，是说某样东西本身就是目标，它的存在本身就是价值，而不是工具，也不是手段。对一个人的自我而言，进入亲密关系的世界去体验，这本身就是自我不断进化、不断拓展的目标和方向。

德国哲学家马丁·布伯（Martin Buber）在他的名著《我与你》里，对关系的工具性价值和终极性价值的问题做了极为精彩的论述。他说，如果把关系看成工具性的，那就是"我与它"，关系是我通向世界和自我的桥梁，我通过关系来获取我想要的东西。但这样的话，我和关系其实是割裂开的，我身在关系之中，要的却是关系之外的东西，最后既会伤害关系，也无法与世界和自我融合。

布伯认为，对待关系正确的态度应该是终极性的，不是"我与它"，而是"我与你"，在每一个关系里，你不是我达到目的的手段，你就是目的。当我处在亲密关系中时，我就达到了与世界和自我的融合。

一个最自私的人，也会因为爱上另一个人而做出利他的举动，因为在亲密关系里，自我的边界被拓展和延伸，与所爱之人的自我重叠、共鸣。你会忧他之忧，喜他之喜，愿意为他付出、忍让，设身处地为他考虑。

帕维尔斯基教授说，从第一层工具性价值升级到第二层终极性价值，是一个人在亲密关系里从他主到自主的升级。在古希腊神话里，宙斯把完整的人分为男人和女人，男人和女人从此会相爱，因为他们需要对方来把自己变得完整。但到了亚里士多德时代，哲学家认为，关系的最高境界是基于善，就是这段关系本身就是好的，而不仅仅是相互吸引、相互补充。这时候一个人选择亲密关系，已经不再是被神所操纵的安排，而是我们有意识的自主、勇敢而又高贵的选择。

权利争夺

不过，亲密关系既是花园，也是战场。建立亲密关系，意味着两个本来陌生的人要进入对方的圈子，彼此发生连接。我们必然会遇到亲密关系中最重要的问题之一，那就是权利争夺。情感问题专家贝内特·王（Bennet Wong）和乔克·麦基恩（Jock Mckeen）认为，在亲密关系的发展过程中，随着彼此越来越踏进对方的领地，权利争夺，无论它表现得有多隐晦，都不可避免。

所谓权利争夺，指的是在亲密关系里的两个人，既想控制对方，又被对方不断拒绝和反抗的过程。

具体来说，从明显到隐晦，权利争夺可以分为以下三个类型。

首先，最明显的是，一些关于经济、婚姻、生育等重大问题的权利争夺，比如，家里钱财该怎么分配、归谁管，房产证上写谁的名字，要不要生孩子，等等。

其次，是一些日常生活琐事的争夺。比如，一起看电影的时候听谁的选择；谁换厨房的垃圾袋；过年去谁家；当然还有家里马桶不用的时候，马桶圈是竖起来的还是放下去的；等等。

最后，还有一些更为隐晦的争夺。不一定会吵起来，而是一种暗中较劲，比如，两个人的穿衣打扮风格，在一起之后受谁的影响更多；再比如，谁更经常认为自己的观点更好，教育另一方；等等。

对这些问题，亲密关系中的两个人，有时候是通过争吵的方式来彰显各自的权力，有的时候呢，就是把自己放在受害者的位置，看上去是被动，其实是主动地要求对方顺从自己的控制。比如说，这句话你大概也听过，"你要不这么做，就说明你不够爱我"。

那么，为什么亲密关系中会存在权利争夺呢？这里面有三个最核心的原因。

第一，权利争夺背后是两个人各自的依恋需求的投射。

进入亲密关系后，我们曾经在原生家庭中发展出来的依恋模式会在亲密关系中重现。伴侣成为我们新的依恋对象，你在潜意识中，会把曾经没有满足的关爱需求，按照你的期望投射到对方身上。同样地，你的伴侣也可能会这么做，但是他对你的期望很可能又不一样。两种不同相互碰撞，必然会引发权利争夺。

我曾经听同事说过一段她老家朋友的经历。刚结婚的小两口住在一起，因为两个人上班在两个不同的方向，所以丈夫买了两辆车，这样一人开一辆去上班，非常方便。他还特地给太太挑了她喜欢的颜色，想给太太一个惊喜。没想到太太得知后一点也不开心，车买回来一直停在车库，还坚持要丈夫送，为此两个人还闹过矛盾。

因为对太太来说，她心里一直有个执念，她觉得如果一个男人能坚持接送她上下班，不嫌多绕点路，这就比什么都能证明爱的存在。但是丈夫对此很不理解，总觉得太太矫情，既然有更方便的方式，家里条件也允许，自己特意多买了一辆车，还考虑了颜色，还不够爱她吗？也就是说，丈夫的执念在于他希望通过给对方提供更多、更好的物质资源来表达爱意。

但太太后来才告诉他，小时候母亲一直抚养她很辛苦，父亲却缺乏责任感，只做个甩手掌柜，每个月给家里一些钱，其他一概不管。有一次下大雨，母亲去学校接她，公交车挤不上去，出租车又打不到，她看到班里一个女同学被父亲开着车来接走，她突然对自己的父亲非常愤怒。后来长大了，她对钱和物质不那么在意，但极其看重对自己重要的那个人，愿不愿意做出照顾和关爱的举动。更准确地说，她极其看重对方是不是"在场"，在她的潜意识里，只有"在场"的爱，才是实实在在的爱的给予。所以你看，虽然两个人都是为了满足爱和连接的需求，却引发了一场内心拉锯战。

第二，引发权利争夺的原因，跟自我的价值感和自尊的稳定性有关。

如果一个人对自己没有稳定的自我评价，缺乏稳定的自尊，那么他就一直需要向外寻求弥补。而最方便索求和控制的对象，往往就是亲密关系中的另一半了。比如，一个人在职场上被领导批评了，自尊和价值感受到严重打击，回到家里呢，就开始指挥伴侣，挑伴侣的毛病，试图通过控制伴侣，让伴侣顺从，来消除在其他领域里的失控感。或者，要伴侣一直捧着他、夸他，让他享受以自我为中心的感觉，以此来弥补价值感和自尊的缺失。这种需求，偶尔需要不是问题，但如果长期把亲密关系当成寻求认可的工具，不但会引发关系中的冲突，而且会因为无法接纳不完美的自我，而在亲密关系里表现得过度自恋。

第三，亲密关系中的双方，往往是带着不同的"心理理论"进入关系。

心理理论是指，一个人根据自己过往的经验，来推测自己或别人的行为，并对这套行为做出一番能自圆其说、让自己信服的解释。

有一次同事们一起吃饭聊天，有一个同事A抱怨说："上周我娘家来了几个亲戚，我想让他们住在我家里面，大家一起说话、吃饭，多热闹啊。结果我老公，嘿，就是不乐意，非要让人家住宾馆，宁愿他出钱。你看家里又不是住不下，他怎么就这么冷淡，一点家庭观念都没有。"

同事B说："哎，也不能这么说，我也不喜欢亲戚来我家住，有小孩来就更烦人了，这跟你老公有没有家庭观念没关系吧。"

你看，同事A的"家庭观念"理论，就是要一大家子人经常往来，相互都别见外。但很明显，她的丈夫对"家庭观念"有不同的理解。这场权利争夺不是谁故意发起的，而是因为对某些生活议题的心理理论早已形成，但双方还不太清楚这种差异，不假思索地认为某件事就应该按自己的心理理论发生，并默认对方的想法应该差不多。

总的来说，权利争夺其实是亲密关系处于工具性价值阶段的典型表现。两个人都希望通过控制对方来获取一些自己潜意识里真正需要的东西。不过，经过权利争夺的洗礼，两个人将了解彼此真实的期待，亲密关系也就可以迈进更高的层次，两个人可以用最真实的自我相互陪伴，走得更远。

从权利争夺走向权力共享

进入关系，就意味着你进入了一个权利争夺的舞台，而好的亲密关系，是两个人可以发展出一套抛弃预设标准的灵活协商机制，本质上，就是彼此完成权力共享。你可以从三方面入手。

第一，就是发现彼此的"心理理论"。

我们每个人都有很多自己的"心理理论"，这些"心理理论"是在你从小到大的成长环境中形成的，一直到跟另一个人发生碰撞后，我们才开始意识到，并不是每个人都秉持着同样的行为逻辑。而权力共享的本质就是放下傲慢和固执的想法，不再认为对方一定理解我们日常生活中每一次微妙复杂的情绪运作和行为逻辑，也不再固执地追求输赢。因为在关系中，比获胜重要的是，我们和另一个同样不完美的人快乐地生活下去。所以，下一次冲突和矛盾发生时，你要先按捺下想争个输赢的心情，双方把自己的心理理论说出来，看看有什么异同，留出妥协、调和的空间。这是权力共享至关重要的一点。

第二，是设定底线。

在亲密关系中，触碰底线，会导致激烈的权利争夺。而权力共享，其实就是我们带着爱和理解，在弹性的范围内接受别人给自己施加的影响和束缚，所以设定底线，相当于人为地划定了权力共享的安全区。比如，有些人在关系里的底线是不能说谎和背叛，有些人的底线是不能有暴力，包括语言暴力。如果伴侣不清楚对方的底线，踩到底线时，权利争夺必然会发生得很激烈，甚至产生严重的后果。

那么这所谓的底线，要怎么觉察呢？

对亲密关系中底线的设定，往往有两个重大来源。一是来自原生家庭的经历。比如，你看到父母之间坚持得很好的底线，或者父母之间的底线反复遭到破坏，给你带来了伤害的体验，这些都很容易影响一个人自己底线的形成。二是成长经历中的学习和教训。你一路走来受到怎样的教育，有怎样的价值观，受过怎样的挫折和失败等，也是一个人划分自己底线的参考。

你们不需要有一模一样的底线，重要的是确保双方知道对方的底线是什么。可以在底线碰撞还比较温和的时候，开诚布公地谈，尽量不要在心里默默隐忍或者集中猛烈地爆发，那时候对方往往会感到莫名其妙，甚至觉得委屈。更不要靠猜，因为猜的时候往往都带着自己的心理理论，很容易猜错。

第三，是保持亲密关系中的"体验分享"。

人的忘性很大，学过的知识技能也有可能忘记，更别说生活关系里的细节，以及各种微妙的、隐藏的感受。权力共享，意味着进入关系中，我们学会以友善成熟的姿态完成自我的坦露，邀请对方进入自己的体验。不要因为让我们感受到权力控制的是一些鸡毛蒜皮的小事，你就不好意思提起，我们还是完全有正当理由这么做。你可以约一个双方都觉得合适的周期，比如，每个月一次，在放松的氛围下，分享讨论一些问题，比如说："你做的事中，我欣赏的有……不满的有……""我们都很满意的是什么事？""还有没有惊喜的事？""还有没有改善的空间？""在关系中，我们对彼此有何感受？"

在这个过程中，去反复检查彼此的期望、安全感，复习曾经发生过的心理理论的碰撞。

今日行动

我们的"心理理论"，其实就是我们在与人交往时对他人的判断和预设，它常常受我们过往经历的影响，如果两个人的"心理理论"有偏差，那么就有可能产生分歧与矛盾。所以，今日行动就是进行心理理论的探索。

第一步，请你列举自己在亲密关系中存在的三个心理理论。它可以是关于男女角色分工、某个价值观、娱乐休闲方式，或者消费原则等。

比如："我发现，我默认家里所有的家用电器，必须是男朋友或者老公来看说明书、教我使用、保证维修事项，这是男人应该做的。"

"我发现，我默认家里收入的 30% 一定要理财投资，存定期在银行真的太傻了，连通胀都跑不过。"

"我发现，我默认伴侣之间要常常存在惊喜，平淡无奇最可怕，我都给他制造惊喜了，他必须也给我制造惊喜。"

第二步，在这些心理理论中，哪些是你没有跟伴侣说过的，或者是伴侣还不知道的？你可以试着把你的心理理论告诉对方，并与对方讨论，哪些是他觉得可以接受的，哪些是他希望通过协商互相妥协的。这样就可以让伴侣更深入地了解你。

经常做这种心理理论的探索，可以帮助你更深入地了解自己内心的想法与需求。

掌握表达爱的能力

好的亲密关系是双方学会权力共享，这是两个人相处过程中最重要的原则。但是，在有了权力共享的基本意识后，如何建立好的沟通模式，让两个人的关系越来越亲密呢？

著名心理学家约翰·戈特曼（John Gottman）提出过一个概念，叫作"情感账户"，他认为，经营亲密关系就像经营一个情感账户，两个人的情感账户里存款余额越多，关系就会越稳定。当危机出现时，这些存款就能起到缓冲的作用，哪怕有冲突，双方也更能体谅对方。反过来，如果存款很少，意味着双方的感情基础比较薄弱，很小的矛盾都有可能让两个人的感情出现问题。

爱情很抽象，但具体到生活里，其实就是成百上千次的互动。沟通得好，就相当于往情感账户里存入更多的钱；沟通质量差，就相当于从情感账户里扣钱。

那么，怎么判断沟通质量的好坏呢？戈特曼教授经过长达 40 年的研究后发现，只要观察情侣之间在沟通时，回应对方的方式是积极的还是消极的就够了。

那么，什么是积极回应和消极回应呢？

举个例子，一对夫妻在逛超市的时候，妻子问："我们的洗手液快用完了吗？"消极的回应方式是：耸耸肩，表示不知道，然后自顾自地开始看其他东西，缺乏情感交流。而积极的回应方式则是丈夫会认真地开始回忆，然后回答："好像家里还剩一瓶，不过为了以防万一，要不我们去拿一瓶？"

所以，积极回应，指的是主动地参与沟通，用关注对方的语音语调、肢体语言来回应对方的情感信号，它能让两人的情感连接越来越紧密；而消极回应则是一种无视甚至拒绝情感互动的回应方式，它会让两人的关系渐渐远离。

戈特曼教授在美国华盛顿大学创立了一个爱情实验室，他的研究团队观察并追踪了 700 多对夫妻的沟通方式。最终发现，一对夫妻在交流时积极回应和消极回应的比例达到 5 ：1，那么他们能够拥有稳定、幸福的婚姻。如果下降到 3 ：1，两个人的情感账户就开始出现危机征兆，如果再下滑到 1 ：1，这段关系就很可能会以破裂收场。利用这个 "5 ：1" 原则，戈特曼教授只要观察一对夫妻开始交流最初的五分钟，就能预测他们会不会离婚，准确率高达 91%。

现在，我想问问你，你在亲密关系中，常常如何回应对方呢？是积极回应更多还是消极回应更多？如何更准确更有效地进行积极回应？

你通常如何回应伴侣

对于回应，有两个维度，一个是你是不是主动参与，还有一个是回应的内容是不是有利于关系的建设。从这个维度出发，就可以把回应方式分为四种，分别是：被动建设型、被动破坏型、主动破坏型和主动建设型。

这四种类型中，主动建设型就是积极回应，剩下的三种都属于消极回应。接下来我会通过一个场景模拟，帮助你更好地理解这四种回应方式。

被动建设型（对话杀手）

妻子："老公，上回我跟你说的那个很有名的心理学志愿者项目，我被录取啦！"

丈夫："嗯，恭喜。"

妻子："下周我就可以去做志愿者，开始工作了！"

丈夫："哦，不错。"

妻子："是啊……嗯，那我们吃饭吧。"

丈夫："好。"

在这个模拟片段中，丈夫的回应方式，就属于被动建设型。你看，虽然丈夫努力表达对妻子的欣赏，做出了"恭喜""不错"这些有利于关系建设的回应，但是很显然，丈夫并没有主动地加入妻子快乐的情绪当中。妻子也会明显感觉到丈夫在应付，所以对话只进行了短短三个来回就结束了。

被动建设型回应，又叫作"对话杀手"，看起来有回应，但是没什么情绪表达，连支持和认同都显得比较敷衍。其实，现实生活中"对话杀手"非常常见，有时候我们自己就经常这样。比如，我们在看手机或者忙工作的时候，很可能就是"嗯嗯"几句应付过去。

如果只是一两次，而且我们的"情感账户"存款很多，那没什么要紧。但是，如果你经常使用这种消极的回应方式，说明你对另一半的情绪、想法和生活中发生的事情，并没有你想象的那么关心。即便一段关系已经持续了一段时间，我们依然需要得到对方的安慰，以确认自己是被爱着的。如果缺少这份确认，对感情的投入度就会减小，很容易在不经意之间，就导致两个人的关系出现裂痕，因为你会怀疑对方已经不能够再作为自己的情感寄托了。

被动破坏型（对话小偷）

妻子："老公，上回我跟你说的那个很有名的心理学志愿者项目，我被录取啦！"

丈夫："哦，恭喜啊。哎，今天孩子的家庭作业做完了吗？"

妻子："啊……"

在这个片段中，丈夫的回应方式就属于被动破坏型，沉浸在自己的世界里，不但没有回应对方，甚至还岔开话题，讲一些毫不相干的事情，因此，被动破坏型又叫作"对话小偷"，顾名思义，对方发起的话题一下子就被偷走了。

显然这是一种拒绝沟通的消极回应方式，对方会觉得话题被强行切换，情绪也突然被打断，十分难受，还否认了伴侣要说的这件事的价值，很容易伤害伴侣的关爱感和能力感。在亲密关系中长期使用这种消极回应方式的人往往比较以自我为中心，伴侣很可能再也不愿意和你分享他的事情，两个人的情感连接也会越来越弱。

主动破坏型（泼冷水）

妻子："老公，上回我跟你说的那个很有名的心理学志愿者项目，我被录取啦！"

丈夫："啊？你现在事情这么多，还有空去做志愿者？"

妻子："嗯……我想我能处理好的，而且志愿者一周只需要半天的时间。"

丈夫："半天时间也是时间啊，那你周末还有时间带孩子吗？"

妻子："没问题的，你放心，我会安排好的。"

丈夫："哼，最后还不是得我来干。"

相信你已经听出来了。主动破坏型回应，是典型的"泼冷水"式的回应方式。在这个模拟片段中，丈夫虽然主动参与并展开了话题，但他的回应里传达的全都是否定的信息，它就像一盆冷水，浇灭了妻子的热情。一件事本来是好事，结果反倒有可能变成吵架的导火线。

一般来说，我们使用"泼冷水"的消极回应，可能有三个原因：第一，我们对伴侣缺乏足够的了解，从而意识不到这件事对伴侣的重要性；第二，我们会对伴侣的选择有些担忧，想要提供更好的方法来帮忙，但缺乏成熟的沟通方式；第三个，也是我想强调的，长期采取主动破坏式回应的人，往往也经常在亲密关系中发起权利争夺，他们不断地想证明，你是错的，我才是对的，通过这种方式来获取缺失的掌控感。显然，从长远来看，这也会严重损害两个人的亲密连接。

主动建设型（积极回应）

妻子："老公，上回我跟你说的那个很有名的心理学志愿者项目，我被录取啦！"

丈夫："太好了！你怎么搞定的？"

妻子："哈哈，我这回准备得很充分，看了很多书，再加上我之前就有这方面的经验，所以挺顺利的。"

丈夫："哇，好厉害！现在确实很多人需要专业的心理学帮助。"

妻子："是啊！今天刚刚跟负责人聊完，下周就开始线上培训，但愿能帮到更多的人！"

丈夫："嗯，真是件大好事！我们今天一定要好好地庆祝一下！"

在这个片段中，丈夫不仅主动地加入妻子的话题，还分享并扩大了妻子当选志愿者的快乐情绪，让她充分地感受到被支持、被认可。这就是主动建设型的回应方式，当对方发起一段谈话时，我们带着真诚和认可，主动加入对方的话题，并且正面地回应对方的情绪，让交流继续下去。

坚持使用主动建设型回应，能够给亲密关系中的双方都带来积极正向的影响。在亲密关系中，能够被对方看见，是一件让人感到幸福的事情。所以，主动建设型回应，让开启话题的一方得到了良好的反馈，简单的一次谈话，也能满足他的关爱感、能力感等基本心理需求。而积极回应的一方，更能体会到被需要的快乐，我们的自我评价也会更高。

如何做到积极回应

如何表达对对方的认可

当对方向我们分享一件好事的时候，我们要通过主动建设型回应来表达对他的赞美和认可。它的要诀在于刨根问底、重温细节，让对方把这件开心的事情重新体验一次。具体做法可以采用以下两步：

第一步，热情地回应对方。这里的回应包括运用语音语调、表情、身体姿态，或者是一些"哇""太棒了！"等赞美的语言，全身心地表达你对另一半的关注和欣赏。

第二步，运用"5W1H"的提问方式展开话题。所谓的"5W1H"是 what、when、where、who、why 和 how，其实就是小时候，老师教过我们的记叙文六要素：何时、何地、何人、何事、为什么和怎么回事。你可以用这个方法来展开话题。

比如说，伴侣今天跟你说，他做成了一个项目，被表扬了，你就可以这么说："哦，恭喜你，这是什么时候的事啊？""你当时是在哪里，办公室吗？""是你的领导当着大家的面夸你的吗？当时都有谁在场？""你真厉害，你觉得领导为什么会表扬你？""这个项目确实很不容易，你是怎么完成的呢？"当然，你还可以顺带着聊聊对未来的展望，"那下面你打算怎么做呢？""我们怎么庆祝呢？出去吃饭？"这样一来，对方就会完全沉浸到对这件好事的回忆和庆祝之中。

这个方法虽然听起来有点呆板，但它相当于一种强制练习，帮助你尽快使用主动建设型的回应方式。等熟练了以后，你可以更灵活地，让他多说说自己的感受和想法。

如何向对方提建议：三明治沟通法

细心的你可能发现了，上面我们提到的，都是支持对方话题的说法。那么，当我们想表达对对方的反对意见或者想给出建议时，又该如何做到积极回应呢？

心理学上有个很好用的方法，叫作三明治沟通法。就像三明治，最好吃的是中间的肉，但是两边得用面包夹起来。人在感受到自己是被爱着的时候，更容易接受别人的否定意见。所以，虽然你的目的是给人提意见，但要注意用正面积极的语言把它们包起来。

怎么做呢？举个例子，假如你回家看见男朋友把家里重新布置了一下，可是你觉得那个窗帘的颜色非常碍眼，你可以用三明治沟通法："你把家里布置得好漂亮，我很喜欢整体的风格。辛苦了！不过那个窗帘有点怪，我觉得颜色不太配，能不能换成蓝色，这样整个布置就更协调了，以后我们也住得更舒服。"

所以三明治沟通法的关键是：第一，先用主动建设型的积极回应，支持对方的情绪，并对他的努力和付出表示欣赏。第二，表达你的担心，并说说做出这个决定后可能的负面影响。第三，提出你的建议，并说说这样做可能会有什么好处。

最后，我想强调的是，我们介绍沟通方法，并不是让你通过这些方法去控制或者讨好对方，而是从本质上去理解，真正的爱，是我们通过沟通和互动，放下对胜利的渴望和对自己的保护，感受到对方、看到对方。也许我们在别的关系里暂时做不到这样，但我们应该在亲密关系里试试看。

　　这个行动叫作"60 秒愉悦点"，它可以帮助你在日常生活中增加与伴侣间积极的交流与回应，为你们的情感账户存入更多的爱。

　　"60 秒愉悦点"，也就是每天抽出 60 秒，主动向对方发起三个积极正向的回应。这些回应可以是一句温暖的问候、一句称赞、一个拥抱，这些回应并不会占用你太多的时间，但是会给你们的日常交往带来很多小幸福。我为你准备了一个"60 秒愉悦点"清单，方便你进行行动规划与参考。类似这样的事情并不难，如果每天固定坚持做，积极回应就会内化成一种习惯，它会让你的情感账户越来越充实。

"60 秒愉悦点"清单

说出对方的一个优点。

看着对方的眼睛，说一句"谢谢你"。

早晨为对方冲一杯咖啡。

分别前给对方一个拥抱。

问候对方今天过得怎么样。

称赞对方的某些行为和想法。

与对方回顾曾经的美好时光。

与他分享一件今天遇到的有趣的事情。

被爱也需要学习

沟通的本质，其实是双方情感的连接，我们通过沟通传递情感信息，告诉对方，我支持你、相信你、欣赏你。所以，其实这个沟通模式，是在教我们如何学会爱别人。

但是，我们要如何学会接受别人的爱呢？在亲密关系里，有不少人存在着一个误解，就是"爱别人"比"接受别人的爱"更重要。因为我们从小就被教育要付出，不要索取，只有付出才是美德。

可其实，爱，不仅仅是爱别人，还有接受别人的爱。只有这样，才能让亲密关系真正流动起来。爱和被爱的过程就像两个人在打球。学习怎么付出和表达爱，相当于学习怎么打出漂亮的发球。但是不会接受别人的爱，就相当于我们接不住，甚至干脆不接对方打回来的球。如果对方一次次向我们发出带有爱的信号的球，却被我们一次次地错过，那这场球当然也就不能有来有往地持续下去了。

我在美国宾夕法尼亚大学念心理学研究生的时候，哈佛大学心理学家乔治·范伦特（George Vaillant）教授曾经来给我们上课，他上完课的最后总结就是："幸福有两大支柱，就是爱与被爱。你既要能进入别人的心里，也要能够敞开心扉，让别人进来。"

接受爱的能力测试

以下各题描述了生活中的一些场景，请你根据自己的实际情况，选择各题的符合程度，答案没有对错之分。

A. 从来没有　B. 很少这样　C. 一般　D. 经常这样　E. 一直如此

1. 当别人送你礼物时，你心里有一种欠人情的感觉。
2. 当你收到礼物时，你会对礼物进行挑刺，从而贬低礼物的价值。
3. 你曾出现过别人送你礼物，但是被你忘记了的情况。
4. 你曾拒绝接受别人的礼物。
5. 你曾向别人说过想要某样东西，当别人送给你时，你忘了自己曾提到过。
6. 你的恋人送给你一样礼物，你觉得是因为你曾经要求过，所以才会送给你。
7. 当别人对你特别关注时，你会感到很不自在。
8. 自己开口向别人要某样东西，你会觉得很不舒服。
9. 你曾说你不想要某样东西，但是之后又会因为没有得到而抱怨。
10. 当别人赞扬你时，你会觉得不太舒服。
11. 当别人向你要某样东西时，你会觉得很不舒服。
12. 你不会主动寻求别人的陪伴。
13. 别人曾说你为人淡漠，和人有距离。
14. 当别人想帮助你时，你会拒绝。
15. 在他人面前，你都试图保持自己好的一面，即使是很亲密的恋人、朋友之间也是如此。
16. 当你遇到伤心的事情时，一般都是自己消化，很少向恋人朋友倾诉。

分别计算各题得分，A=1，B=2，C=3，D=4，E=5，无反向计分。
计算总分，分数越高，接受爱的能力越低。

当总分 <37 时，你接受爱的能力很强

你认为自己值得被爱，也享受自己被爱的感觉。你会欣然接受对方的礼物，勇于接受爱，接受别人的关心和帮助。当你情绪低落时，你会主动向对方倾诉。

当你遇到困难时，会主动寻求对方的帮助。在恋人面前，你不会斤斤计较，而是很享受这样的亲密关系。他人是你非常重要的外部资源，也滋养着你的内心。

接受爱是一种很宝贵的能力，希望你能在之后的生活中继续保持这份能力，感受爱，享受爱。

当 37 ≤总分 <59 时，你接受爱的程度处于中等水平

你会接受对方的礼物，以及来自对方的关心和帮助，也会主动寻求他人的陪伴。但是在接受的过程中，心里仍会有一些犹豫和担心。因此当你情绪低落时，有时会担心自己的负面情绪会不会影响对方，从而自己伤心。

当你遇到困难时，有时怕给别人造成负担，从而自己一个人承担。你在担心和犹豫中，接受着来自对方的爱，有时会让你，也让对方，感到有些疲惫。

当总分 ≥ 59 时，你接受爱的程度较弱。

对于他人表示爱意的礼物，你会觉得并不喜欢甚至会拒绝。当对方表示出对你特别的关注时，你会感到很不自在，甚至会想办法转移话题，或者让自己逃离这个情境。当你情绪低落时，因为担心负面情绪会影响对方，所以基本上都是自己独自伤心。

当你遇到困难时，怕给别人造成负担，也是首先自己想办法解决。即使处于亲密关系中，也显得比较独立。只是有时候，这样的独立会让你疲惫，也让对方感到疏离。

无法接受爱的人有哪些表现

美国有一对著名的研究亲密关系的心理学家夫妻，哈维尔·亨德里克斯（Harville Hendrix）和海伦·亨特（Helen Hunt），他们通过研究后发现，在亲密关系中，无法接受伴侣的爱的人通常分三种类型。

找碴型

第一种类型是找碴型，就是常常曲解伴侣的好意，并且总是把目光放在挑剔和评判上。

前两年，我在一个亲密关系的课题项目里看到过一个案例。案例的主人公是一个叫小周的小伙子。他和女朋友交往快一年了，在小周的朋友看来，他俩关系很好，小周平常对女朋友很体贴，女朋友也很照顾他。小周却总是对她感到不满意。

比如，有一次，小周生病在家里，女朋友炖了汤带过来看他，他喝了两口，就嫌汤太咸。还说自己不过是感冒，睡一觉就好了，不用这么麻烦。他女朋友常常感到很苦恼，因为小周一直都对自己挺好的，所以自己也想多照顾他，关心他。但是为什么想要让他开心就这么难呢？为什么他总是感觉不到自己对他的爱呢？

后来，我在案例的详细记录中发现，因为小周自己就成长在一个非常挑剔严苛的环境里面，父母之间的相处模式就总是相互打压。小周的父亲，以前常常会给母亲买礼物，但母亲并没有因为收到礼物而开心，反而大声抱怨："买这些东西干什么，华而不实。"而父亲总是在饭桌上，对着母亲做的饭菜，边吃边挑剔："这手艺真是一点长进都没有。"两个人就这么沉浸在权利争夺的状态中，互不退让。而这背后，其实是双方潜意识里都想要通过挑剔或者冷嘲热讽的方式，确保自己在亲密关系里占据上风。长此以往，他们也就无法识别日常生活中那些最普通的爱的信号了。

像小周这样，在冷嘲热讽的氛围下长大，也就潜移默化地习得了父母的交流模式。他们没有把亲密关系看成交流真实情感的地方，反而像是打仗，时时刻刻都要占据主动、占据上风，忽略了伴侣的爱意和温柔的信号。

内疚型

内疚型的人最典型的特征是，很擅长付出，但对方给他爱的回馈，就像接到烫手的山芋一样，会让他手足无措、焦虑不安。

比如，当伴侣夸他的时候，他会下意识地拒绝，说"啊，这根本没什么的"之类的话，或者僵硬地表示感谢。即便口头上没有表达拒绝，他们也会忽然显得很紧张，好像伴侣刚刚并不是表扬他，而是在批评他。比如，我们办公室里有个很优秀的小姑娘，她男朋友很喜欢给她送礼物，有时候会送花到办公室来。但她自己说，虽然很高兴，但不知道为什么，男朋友对她越好，她就越感到不安。

她的不安来自，她总是担心自己其实没有对方想象中的那么好，对方爱的不是真正的自己。也就是说，内疚型的伴侣无法接受爱，这往往跟较低的自尊水平有关。他的内心里有一个很糟糕的自我体验，认为你喜欢的只是"你眼中的他"，你不知道真实的他有多糟糕，如果你知道了，肯定会受不了离开的，所以，你越表达爱意，他就越有一种要被揭穿、被抛弃的恐惧，就越不敢接受对方的爱。

另外，这种被动防御型的姿态，也常常会在回避型依恋的人身上看到。他们担心万一对关系里的人产生了依恋，最后又失去了怎么办？那还不如从来没得到过爱。所以，他们会小心翼翼地避免更多的依赖和靠近，渴望爱但又不由自主地拒绝爱。

互不相欠型

这种类型的人最常见的表现是：你对我好，我就要还回去，绝不亏欠对方。他们在关系里总是显得很客气，甚至有些生分，很难拉近和伴侣的内心距离。

几年前我曾经教过的一个学生，在对待感情时，就是典型的互不相欠型。谈恋爱的时候，男朋友请吃请喝请看电影，她心中都清清楚楚地记着账。如果今天男朋友请了一顿饭，过几天她一定要请回去。如果今天收到了一份礼物，她也会想办法查查这个大概多少钱，然后下次送一样价格差不多的东西。男朋友从来没有要求过她这么做，但是她自己觉得如果不这么做，就好像欠了对方什么似的，心里很不舒服。

爱情在她这里，好像是变成了必须等价交换才能持续下去。因为她觉得，对方的礼物，就像是没有经过她的同意而强行加给她的责任一样，需要她进行物质上或者情感上的偿还。

可是，为什么对方自然流露的爱意，会给她造成这么大的情感负担呢？这种负担感究竟来自哪里呢？后来她跟我说："我不希望再有一个人还像我妈妈那样，又用'哎，我做这一切都是为了你好''都是因为爱你'这样的名义来控制我了。"

虽然她没有再往下说，但我知道，父母的过度控制给她带来了很深的影响。对于像她这样在爱情里表现为互不相欠型的人来说，他们心中虽然渴望被爱，但他们也担心，对方在给他们爱的同时，是不是将来就会向他们再索取更多。哪怕对方并没有这样的动机，他们也依然无法完全信任对方。那么与其冒着被伴侣控制的风险，还不如干脆互不相欠，保持相对安全的距离，这样一旦关系中有什么风险，就可以及时退出来。他们就这样，保持着一只脚踩在关系里，一只脚踩在关系外的状态。

你可能已经发现，每个无法接受爱的人，其实心底里都带着一份不信任。有的是不相信自己，所以会感到内疚，想要逃避；有的是不相信对方，所以情愿互不相欠；还有的，则是不相信关系，要通过不断挑刺的方式确认自己在关系中的位置。

学会接受爱的三个练习

这些应对方式是过去曾经让我们感到舒服和安全的策略，它们看起来安全，却无法帮助我们和另一个人产生真正意义上的连接。所以学会接受别人的爱，其实意味着你需要一点儿敞开自己的勇气，用坦露、诚实的姿态，接下对方打过来的球，然后在一来一回的过程中，不断思考，怎么更好地持续接发球。

那么，怎么培养自己"接受爱"的能力呢？我给你三个平常就能做的小练习。

第一，识别并且记录伴侣爱的表达。

我们已经知道，无法接受爱的人往往会忽略或者否认伴侣对爱的表达。所以，接受爱的第一步，是主动去识别和记录伴侣给予的爱。

美国著名婚姻家庭专家盖瑞·查普曼（Gary Chapman）博士认为，每个人表达爱的方式都是独特的，有些人擅长通过语言表达爱意，而有些人则习惯通过实际行动，比如，细致地照顾对方，还有的人喜欢多制造两个人的互动机会来表达爱。

你可以多观察一下伴侣是怎么表达爱的，然后通过写"爱的日记"的方式，记录下来。比如，每次你表达爱的时候，当时是什么场景，对方说了什么或者做了什么，是出于什么理由，你的感受是什么，等等。时间一长，就相当于建立了一份爱的数据库。你可以拿着日记和伴侣一起讨论，你更喜欢或者更容易接受对方哪些表达方式。

第二，练习停止内心的负面对话。

不会被爱的人，可以通过转变自己的认知，敞开内心，让爱进来。尤其是那些对别人的爱有内疚感的人，他们往往觉得对方爱的是虚假的自己，如果发现自己真实的那一面，可能就会选择离开。虽然这种比较低的自我评价，很难在短时间内扭转，但我们要意识到，一件事怎么影响我们，往往取决于我们自己是怎么想的。所以，如何第一时间停止内心的负面对话呢？你可以问自己以下四个问题：我觉得自己不行的想法，有什么证据吗？有什么证据能证明，事实其实正好相反，我是有价值、有能力的？我身边的朋友，会不会赞同我这样想？如果我积极地想这个问题，事情会有什么不同？

下一次，当那种不配接受爱的感觉又跳出来时，你可以停下来，问问自己这四个问题，它能帮助你逐渐放下内心那些负面的自动化想法。

第三，练习对方传递爱时你的反应。

认知语言学家乔治·莱考夫（George Lakoff）提出过"具身认知"的概念，意思是身体并不是我们大脑的傀儡，认知不仅在头脑里，也在身体上。

所以要接受爱，你可以先让身体行动起来，反过来就能促进大脑中关于接受爱的认知和情感体验。比如，练习看着对方微笑，或者在发现对方爱的信号时给出一个拥抱，把几句平常说不出口的赞美伴侣的话练成条件反射，等等。

最后，如果你是因为总想在权利争夺中占上风，而变得不能接受爱，你可以重温我已经讲过的权力分享。放下防御，是我们在感情之路上需要持续学习的能力，我们仍然还会不时出现否认自己需要对方，或者无法占上风的愤怒，但只要你和另一半还在一起，如果确信这份关系是你们想要的，那么你们就可以克服爱情学习之路上的种种障碍。

今日行动

这次的行动，希望你能和伴侣一起来完成，这个行动叫作觉察伴侣"爱的信号"。

我为你们准备了"爱的信号"表格，上面记录了五个最常见的爱的表达方式，这是来自我们刚才提到的盖瑞·查普曼博士的研究，它们分别是肯定的回应、全神贯注、赠予礼物、提供服务以及身体的接触。

你们可以分成两步来使用这张表格。

第一步，请你和伴侣分别选出两个自己最喜欢的"爱的信号"，并在表格上面打钩。这一步可以让你们了解对方接受爱的偏好，更知道怎么满足对方的需求。

第二步，根据这些信号，马上为对方做一件事，享受爱与被爱的过程。

"爱的信号"	我	伴侣
1.肯定的回应：你更喜欢伴侣总能对你的行为或决定做出积极正向的回应		
2.全神贯注：你更喜欢伴侣在你的身上投入更多精力，比如，花时间来陪伴你，了解你的喜好，和你分享趣事，关注你的情绪等		
3.赠予礼物：你更喜欢伴侣能在一些重要的纪念日或者在日常生活中准备一些小礼物		
4.提供服务：你更喜欢伴侣平常能帮忙做家务、送你上班、帮助你解决工作或生活上的问题		
5.身体的接触：你更喜欢伴侣的亲吻、拥抱、抚摸等		

如何做到真正地放下

　　美国心理学家苏珊·坎贝尔（Susan Campbell）最早提出了关系阶段理论，她认为，一段亲密关系，可以分为五个阶段：浪漫期、权利争夺期、整合期、承诺期和共同创造期。这五个阶段并不是单线式的，而是会反复出现在两个人经营亲密关系的过程中，构成了亲密关系的全景图。

　　在第一个阶段——浪漫期，两个人像坐在电影院看一场喜欢的电影，看不清对方的全貌，但一切感觉都那么神秘美好。

　　但这段时间并不会持续太久，浪漫期一过，两个人就开始进入了权利争夺期，彼此开始看清对方更真实的一面，产生许多大大小小的不满和碰撞，都想改变对方，又都不想被对方改变。

　　经过反复的磨合后，两个人会进入第三个阶段——整合期，在这个阶段，激情和争吵都会变少，两个人更加能够接纳彼此。

　　接下来，双方就开始进入承诺期。在这个阶段，两个人之间的信任感大大提升，他们开始对生活和自己做出坚定的承诺，很多伴侣往往会选择在这时候要个孩子。

　　跨越这个阶段之后，两个人就来到了最高级的发展阶段——共同创造期。因为彼此的接纳、信任和承诺，两个人在一起无论做什么都成为一个创造的过程。这个阶段，往往能够体现我之前提到的，亲密关系的终极性价值，两个人独立又亲密，相爱又自由，亲密关系让他们都成了更好的自己。

不过，大部分关系都在前两个阶段挣扎很久，尤其是第二个阶段——权利争夺期，结婚多年的夫妻，也可能一直卡在权利争夺期。如果度过了，两个人的关系就能得到新的发展；如果无法度过，就很可能进入另一条道路：结束和分离。

那么，一段亲密关系是怎么走向结束的，我们又该怎么从结束的亲密关系中真正走出来呢？

亲密关系为何走向结束

结合亲密关系的阶段论来看，关系结束的本质，就是对权利争夺期的处理失败。具体来说，又分为三种不同的情况。

第一种情况是，两个人经过浪漫期之后，就一直卡在权利争夺期，僵持不下，最后选择放弃处理，结束关系。

我偶然在网上看到了一对情侣的故事。他们年龄相仿，两个人在一起好几年了，女方本科毕业后一直在工作，而男方在读研，还成功申请了外地学校的博士。度过浪漫期的两个人，开始面临很多现实的问题。女方想要尽快结婚，但男方希望读完博士以后再结。

两个人因为这个问题僵持不下，甚至还上网找大家评理。

女方希望先结婚要个孩子，怕年龄大了身体状态不好。男方也很焦虑，因为要去外地，而且博士的科研工作负担很大，担心无法承受家庭和孩子的养育，希望毕业之后再结婚。最后两个人实在磨合不了，分手了。

网上的讨论，主要是在骂男方，觉得他自私、耽误女方的青春，女方分手是对的。但是，后来我细看了整个过程和评论，我发现其实这对情侣的权利争夺早就开始了，"要不要去异地读书"，或者"要不要结婚"只是权利争夺太久之后的一个爆发点。

女方面对男方，有学历和社交圈层上的自卑。她总觉得男方去了一个越来越远离她的世界，所以很想从关系的其他方面，比如结婚、生子上获得更多的安全感；

而男方面对女方，有经济上的自卑。因为一直读书，收入有限，总是女方在经济上补贴更多，所以男方总想等到自己更有经济能力的时候，好像可以跟女方平起平坐了，再谈承诺。

这场权利争夺已经持续了很长时间，双方早已疲惫不堪。人是不能长久待在僵局里的，在权利争夺的过程中，如果双方或者其中一方积累了太多疲劳和失望，又放弃了其他的处理方式，就会选择结束关系。

亲密关系结束的第二种情况是，两个人已经进入了整合期，但因为一些事情，又再次退回到权利争夺期，最终因为处理不当，导致关系结束。

这里面最常见的一种例子就是，小两口原本在一起生活得挺好的，经过了一段时间的磨合之后，两个人也度过了权利争夺期，彼此接纳共同整合，决定生孩子。但是生孩子之后，某一方的老人为了帮忙照顾孩子过来同住，结果因为养育孩子的理念不同，生活习惯不同，闹出了更多矛盾。夫妻俩又退回到权利争夺期，而且因为家里出现了第三方，局面反而变得更加复杂。有不少亲密关系，就是在这个阶段出现不可调和的矛盾，最终走向了结束。

所以，亲密关系的五个阶段，并不一定是线性的时间序列，它也可能是一个圆，出现多次的循环。

亲密关系结束的第三种情况是，两个人分别处于关系周期里的不同阶段，权利争夺达到无法调节的地步，最终走向分离。

我在做亲密关系的课题项目的时候，就碰到过一个这样的案例。一对夫妻刚结婚不到两年就离婚了。丈夫学习能力比较强，结婚之后，他很快调整了自己过于理想的期待，适应了家庭生活，先进入了关系的整合期。但妻子还一直停留在浪漫期里不肯出来，她希望始终保持热恋中那种小公主的生活。所以她无法理解丈夫的转变，认为是把自己娶到手后就不重视了。为了让两个人回到最初的蜜月期，妻子还去报了一些奇怪的情感培训班。她觉得自己是很努力在经营夫妻关系，丈夫却苦不堪言，开始觉得自己跟妻子是不是三观不合。两个人就这样在关系里你拉我扯，最后彼此失望，趁着还没有孩子就离婚了。

所以，在亲密关系里，两个人对关系的理解、在关系中的成长速度不一定总是同步的，当两个人从自己的角度来责备和批评对方的时候，看上去是在对关系做出努力，其实却是再次引发了权利争夺，最后往往会导致关系结束。

怎么看待关系结束的意义

对一个人来说，当我们意识到一段关系再也无益于自我的成长，对于让人精疲力竭的权利争夺，再也无能为力，甚至还要遭受需求被忽略、脆弱被利用的时候，我们确实可以离开这段关系。

我们不需要因为这段感情要结束了，就否认它的意义和重要性。相反，正确地看待关系的结束，对一个人来说有着非常重要的意义。

首先，它意味着一次自我更新的机会。一段有意义的亲密关系，彼此都会把一部分自我投射在对方身上。你曾经珍视的、求而不得的甚至讨厌的一部分自我，都被对方所承载。当关系结束的时候，你离开的不仅是那个人，还有你融在他身上的那部分自我。这种部分自我的丧失，必然带来痛苦，但也给自我腾出了新的空间，你可以把自己看得更清楚，借此找到新的成长方向。

其次，亲密关系的结束，也是重新理解关系的一次机会。这种理解不仅限于亲密关系，你会加深对所有人际关系的理解。对一段失败的亲密关系进行彻底的哀悼和意义重建，会对你所有的重要人际关系产生启示，帮助你在各种关系里更好地面对、处理权利争夺期，让你在整个人际关系的网络里获得新生。

怎么从心理上做一个好的结束

曾经相爱的两个人，没能携手走过一个又一个感情的关口，是件令人遗憾又痛苦的事情。现实生活中，也有很多人，尽管在现实层面，已经和对方结束了关系，但心里始终放不下，一边安慰自己没事，一边不肯真正地在心理上处理关系的结束。可这样往往会让我们在未来重新付出代价。比如，有些人会在下一段关系里，继续重复上一次的糟糕状态。而有些人看起来恢复了，但其实变得更封闭，不再相信亲密关系。

生活还在继续，我们还会在感情的路上寻找新的可能性。所以从长远来看，我们需要学会做到关系真正意义上的心理结束。

具体怎么做呢？结束了一段亲密关系之后，你总会在某些瞬间体会到，这是一次真正的失去。第一个阶段，我们要做的，就是去接纳这种必然会出现的情绪体验。

在这个接纳阶段，我们有两个比较重要的任务。

第一个任务大家都比较熟悉，就是做好现实和物理空间上的分割。

你可以做一些很具体的事情来帮助自己放下，检查一遍各个角落，收拾掉那些总是提醒你想起前任的东西。比如，生日礼物、各种有关两个人的纪念品等。你还可以重新摆放房间里各个家具的位置，营造一种和以往不同的空间感，为自己打造一个全新的环境场。

第二个任务，叫作"绘制哀伤地形图"，就是主动面对这段丧失的经历，对旧的自我做哀悼和告别，从心理上腾出空间，让新的自我去成长。

这个哀伤地形图的制作有四步。

第一步：描述一下分手之后，你目前的状况。失去他对你来说意味着什么？关系的结束引发了你哪些感受？比如，我觉得目前的自己一塌糊涂，不仅失去了恋人，还影响了工作。我很不甘心，好像失去了精神上的一个重要支撑，我的生活进入了一个空虚的状态。

第二步：关于这段关系，你还有其他什么感受？这些感受有没有让你想起过去的某些场景？

比如说，除了沮丧和不甘心，其实我还有内疚、恐惧。仔细一想，我上一段恋情也出现过这样的情况；初中时，也曾经因为这样的心情和最好的朋友闹翻过；妈妈也这样折腾过爸爸，他们为此还冷战了好久，我夹在中间很无助。除此之外，我还恐惧未来失去他之后，再也找不到更合适自己的人了。

第三步：将这些回忆和感受做一个整理。区分一下，哪些是这次分手引发的感受，哪些是被你过去的经验放大的感受。

比如，仔细回想一下，我发现这不是我第一次被关系里的内疚、恐惧等感受所淹没。不甘心失去他，确实跟他有关。但在关系里的内疚、无助的感受不是第一次出现了，我在其他感情经历里也有，所以这次的分手不过是重复、放大了这种感受。

第四步：做一个小小的仪式，向自己正式宣告关系的结束。

比如，你可以选一个周末，去到跟他第一次认识的那个会议报告厅再走一圈，找到那个会议报告厅的所有变化，拍几张照片。如果没有生命的大厅都会随着时间变化，那么感情和关系的变化，也是自然的事情。做一次最后的告别吧。

作为最后的仪式，你还可以写一封长信、换一个造型，或去山顶大喊，等等。

完成第一个接纳阶段之后，我们就要进入第二个阶段：意义重建。

意义重建，是一个人最终从负面事件中走出来的标志。人想要让心灵的伤口痊愈，除了缝合之外，也需要给它时间和营养，等它结痂、脱落，长出新的皮肤。亲密关系结束后，你也需要对此寻找新的意义。

你可以找到一个相对平静的时机，也可以找一位信任的亲朋好友陪你一起，看看下面这份"寻找意义的问题清单"，它包含了一系列的启发性问题，你可以借此来仔细思考和讨论，比如：

1．这次的关系结束，你有没有意想不到的收获？如果有，是什么？

2．这次的关系结束，有没有影响你人生的优先级？比如，你现在看重的东西跟以前不同了，有些东西你不那么在乎了。

3．总结一下，你身上哪些特质、品格、资源，能帮助你更快复原？比如，你可能发挥了性格当中的某些优势——勇敢、谨慎，你还发现身边曾经被你忽略的人给了你关心和支持等。

4．这次经历，你对自己的看法有没有产生一些变化？

5．这次经历，有没有给你一些关于爱和生命的启迪？

这就是做好关系的心理结束的两个阶段：接纳和重建。我经常发现一些朋友因为不想被别人看到自己脆弱、放不下的状态，所以急着跨过接纳和哀悼的阶段，迅速跳入意义重建阶段，总结完得失，然后让一切就此翻篇。但很久之后，那些本该在上一次亲密关系中去哀悼和了结的议题，又会再次浮现出来。所以，接纳得久一点，哀悼得慢一点也没有关系，你要尊重自己的情感节奏。

今日行动

心理学中有一个碎花瓶理论，破碎的亲密关系，就像一个碎花瓶，有些人试图用胶水和胶带把花瓶拼回原状，有些人把碎片扔进垃圾桶，还有些人把它们制作成新东西。面对花瓶碎掉的事实，沉浸在悲伤之中或否认它其实都不利于成长，怎么重建，让这些碎片发挥最大的价值，才是我们要做的事情。

所以这次的行动是"意义重建"，它能帮助你在一段破碎的关系中重新获得成长。

第一步，请你写下在上一段恋情里学到的，并且希望能够延续到下一段感情的三件事，比如，学会了体谅对方、懂得了怎么爱人、做到人格独立等。

第二步，请你再写下你不愿意带入下一段感情的三件事，比如，对关系的不信任、争强好胜等。

这个行动，可以帮助你理性地看待感情，发现这段感情对你的积极意义，同时又能提醒你哪些是你应该去改进与规避的。希望你能在破碎的关系中，找到多彩的碎片，且让这些碎片在未来重获新生。

打造积极的职场关系

现在，我们要走出家庭，与其他的人产生关系了。这些关系不像你与家人那么紧密，但也非常重要。尤其是对大多数人来说，离开家庭后，最经常面对的社会关系就是职场关系。

说到职场关系，很多人可能脑海中马上就浮现出一些场景来，比如，为了和同事套近乎，得寒暄尬聊；为了升职加薪，得讨好奉承；为了客户业绩，得揣摩算计，想想就觉得心累。

不过，美国芝加哥大学的简·达顿（Jane Dutton）教授发现，建立好的职场关系，并没有那么多烦琐复杂的"套路"，也不需要让自己那么疲惫。她在经过多年的职场关系研究后，提出了一个核心概念，那就是，高质量连接。

她认为，在职场关系中，只要专注于建立高质量连接就够了。你不用考虑跟某个同事有多少个人友谊，也不需要苦心琢磨怎么做到对领导投其所好，更不用担心不这么做的话，会在关系互动中逐渐边缘化。你只需要注重提高每一个当下的互动质量，做好每一次短暂、简单的互动，比如，一个电话、一封邮件、一次会议讨论。这样做的效果，比你花更多额外的时间去维持一张庞大但是低质量的关系网，更加有效。

高质量连接的定义与好处

所谓高质量连接，英文叫作 High-Quality Connections，简称为 HQC。它是指一种能让人感到尊重、信任，有支持性互动的关系。哪怕这个关系很短暂，你也会觉得这个短暂的时刻是有生命力的。

从刚才高质量连接的定义里，你大概也听出有三个最核心的关键词：尊重、信任和支持性互动。

尊重，是对方能感到你了解他、关心他，知道他的价值是被你认可的；信任，就是传递你对他在人品、能力等方面的信任感；而支持性互动，就是你既表达了自我，也考虑了他的立场，双方都体验到参与感，达到互相支持、互相激发的效果。

达顿教授指出，保持高质量的连接关系，能够给我们带来三个更实际的好处。

第一，它能让你的工作效率更高，业绩更好。因为跟同事的高质量连接会让你感觉安全，你可以放松、完全地投入工作中去，不必被人际关系牵扯精力。相反，一个低质量的互动，就可能毁掉你一整天的工作效率。

第二，它能让你的能力和能力感都得到提升。因为人在被爱、被重视的放松状态下，可以达到最佳的认知能力，激发好奇心和创造力，愿意探索解决困难的思路；我们会因为觉得受到鼓舞，尽可能做到最好；我们更愿意分享信息，对别人的错误更宽容，也因此可以学习得更快，不仅为团队做了贡献，自己也获得了成长。

第三，它的好处还会延伸到工作之外，促进你的心理幸福和身体健康。因为工作关系的质量提升，相当于缓解了一个重大的压力来源，而建立高质量连接，能降低大脑的压力激素，增强人的免疫力，使人心情更愉快、身体更健康。

如何建立高质量连接

那么，怎么才能做到在回归关系的当下，于每一次简单的互动中提升连接的质量呢？还是从高质量连接的三个核心要素——尊重、信任、支持性互动入手。

首先，是尊重。尊重和被关心，能让一个人感到自己被正面看待。在职场互动中，尊重就意味着尊重对方的感受，尊重对方的时间。

我们先来听一下这两句话：

第一句是："请主动一点，不要让我来确认你工作的进展。"

第二句是："我们每周一和周五，讨论一次工作进展，你觉得怎么样？"

你看，这两句话中，虽然第一句也用了"请"字，但很明显，第二句更能让人感受到被尊重。这关键就在于交流时你是发出请求，而不是发出命令，给对方留出一定的回转空间。因为命令是对方必须做的，你的语气里隐含的信息是，对方需要承担不做的风险。而请求是对方有选择的，他可以表达不同的反馈或者意见，从而更愿意积极地参与到互动中。

除了尊重对方的感受，还要学会尊重对方的时间。很多人经常在微信上找同事时发一句"在吗"，然后就没了。这就是不尊重对方时间的典型表现，一句"在吗"背后的留白，其实会让对方被迫浪费很多时间去脑补。在职场上，时间可以说是一个人最重要的资产之一，没有人喜欢被当作随叫随到的资源，所以发起一次互动需求之前，你最好先预约一下，并且说好大概会占用对方多少时间。

高质量连接的第二个重点，是在职场互动中充分地给予对方信任。

这是要求我们向他人传递一种信息，就是我信任你的行为是正直、可靠和善意的。比如，你要开始负责一个项目，需要向项目里其他同事发起协作，怎样增强彼此的信任感呢？

首先是在合作过程中，随时分享有价值的信息。比如说，找别人帮忙的时候，把前因后果都说清楚，比如，"我们现在启动的这个项目，是为了适应现在这个远程办公模式，其中还缺一个文案，你能写一下吗？"或者"你能不能帮我做这个excel 表？我会把它放在我们的某某报告里面，全公司都会看到"。尽力提供更多有用的信息，对方自然会对你多几分信任。

其次，在工作互动中，你要给予对方充分的自主权。一项工作达成了共识，谈好了标准，交代了底线，就应该给对方充分的自主权。你不能发起一项协作，却又不放心，三天两头地追问进展和细节。既要让人做事，又整天跟在背后监管，这是非常破坏信任感的举动。

另外，增加信任还有很重要的一条，就是要能宽容别人的错误。与人协作时同样要具备成长型思维，信任他在犯错后的成长潜力。更重要的是，有时候对方可能并不是犯错，只是他工作风格、思维方式跟你不一样而已。你可以跟他约好回头检验工作的时间，然后为他提供充分的信息和资源支持，但这份工作的具体执行，由他自己做主就好了，你不应该干涉其中的过程。

最后，只要有协作，就会遇到挫折与障碍。这是最考验信任感的时候，在这个过程中，最重要的是不能指责对方的动机。对方做得不对的地方，你可以指出，可以批评，可以提出改进意见，但是不可以推测对方的动机。

比如："他就是故意跟我捣乱！""不要强调这些客观因素，你这是在推卸责任！"或者："什么工作多、来不及？他就是想偷懒！"我们人类确实喜欢推测别人的动机，但这也是我们在人际交往中最需要警惕的地方，无论你猜的是对的还是错的，都会破坏你们之间的信任。

说完了信任，我们再来讲讲高质量连接的第三个要点，就是如何增进职场关系里的支持性互动。支持性互动，是指在表达自我的同时，也考虑对方的立场，给对方留出参与的空间。这是一系列比较灵活的举动，关键不在于技巧，而是在一些力所能及的范围里，表达你的善意，从而让你们之间的互动更有活力和能量。

下面我会简单举一些例子作为参考，激发你表达善意和支持的灵感。

比如，压力分担。当同事处在比较困难的处境，在你力所能及的范围里，主动调整自己的工作，拿出一部分时间精力去支援他，缓解燃眉之急。

比如，新手指引。来了一个新同事，他还不太熟悉环境和业务，你可以主动介绍几样你熟悉的工作事务，帮助他更快地了解、更快地融入。

再比如，观察同事们的工作风格，做个分类记录。习惯独来独往的同事，你尊重他的个人空间，避免尬聊；习惯井井有条，对时间特别在意的同事，注意沟通的时候给他时间线，让他更有安全感；习惯松散，有点天马行空的同事，注意给他留有余地，谈好工作边界，不至于在他拖延后，造成你的工作计划崩盘。

好，这就是打造高质量职场关系的三个关键，给予尊重、信任和支持性互动。

方法很多，但本质上都是引导我们在明确的职场协作体系之下，基于人性中的公正和善意去发起连接，这是作为一个职场人可以做，也能够做好的事情。

如何应对糟糕的职场关系

当然，听到这里，你可能还有一个疑问：上面说的都是比较理想的状况，有些人好像就是不配合，无论你怎么尊重、信任和支持，他们回报的总是冷漠，甚至敌意，那怎么办？

这种情况当然存在，对于那种还能挽救的关系，你可以想办法转变过来。

我的一个同事小 A 最近对同事小 B 很有意见，因为小 B 给领导提交了一个方案，可方案里涉及大量工作需要小 A 来做。她们俩明明是平级，但小 B 出方案前并没有跟小 A 讨论过，小 A 要做很多事不说，功劳还不能记她头上。小 A 有点生气，但她想起自己之前曾经安排过一个项目，曾经砍掉了小 B 很需要的一个诉求，她想，小 B 是不是故意报复自己。

显然，小 A 已经受到负面情绪影响，甚至开始怀疑对方的动机，偏离了高质量连接的重要原则。那么这时候，小 A 该怎么办呢？我们分四步来处理。

第一步，先想清楚自己的需求。困扰背后往往隐藏着真实需求。小 A 之所以苦恼，是因为她在意和小 B 之间的关系。她跟小 B 在工作上的合作一直都比较愉快。所以她不想失去这段关系，这是她的需求。除了关系，小 B 的方案可能会让自己超负荷工作，所以她希望方案能有所调整，这是她的另一个需求。

第二步，是弄清楚别人的需求。以小 A 对小 B 的了解，小 B 不太会拿工作开玩笑，因为保持职业性和专业性是小 B 一直以来的需求；另外，过去一直愉快的同事关系，也不是小 A 自己单方面能做到的，因此可以肯定，小 B 也有建立良好关系的需求。只是小 B 上次的诉求被她砍掉了，可能伤了她的心，所以希望小 A 坦诚沟通和回应，可能是小 B 的一个隐含的需求。

第三步，是寻找替代方案。小 A 想了想，自己有三个选择，一是拒绝小 B 的安排，但是领导已经同意了小 B 的方案，而且直接拒绝反而会让关系变得更僵。二是接受小 B 的安排，但是自己心里很委屈，带着这样的情绪也做不好事情。三是对这个方案做些修改，去掉自己不能接受的东西，同时保留方案里她认为小 B 最看重的部分。显然，最合适的替代方案是第三个。

第四步，是讨论。小 A 和小 B 开诚布公地聊了一次，对她上次砍掉了小 B 的诉求表示道歉，然后也表达了对于小 B 未经商议就给自己安排那么多活儿的感受。结果一聊才发现，小 B 对上次的事情并没有太往心里去。她这次给小 A 做的安排，其实是领导的意思。但是她以为领导会和小 A 沟通，而领导以为她会和小 A 沟通，结果两个人都没有说，这才闹了一通误会。最后，小 A 拿出了她的替代方案，两个人讨论一番，达成一致后重新去找领导，终于解决了这个问题。

你大概也发现了，了解自己和别人的需求，然后寻找替代方案，其实都是为最后一步的讨论做充分的准备工作，这个过程，也依然遵循尊重、信任和支持性互动的原则。通过这样的方式，我们可以重建高质量连接。

当然，如果有一些关系确实无法挽救，这时我们就要学会及时止损，做好自我调节，避免这段关系给自己造成太大的负面影响。

比如，你可以更多地投入和其他同事的高质量连接里去，也包括你在工作之外，和家人、朋友的深层关系，用好的人际关系来给坏的人际关系解毒。

当然，也可以构建你的心理资源，培养更多积极情绪和积极认知。比如，这个关系虽然让我心情很糟糕，工作很不顺利，但是，我也在这段关系中获得成长，我跟人打交道的能力有了提升，我掌握了更多委婉表达的方法，我的抗压能力变得更强了，我还学会了如何在逆境中工作。这样一来，你会发现坏的关系里也蕴含了好的意义，它给你的负面影响也就没那么大了。

最后，我还是要强调一下，我给你提供了很多具体的方法，但这并不是要我们去套路同事，或者和同事搞关系、拉关系，而是我们以更成熟的方式，去接纳人性中自然流动的真情实感。因为和我们一起共事的，都是像我们自己一样，鲜活的、不完美的人。所以，秉持尊重、信任和支持性互动的原则，我们就能够一起打造一个更有活力也更积极的职场环境，这才是对我们来说最重要的。

今日行动

在职场中，高质量连接不仅能让工作效率变高，还会让同事之间相处起来更加放松，发挥彼此最大的能量。所以，这次的行动就是建立"高质量连接"，行动分为三步。

第一步，回想一下，你在最近一个月里，在和同事沟通的时候，有没有做过影响甚至破坏连接感的行为？

第二步，总结一下，在那次沟通中你没能做到的，是"尊重、信任和支持性互动"中的哪一点？

第三步，做好反思后，你可以试着用今天的任何一个方法，主动发起一次与同事的高质量连接。这个连接可以很简短，只要能达到尊重、信任和支持性互动就行。

他人也很重要

我想带着你用一种更本质的视角，来重新认识关系。

我的一位老师克里斯托弗·彼得森，也是积极心理学的创始元老之一，曾经给我们讲过，有一次，他在积极心理学的讲座上被人追问："教授，如果用一句话总结的话，你觉得积极心理学到底是什么？"

彼得森想了想，然后说："Other people matter."意思就是"他人很重要"。也就是在彼得森看来，积极心理学对人最大的启示就是，关系对人的重要性。他的这句话，点明了一个真相，那就是：人生来就渴望与他人建立连接。这里的他人，可以是我们的父母、伴侣、朋友，也可以是那些只有一面之缘，甚至素不相识的陌生人。

你可能也经历过这种奇妙的感觉。比如，和好朋友久别重逢，你们开心地一聊就是一个下午；公司的项目有了进展，你和同事一起鼓掌、拥抱，大声欢笑；休息日的公园里，你看到婴儿车里的小 baby 对你露出灿烂的笑容，你也会回以一笑……在那短暂的瞬间，你能体验到，你和他不再是界限分明、毫无关系的个体，而是进入了一种互相理解、彼此融合的超凡感觉。

著名心理学家芭芭拉·弗雷德里克森把这种不可意会的瞬间称作积极共鸣。而我们在积极共鸣的过程中体验到的奇妙感觉，其实就是爱。人与人之间的连接，本质上就是爱的连接。我们在关注对方、爱对方的过程中，充分体会到活着的意义，感受到作为人类的价值。这就是我要在关系的最后一篇里，和你聊聊积极共鸣的根本原因。

什么是积极共鸣

所谓积极共鸣，指的是一种发生在两个人或者两人以上群体中的瞬间情感连接。这个过程，就好像照镜子一样，本来照镜子的时候，我们只能看到自己，但是在积极共鸣的那个瞬间，你们在镜子中，看到了彼此，你的眼中有他的表情和动作，他的眼中，也有你的神态和肢体语言。

我们办公室的一个同事小陈，知道我在研究共鸣体验时，就兴奋地说起了自己和闺密的一次积极共鸣体验。她说当时和闺密一起去吃饭，两个人先是不约而同地走到了靠窗的位置坐下，后来服务员问她们要喝什么饮料的时候，她们又异口同声地说："橙汁。"最后两个人就看着对方，心领神会地笑了起来。在她们相视一笑的那个瞬间，积极共鸣就产生了，她们不再只是自己。

这个过程看似简单，但其实里面包含了积极共鸣得以产生的三个必备条件。

第一，积极情绪共享，就是你和别人之间产生了共同的积极情绪。就像小陈和她闺密，同时产生了愉快的情绪。

第二，行为反应同步。意思是两个人之间建立起了实质性的感官连接，身体和大脑出现了同步的生理反应，动作也发生了呼应。

这里的关键在于，两个人之间需要有实质性的感官连接，像是眼神交流、身体接触、对话交谈等。小陈和闺密相互看着对方，就是这种眼神的交流，让她们感受并且共享了愉快的情绪，进一步产生了同步的生理反应。

如果缺乏感官连接，即使具备同样的积极情绪，也未必能产生积极共鸣。最典型的例子就是，在电影院里，虽然你和其他几十位观众都在看同一部喜剧片，随着情节的发展你们同时笑了出来，但你和他们的情绪反应是平行的，你们都忙着感受自己的情绪。但如果这时候，你激动地握着邻座的人的手，你们互相看着对方大笑，那么你们的反应就开始交叉共鸣了。

积极共鸣产生的第三个条件是：彼此互相关注，指两个人并非被动地参与其中，而是都抱着关心和理解对方的冲动，关注对方的一举一动。

在刚才的例子里，小陈和她闺密其实都无意识地做到了这点。她们互相抬头确认对方的反应，好奇对方此时的情绪，甚至想要迫不及待向对方交流自己此时的心情。

所以，积极共鸣发生的时刻，包含了情绪、行动和思想三个层面的镜像反应，我们在这个过程中，越来越能够体会到对方的感受，连接也越来越紧密。

想象一下，假如你现在不是在手机里面，插着耳机听我讲课，而是我们能有机会坐在附近的咖啡馆里，面对面地进行交谈，你能通过我的眼神和手势，了解到我对心理学的热爱，我也能够通过你的表情和姿态，了解到你的专注和投入，并且能更好地知道你哪些地方有疑问，从而跟你更好地沟通和互动。我们两个人就能在交谈过程中，不断进行情绪共享和行为反应同步，从而创造一个个积极共鸣的时刻。

为什么需要积极共鸣

那么，为什么要在关系中学会创造更多的积极共鸣呢？

首先，积极共鸣是一个非常好的触发爱与连接的机会，能满足我们对连接感的基本心理需求。

由于商业社会的发展，我们不断强化自己的独特性，让自己看上去更权威、更强大，我们确实比以前更有能力，去和世界斗争、抗衡了，但因为丧失了与他人的连接，我们变得越来越孤独，越来越焦虑。其实，在看上去沉稳、能干的外表之下，每个人都有脆弱的一面。而积极共鸣，让我们能够揭下表面的伪装，在内心与他人紧紧相连。

而且，科学研究表明，积极共鸣能够提升催产素水平，在催产素的影响下，人会变得更平和，与他人相处时会更加和睦、友善，也更加包容。这就意味着，你跟别人进行情感连接的能力也在积极共鸣的过程中得到提升。

其次，积极共鸣的时刻能增强我们的幸福感。

美国行为科学家尼古拉斯·艾普力（Nicholas Epley）曾经做过一个著名的"芝加哥地铁"实验。他们把乘地铁上班的志愿者们随机分成三组：第一组必须和身边的人交谈，第二组只能自己一个人待着，第三组可以自由选择交谈还是不交谈。

实验开始前，有84%的志愿者都觉得自己一个人独处肯定更舒服，但实验结果恰恰相反。那些被要求和其他乘客交流的志愿者，因为产生了更多的积极共鸣体验，所以上班通勤时最愉快；而那些独处的志愿者，幸福感最低。研究者们在芝加哥的公交系统上又重复了这个实验，依然得到了同样的结果。

最后，创造更多积极共鸣的时刻能够让我们更有心理韧性。

心理韧性，又叫心理弹性，或者心理复原力、心理抗挫力，它能够帮助我们更好地适应外界的挫折和挑战。就像关系中的积极回应能够给我们的"情感账户"存进更多的钱，帮助我们抵御关系中的冲突和风险一样，每个细小温暖的积极共鸣时刻储存起来，也能够成为帮助我们应对挫折的积极力量。积极共鸣所产生的深刻连接，也让我们相信，无论自己遭遇什么样的困境，身后永远有人和我们一起战斗。

如何创造积极共鸣

那么，如何在互动中创造更多的积极共鸣呢？其实在之前的内容里，我们已经提到一些方法了。比如，在亲密关系中提到的主动建设型回应，以及在职场关系中提到的高质量连接，这些方法在运用的过程中，都能满足积极情绪共享、行为反应同步和互相关注这三个条件。

除了这些沟通方法，接下来我再提供两种平常就能做的练习，帮助你提升爱的能力。

第一个方法，叫作"积极共鸣回想"练习。这个练习和我在第一模块里提到的三件好事有点类似，但它是注重在人际互动方面。前面提到的弗雷德里克森教授在研究中发现，光是记录和回想本身，就能够让人感受到更多爱的连接。

你可以尝试在每晚临睡前，花三分钟时间想想，你今天在和别人互动的时候，感受到的连接感和积极共鸣时刻。当时你说了什么？对方又说了什么？你们的表情是什么样的，情绪又如何？

通过每天晚上的回想，你不仅能够再次享受到积极共鸣时刻给你带来的温暖，更能促使你更用心地对待每一次与他人互动交流的机会。虽然我们无法控制日常生活中的不确定感和挫败感，但我们仍能努力建立更多的情感连接。

如果说积极共鸣回想练习，能够让我们学会"爱自己"，那么接下来我要讲的方法，则是帮助你延伸内心深处爱的边界，学会去爱别人。

英国作家托马斯·特拉赫恩曾经说过："狭义的爱可怜可悲，博爱光芒万丈。"主动地把善意和温暖传递给你认识的所有人，再扩展到不认识的人，能够帮助你更深刻地体会到积极共鸣的固有价值。

这个方法叫作"爱的祝福"，它来源于"慈爱冥想"，着重于发展对他人的善意、善良和温暖。

具体怎么做呢？首先，你可以找一个安静的地方，选择一个你最舒服的坐姿。眼睛微闭，先做三次深呼吸，帮助自己慢慢地放松下来。

接着，请你开始想象某个群体，可以是和你一样忙碌的上班族，虽然你看不到每个具体的人，但你知道他们和你一样，就在那里，每天劳碌奔波，却也渴望着爱与幸福。一想到这些，你就感觉自己和他们的情感连接越来越紧密。

然后，带着和这些人的连接，请你重复默念下面的四个古老的句子，随着每一次缓慢的呼吸，默念每一个愿望，发自内心地为他祝福。

"愿他们感到安全。愿他们感到幸福。愿他们身心健康。愿他们生活惬意。"

接着，你还可以把慈爱的对象慢慢扩大，扩大到这个世界上的所有人，把你的善念播撒出去。

"愿所有人感到安全。愿所有人感到幸福。愿所有人身心健康。愿所有人生活惬意。"

积极共鸣的本质其实就是爱，做这样的练习，并不是空洞的祝愿，给予别人祝福，也并不意味着你真的能够改变谁的人生，但它会让你的内心变得更加柔软。每天早上做完这个练习，开启新的一天，你的内心会萌生出一种力量，你会相信，这一天中你遇见的每一个人，他们都收到了你的祝福。

主动创造一次积极共鸣。

再和你复习一遍积极共鸣的三个条件：积极情绪共享、行为反应同步，以及互相关注。

留意和你接触过的每一个人，也许是你的家人、伴侣、同事，也许只是公司的保洁阿姨，或者快递小哥等。试试看吧，一次简短的面对面交谈、一个微笑、一个眼神，都有可能成为充满爱的时刻。

愿你活在当下，全心去爱。

Q&A

我们了解到了很多原生家庭带给我们的创伤，但是原生家庭并不是完美的，每个人多少都会对原生家庭有不满，那么我想知道的是，什么样的原生家庭能够真正成为爱的港湾呢？我和另一半需要为了孩子做哪些准备？

其实并没有一个幸福家庭的模版，大文豪托尔斯泰曾说："幸福的家庭都是相似的，不幸的家庭却各有各的不幸。"但我想强调的是，幸福的家庭并没有一个统一的模版。不过，他们都拥有一个共同点，那就是父母总能给予孩子无条件的爱。爱孩子，不是因为他取得了多好的成绩，有多听话，而是爱他的存在本身。这个观点其实我们在第一模块当中反复提到过。

之所以现在再强调，是因为，我发现很多父母把它当成唯一的、必须达到的标准，如果无法做到，就意味着自己是失败的，他们就很焦虑。

其实，就算是"无条件的爱"，也没有哪个父母是能够完美无缺地做到的。我们能够做到的，是"相对"的无条件的爱。比如，和上一代相比、和周围让孩子受到伤害的家庭相比，我们养育孩子的方式能够有所进步，这就行了。

天下并没有完美的父母。在养育孩子的道路上，只要能坦诚面对自己的处境，并且不断向"美好家庭"的目标努力，就够了。孩子们更关心的是能给他们安全和信任的父母，而不是一个完美的人。

那么，这个问题的第二部分是要营造这样一个美好的原生家庭，为了孩子，我和另一半需要做哪些准备？

这个问题隐隐地反映了一个普遍的误区，特别是在中国，很多成年人结婚之后，紧接着自然就开始考虑生孩子，他们默认，亲子关系才是家庭中最重要的关系。可实际上，构成一个家庭的各种关系中，最重要的是夫妻关系，而不是亲子关系。由夫妻双方组成的新的家庭，是社会中的经济与情感的最小单位，需要满足的功能首先是经济与情感的独立。也就是说，夫妻既需要从经济上彼此能够照顾对方的生活，还需要能够给彼此提供情感陪伴和支持，从经济上和情感上都不再依赖于各自的原生家庭，达到真正的独立。在这个前提下，双方才能很好地履行养育孩子、照顾老人的功能。

总结一下，要说具体的准备，那可能是一张永远列不完的清单。你只要记住，夫妻之间良好的亲密关系，就是一个家庭健康稳定的基础和前提。

父母也有自己的生活，但是他们理解不透这一层，很想知道怎么帮助他们理解呢？课题分离需要父母与子女共同完成，如何让父母也能理解这个理念呢？

中国式的父母很多都以子女甚至是孙辈的生活为中心，缺乏自我意识。另外，学会放手，是父母在人生中需要面对的众多课题之一，从小到大，孩子离开家读幼儿园、上大学、去另一座城市读书或工作……为人父母都会有一种空落落的感觉，即使子女们已经成立了新的家庭，父母也很可能放不开手，也放不下心。

所以，要改变父母的想法和观念其实非常难，如果处理得不好，很容易发生争吵、冷战，甚至伤害原有的关系。如果你希望父母能够拥有自己的生活，我建议你力所能及地给他们提供一些通向更宽广生活方式的机会。你可以从父母的兴趣爱好入手，帮他们拓展生活的圈子。你可以问问父母有什么一直想去做但没有机会去完成的事，比如，学跳舞、学英语或者是去哪里旅游等，帮他们找到年龄相仿、志同道合的朋友，从拓展父母的爱好圈、社交圈开始，帮助他们发现自己想做的事，开始拥有自己的生活。

你可以主动和父母说说自己工作和生活上的事，展现自己作为一个成年人的处世能力。和父母多聊聊自己的想法，让他们看看你是如何解决生活中的问题的。通过展示自己的能力，也能让他们少操点心。

老师，我也渴望恋爱，但是感觉现实中的恋爱并没有影视剧中的那般美好，如今我更喜欢在影视剧中寻找恋爱的感觉，不愿意去谈真实的恋爱，这样正常吗？

这种心理的确需要引起注意。它意味着，你可能陷入了"虚构"爱情的"超常刺激"中。

所谓超常刺激，指的是那些会激发人的原始本能，但不是真正的自然的刺激，而是人造的模仿物。因为这些模仿物的特征非常鲜明、夸张，比自然事物更具有吸引力。科学家曾经在很多动物身上做过实验，比如，燕雀会抛弃自己的蛋，而跑去孵那些颜色更鲜艳、特征更明显的"假蛋"，会放着鸟嘴小的真雏鸟不管，而转头去喂嘴更大更宽也更红的假雏鸟。

人类虽然文明程度远高于动物，但依然保留着原始本能。现代社会，超常刺激现象随处可见。比如，食物。人类在进化中发展出的生存需要，让我们更喜欢高糖高盐高脂的东西。但是现代工业社会就制造出了一堆的高糖、高盐、高脂肪的垃圾食品，它们确实能够很大地满足我们的需求，但也给我们的身体造成了巨大的负担，这个就是超常刺激。

再看看影视作品里描绘的爱情，"霸道总裁爱上我""默默无闻的女主角得到了所有人的喜爱""谈场恋爱直到永远"等所谓的浪漫剧情，再配上超完美的、集齐所有你能想到的优点的异性形象……这些都是工业社会针对我们对关系的需求所设计的超常刺激。

既然影视剧中的亲密关系能够带给我们快感，那为什么还要追寻现实生活中的亲密关系呢?

被粉饰过的爱情带有过度的浪漫主义色彩,它试图凌驾于生活之上,反对一切与感觉无关的东西。可我们都知道,这种幻想一旦遭遇现实,必然会带来痛苦,比如,无法接受即使在爱情里,人也一直在成长变化,无法接受在爱里谈论柴米油盐、谈论距离、谈论相处之道,这会让人一百八十度大转弯,变得愤世嫉俗,陷入绝望。

当我们知道影视剧里对爱情的标准其实是不现实的,我们更能接受自己的生活,并且对它重新获得信心。更重要的是,人恰恰是在这些真实的看似不那么完美的互动中,获得更深层次的情感连接。两个不完美的独立个体在一起,相互欣赏,也相互磨合,他们一起谈论金钱、地位、距离、生活方式等,为了舒适的生活和和睦的家庭而努力。长远来看,我们能够从这样的关系中收获更丰富的意义感,得到实实在在的成长。

所以,摆脱超常刺激的控制,回到现实中来。如果你还没有做好回归的心理准备,不用急着去谈恋爱,可以先从多和其他人接触,扩大自己日常的人际交往开始。

我觉得目前单身挺好的,有更多的时间进行自我提升。在爱方面,虽然渴望但不会刻意去追求,这个状态是正常的吗?我们一定要通过建立亲密关系的方式去达到所谓的"终极价值"吗?

"渴望爱,但不会刻意追寻亲密关系",这个描述某种程度上体现了你的生活哲学观,它涉及你自己的人生选择,所以并不存在"正常或者不正常"的问题。正不正常,在于是否符合你自己的需求。虽然我们都生活在众人之中,但没有谁规定我们必须像众人一样活着。当然,非要进一步问的话,我希望你能先问问自己，你所说的"自我提升"具体指的是什么？是不是里面就不包含任何亲密关系的部分？

另外，就关系本身来说，亲密关系并不是获得终极价值的唯一途径。职场关系、原生家庭甚至陌生人，都可以实现终极价值。比如，你和同事之间，你们一起为了某个项目彻夜奋斗；或者你和朋友彼此交心、彻夜长谈；再或者，你去参加志愿者服务，和一群志同道合的人产生积极共鸣，等等。关键在于关系的质量和深度，而不在于哪种类型。你看，这里也涉及一个个人选择的问题。在我看来，最重要的还是用成长型的态度，去体验关系中的互动，享受自我边界不断地被拓展和延伸的过程。当然，两个人之间被定义为爱情的、有性关系的亲密关系是非常美好的，不用压抑自己的渴望，如果有想尝试的瞬间，我也非常鼓励你在明确自己的需求和底线的前提下勇敢走入爱。

老师，您提到了"心理理论"的概念，它是类似"三观"的东西吗？如果心理理论有很大的差异，该怎么妥协和调和？所有心理理论都能协商解决吗？有什么心理理论是无法调和的呢？

我的回答是不是的，心理理论并不是我们经常说的"三观"，用通俗的话来讲，它是我们根据过往的经验，对自己或别人行为的推测或解读。在这些对行为的解读中，包括好的，也包括不好的。

就比如说，某一天晚上丈夫给妻子送了一大捧玫瑰花，对于这件事，妻子可能有不同的心理理论：第一种是，"送玫瑰花肯定是发生了好事"；第二种是，"送玫瑰花，一定是做了什么亏心事"。

这时，如果丈夫的心理理论确实是发生了好事，想庆祝一下，而妻子却抱着第二种心理理论，结果双方在同一件事上产生了不一致，如果互相都不清楚对方的心理理论是什么，就很可能造成误解。

所以，了解对方的心理理论，目的是去了解对方真正的行为意图是什么。理解多了，误会少了，关系也就更融洽了。从这个角度来说，在关系中，对于同一件事，双方持有不同的心理理论，这是没有问题的。毕竟心理理论的形成和各自的生长环境，以及从小到大的经历有关。

我们在亲密关系中，追寻的并不是心理理论的调和统一，而是亲密关系的健康发展。所以，对于心理理论，重要的不是妥协、调和，而是让它"公开化"。

刚出校园不久，步入职场后发现大家都是工作上的关系，很难发展为朋友关系，周围的人也都告诉我说不要跟同事做朋友。这让我很困惑，我喜欢交朋友，不知道怎么跟同事保持适当的距离。

这是一个进入职场后大家都会遇到的问题：能不能和同事交朋友？

我想先问问你：你认为"朋友关系"应该是什么样的？

虽然都叫作"朋友关系"，但不同的朋友之间也有远近之分。我们每个人都可以尝试着给自己的人际关系画圈，以自己为中心，向外扩散出一个个环，有二环、三环，甚至更远。有的可能离你很近，就在二环；有的却离你很远，在五环之外。

你很喜欢交朋友，希望和同事建立更多的人际连接，这当然是好的。问题在于，你想和同事建立怎样的朋友关系呢？是二环、三环，还是五环？你有没有想过，什么样的人可以进入二环内，成为你的知心好友？具体的评判标准每个人都不一样，比如，双方是否有共同的兴趣爱好，共同的人生观、价值观？双方的成长经历是否相似？……这些问题很难向外求得答案，别人的看法或者建议只能作为参考，主要还是取决于你自己。

　　再回过头来看，职场的同事之间又因为存在潜在的利益纠缠，甚至是竞争关系，所以也给建立朋友关系造成了一定的难度。双方的利益冲突越多，发展朋友关系越难，这是无可厚非的事实。不过，就像我说的那样，把握三个核心要素——尊重、信任、支持性互动，你依然可以和同事建立高质量连接，不必太过纠结。

掌握科学的
行动方法

*Master
scientific
methodology
in action*

价值观驱动你改变

现在，我要和你更具体地聊一聊"改变"，如何在这个世界展开更自主的行动，掌握更科学的行动方法。

在了解具体怎么做之前，明确"为什么"往往更加重要。所以在第三章里，我首先会谈到价值观和个人能力性格当中的优势，因为这两样东西是促使一个人做出具体行动、做出人生选择的核心推动力。接着我会谈几个重要的行动法则，帮助你有条不紊地开启行动，并坚持下去。最后，我会谈谈如何应对行动中遇到的情绪和心态问题，帮助你跨越改变的障碍。

我们最先聊一聊价值观。

价值观测试

以下语句描述了你对于一些事情的看法和感受，请你根据自己的实际情况进行选择。

A. 非常不符合　B. 有些不符合　C. 不确定　D. 有些符合　E. 非常符合

1.　对于你要做的事情，你喜欢自己做决定。

2. 你喜欢按照自己的方式做事。

3. 你认为人们生而平等，都应该被平等地对待。

4. 你关爱自然，注重环境保护。

5. 你乐于助人。

6. 你希望周围的人都能获得幸福。

7. 你喜欢尝试新鲜事物。

8. 你不喜欢波澜不惊的生活。

9. 你认为保持传统是一种美好的品质。

10. 你认为遵守来自家族或者文化中的传统习俗十分重要。

11. 在没有人监督的情况下，你也会遵守规则。

12. 你会尽力避免做一些他人眼中的错事。

13. 你很注重周边环境的安全。

14. 你会尽力避免让自己处于危险的境地。

15. 你渴望富有。

16. 你希望拥有很多昂贵的物品，过奢侈的生活。

计算各题得分：A=1，B=2，C=3，D=4，E=5，无反向计分。

计算各维度总分：

成长型价值观：1 至 8 题得分相加。

保护型价值观：9 至 16 题得分相加。

成长型价值观 − 保护型价值观 >16：你的价值观倾向于成长型

整体来看，你的价值观是开放的，向往成长的。在工作和生活中，你更重视那些有助于自我丰富、自我拓展的事物。

你重视自主，希望获得思想和行为上的独立，愿意自己做选择，为自己制定目标，不喜欢依赖他人，也不喜欢他人过度干预自己的生活。

崇尚超越，认为人生而平等，渴望公平公正，愿意尊重他人，理解他人；推崇人与自然的和谐，注重环境保护。

在人际关系上，你待人友善，会真诚地对待朋友和亲人，并且乐于帮助他人，希望周围的人都可以获得幸福，并且愿意为之努力。

你热爱探索，会有各种新奇的想法，喜欢挑战和冒险，追寻新鲜事物。喜欢充满变化和惊喜的生活，对于一成不变波澜不惊的生活会感到厌倦。

这样的成长型价值观，让你在生活中充满了不懈追求、不断成长的动力，这样自主的成长过程，也给你带来了许多的快乐体验。希望你可以一直秉持成长型价值观，让自己百尺竿头，更进一步，遇见更了不起的自己。

保护型价值观 – 成长型价值观 >16：你的价值观倾向于保护型

整体来看，你的价值观有一些封闭，相对比较被动。在工作和生活中，你更重视那些帮助你逃避痛苦的事物，处于一种自我防御的状态。

你尊崇传统，对谦卑、节制等传统理念表示赞同，遵守传统文化习俗和理念，并且在行动上会自发地遵守规则。

重视服从，会给人礼貌、懂事的感觉，十分在意自己的行为举止是否符合社会期望，不会做他人眼中认为错误的事情。

你注重安全，渴望获得一种安全感，通过掌握周围的安全信息来确认自我的安全，同时也期待关系的稳定长久，渴望社会的安定和谐。

比较渴望物质，对金钱以及相应的物质渴望比较强烈，对于可以获得物质的权力也比较推崇，希望通过各种方法，来实现对资源的控制。

这样的保护型价值观让你经常处于对这些事物缺乏的担心中，让你缺乏安全感，阻碍了你追求真正的自我、追求成长的脚步。

其他情况：你的价值观介于保护型与成长型之间

整体来看，你的价值观在保护着你逃避痛苦，追求自我成长。

你会渴望物质，推崇权力；尊崇传统，遵守传统文化习俗和理念；会在意自己的行为举止是否符合社会期望，很少做他人眼中认为错误的事情，从而获得一种安全感。这也是一种自我防御的表现。

与此同时，你又渴求自主，希望获得思想和行为上的独立，内心也渴求着对新鲜事物的探索。期待着一个和谐平等、公平公正的美好世界。

你的保护型价值观与成长型价值观处于一种相互纠缠的制衡中，当天平的一端有所倾斜，可能就会打破你内心的平衡。

价值观是你对事物价值的排序

你可能想问，价值观，听起来就这么抽象、复杂，跟一个人的行动改变有什么关系呢？

当然有关系。举个例子，如果你身边有朋友想减肥，你不妨多问他几个为什么。比如：

你为什么要减肥？因为我想变好看。

你为什么想变好看？因为变好看会有更多人喜欢我。

你为什么想要这么多人的喜欢？因为这样我更可能挑到一个好伴侣。

你为什么想挑一个好伴侣？因为我害怕孤独，想要长久的陪伴。

即使看上去很简单的一个行动，连续追问几个为什么，深入思考之后，你会发现行动背后的动机是什么，动机背后所倚靠的价值观又是什么。人要做出某种自我决定的行动，必然会在内心经历某种取舍和选择，而价值观就是那个一直影响着你做出改变、做出选择的底层驱动力。

所以，通常人在面临重大选择时，最能够体现他的价值观。因为选择的背后，是他对不同的选项进行优先级的比较和排序。比如，很多人在寻找人生伴侣时，都希望自己能够做到宁缺毋滥，但你会发现在不得不面临选择的时候，有些人降低了标准，找了个还算将就的。这时候，他选择了尽快进入主流的稳定生活；有些人听从了父母安排，跟对生活期望不一致的介绍对象结婚了，这时候他选择了照顾父母的感受；还有些人不为所动，找不到就干脆把精力投入到事业中，他选择了坚持自己的择偶标准继续等待。

所以价值观，本质上就是对各种事物价值的排序，就是你认为什么东西是更有价值的。

不过，我发现，虽然每个人都有自己的价值观，但并不是每个人都清楚地了解自己的价值观。所以生活中有些人，总认为自己得不到的那些才是最重要的，他们总想跟别人比。

选择了在老家当老师、做公务员的安稳，却又羡慕在大城市打拼的朋友赚更多的钱，过更有意思的生活；选择了深耕于内容创作的人，又想跟专业做市场的比谁更擅长做销售。结果就是比来比去，永远对自己的现状不满足，也永远不知道自己该往哪个方向走。

在心理学上，有一个非常著名的方法，叫作沉船练习，能够帮助我们探索内心的价值观。想象你把你人生中所有重要的东西都带在一艘船上，这艘船忽然漏水了，你必须把某些东西给扔下去，否则这艘船会沉没，你会失去所有东西。那么，这时候你首先会扔掉什么呢？

你可能先把一些外在的东西扔掉，随后可能是工作、友谊，然后是健康、才能，最后可能连家人也要扔掉，甚至家人里面你还要选择先扔掉谁。经常有人做沉船练习的时候会痛哭流涕，因为这是用一个很极端的方法，来逼你进行价值观排序。

其实这种模拟练习，在中国历史上真实地发生过。宋代著名的女词人李清照，她的丈夫赵明诚是个有名的金石家，他收集了很多古玩、书籍。后来金兵南下，他们一家人坐船南逃，当时皇帝突然召赵明诚到外地去。

临别之际，李清照问赵明诚"如果事态紧急，这些物件该怎么办"，赵明诚就回答说"先弃辎重，次衣被"，意思是先扔掉粮食，再舍弃衣物。"次书册卷轴，次古器"，意思是接着可以扔掉的是那些书籍，再接着可以扔贵重的古器。"独所谓宗器者，可自负抱，与身俱存亡。"意思是在万不得已的情况下，这些东西都可以按顺序舍弃，但唯独家族相传的祭祀用的礼器不能丢，哪怕死了也要保护好。在这个沉船练习中，赵明诚给出了他心目中的价值观排序。

对自己的价值观有清晰认识的人，在面临人生重要选择时，不慌忙，有章法，并且真的会按照这个标准来践行。但生活中，很多人并没有认真地思考过自己的价值观排序，所以总是随机地做出决定，又随意地改变。只有对自己的价值观有清楚的认知，我们才能做好当下的每个决策。

价值观的形成离不开情感

那么，对一个人来说，价值观的形成，受什么影响最深呢?

我们经常会听到这么一句话:"要教孩子树立正确的价值观。"好像价值观是理性而外显的、是靠教育传授就可以树立的东西。但其实我在前面就讲过，人的决策往往受情感的影响。

你可能也遇到过很多这种情况，当你面临一个困难或者选择，向别人求助时，别人再怎么设身处地地给我们想对策、指明路，我们都会觉得:"你虽然说得挺有道理的，但你不是我，解决不了我的问题。"这个世界上有无数种价值观，当你在情感上认定了某一种后，你的大脑会无意识地启动理性思维来寻找理论和依据，别人的情感和你不一样，因此他们的理论和依据经常会被你所排斥。

就说赵明诚的情况，原本按照当时动荡的时局来看，衣被辎重才是最值钱的，可赵明诚最先舍弃的就是这些东西。而祭祀用的礼器，也许很多人会觉得，老祖宗的坟墓尚且保不住，带着这些礼器走又有什么意义呢。但是在赵明诚眼里，人可以饿死，但要死得有尊严，所以衣服比食物更重要。广泛的知识文化传承比个体生命更重要，所以与书籍和古器相比，食物和衣服可以先扔。然而知识和文化也许还能在别处找到，但赵家薪火相传的使命和家族精神，只有自己家人能守护，这比一切更重要，所以把祭祀的礼器留到最后，与之共存亡。

价值观的形成不是依靠简单的理性计算，它还包含了一个巨大的情感内核。越是那些对你来说重要的人生选择，越是依靠情感起作用。这里所说的情感内核，往往和你过去反复经历的、深入你内心的情感记忆有关。

我有个小我很多届的学妹，她对朋友格外用心。朋友生病了，就算半夜打电话给她，她也会毫不犹豫打车过去照顾；朋友家装修房子，缺个看管的人，她会放弃休息时间帮忙操持，丝毫不嫌麻烦。有时候我都觉得她为朋友们付出太多，但她做的一切并不会给人留下故意讨好的感觉，反而十分真诚。

她经常挂在嘴边的一句话是：做人最重要的是讲义气。开始我很好奇，看上去斯斯文文的女孩子，怎么说起话来跟江湖人士一样。我好奇地问过她，学妹笑着说她喜欢金庸的《笑傲江湖》，不但看了书，还把所有版本的电视剧看了，最喜欢的人物是令狐冲，大概是受这个影响比较深吧。

可是在我看来，受过的教育、接触过的信息输入往往只能起到点拨的作用，如果能对人的价值观产生深远影响，那么它往往跟这个人内心深处的情感记忆高度契合。

后来我了解到，这个学妹在小时候经历了一段很艰难的时期。父母长年累月吵架，最终在她初一的时候离婚，她跟了父亲。不久后，父母各自又成立了新家庭，没过两年继母也怀了孩子。在新的家庭里，虽然衣食无忧，但她发现自己越来越像个外人，只不过是父亲和母亲出于义务接济的一个对象，任何与物质无关的需求，都无法再跟父母开口。

在她还不能适应的那几年里，是各种朋友给了她情感支持，有来自同一个小区里的朋友，有同学里发展出来的朋友，还有通过朋友认识的朋友。在她需要倾诉、陪伴、支持的时候，父母总是缺席，但朋友们总是在场。只有友谊，既不需要独占又可以长久。

所以，与其说把友谊放在第一位的价值观，是她从令狐冲身上学的，不如说是她这样的情感记忆，让她选择了去欣赏令狐冲，选择了去认可"讲义气最重要"。

成长型价值观更值得追求

由于每个人情感体验的来源都非常丰富，所以一个人可能同时拥有多种不同的价值观，这些价值观之间常常容易发生冲突。

比如，经历过重大事件后，人的价值观就会发生一次冲突，甚至引发转变。就拿这次疫情来说，我有一个朋友——来自湖北的小王在聊天时跟我说，她第一次这么直接地感受到生命的脆弱，原本为了追求更好的发展机会，一直非常坚定地要留在北京闯荡，但是现在她动摇了。如果能离家近点，真的遇到危险时，至少还能跟家人在一起。

不同的价值观在心里不断打架，是人在发展的过程中必然会经历的事情。因为冲突本质上是人的资源有限的一个现实反映，当人的时间有限、金钱有限、条件有限时，我们需要通过整合、排序，尽可能地让更多资源投入对你来说最重要的事情中。当然，我想强调的是，这个"最重要"的评判标准是因人而异的，不过如果你暂时无法更清晰地对价值观进行整合，我这里提供一个从长远来看更有利于个人发展的方向。

以色列心理学家施瓦茨（Schwartz）提出了一套价值观体系，他把价值观分成了两大类：成长型价值观和保护型价值观。

成长型价值观是指那些能帮助丰富和拓展自我的价值观，是开放的、鼓励生长的，比如，友善、超越、自主、探索。而保护型价值观是指那些帮助自我防御和避免伤害的价值观，是封闭的、被动的，比如，物质、安全、传统、服从。

保护型价值观，是在成长过程中越缺少，越看重，比如，小时候缺少安全、物质的人，长大后会更看重安全、物质；但成长型价值观，则是越满足，越看重，比如，小时候得到了充分的自主、探索的机会，长大后就更加喜欢自主和探索。

物质和金钱导向的价值观，是典型的保护型价值观。缺钱当然很痛苦，一定要有钱才觉得放心。但达到一个"拐点"之后，钱就对提升个人幸福感没有显著效果了，继续追求钱也不会让你感到多开心。如果是成长型，比如，自主导向的价值观，当你真的靠自己做到一次，体验到那种自主带来的生命力，你会越来越喜欢，越追求越心满意足。

根据施瓦茨曾经做过的研究，从长远来看，成长型价值观和人的幸福、健康、人际成就等呈正相关，而自我保护型则呈现负相关。

因此，我鼓励你在整合自己价值观的过程中，尽可能地从保护型向成长型发展。

在整合的过程中，最重要的有两点：情感积累和意义整合。

第一点，做好情感积累，是说更多地积累正面情绪。

每当你做出一个选择的时候，你需要意识到，这其实就是一次你的价值观的体现。请你问一问自己：这次获胜的是一个保护型价值观，还是成长型价值观？这后面驱动的情绪，是逃避负面，还是拥抱正面？

在不安全的时候，人更可能会被外界的刺激引发出负面情绪，从而无意识地选择了保护型价值观。而在安全的时候，人更可能引发出正面情绪，从而感到我不必担心危险，可以自由地发展自我。因此，如果你一再选择保护型价值观，也许需要审视一下自己的内心，是什么让你缺少了安全感？

知识、教育等都只能起到点拨的作用，价值观的整合、发展，本质上还是看你的情感根基发展得如何。你可能看了一本书后忽然醒悟，从此改变了价值观的取向，但那往往不只是知识的力量，也是平时情感已经积累到了那个地步，这本书正好在这个时候充当了催化剂。所以，情感依靠平常的养成，在日常生活中，激发更多正面情绪，培养安全感，就是我们能够做的事情。

第二点，是意义整合。向成长型价值观发展，并不是说生硬地切断或否认你曾经拥有的保护型价值观，而是一个整合的过程。

首先，充分理解你是如何秉持着保护型价值观努力生存在这个世界上的。其次，将你曾经因为这样的价值观所得到和失去的，都在心里安放好位置。最后，经过得失整理，会腾出一定的内心空间，你变得可以开始一点点尝试成长型价值观导向的行动。当成长型价值观带来的情感体验和收获越来越多，保护型价值观自然会渐渐降低它的影响力，不再占满你的内心。

人就像一棵树，成长型价值观让我们往上生长，保护型价值观让我们往下扎根。往下扎根当然也很重要，没有根，树就无法存活。但是归根到底，一棵树生长在世上，是为了往上生长，开花结果，而不是为了无限地向下，从土壤里吸水。我希望你能够往上成长，探索你的无限可能，在世界上留下你的人生痕迹，而不仅仅是活着保护自己。

进行价值观观察的实践。

第一步，想一个你曾经或是目前面临的重大抉择，比如，是选择回家工作还是在大城市打拼？是选择薪酬满意但是缺乏激情的工作，还是追求自己真正想做的事，重新开启一段未知的旅程？是选择尽快结婚生子的安稳生活，还是继续追求理想，继续漂泊？……

第二步，想一想你在做选择时主要考虑到哪些因素？根据你的内心判断对它们进行排序。

第三步，在最终的排序中，更靠前的是激发你正向情绪的成长型价值观，还是为了逃避失去的恐惧而形成的自我保护型价值观？它让你得到了什么，失去了什么？你希望做出哪些调整和改变？

发挥优势比弥补劣势更重要

　　如果说认清价值观，能够帮助你确定行动的终极目标，那么发挥优势，就是奔向目标的阻力最小的路。

　　品格优势是积极心理学最核心的概念之一，积极心理学的两位创始元老塞利格曼和彼得森通过对古今中外世界文化体系的调查，把人类普遍存在的积极品质归纳为 24 种，分别归入智慧、勇气、正义、人道、节制、超越这六大类之下，统称为品格优势。我们每个人都拥有这 24 种积极的品质，区别只是有些比较强，有些比较弱。

　　很多人会和我说："没想到自己还有这么多的优点。然后对照着排名最高的几个优势仔细想想，好像确实自己生活中有很多瞬间，多少都体现了这些优势。"

　　我平时很喜欢写小说，或者在吉他上写点歌什么的，也没有拿出去发表，就是单纯写着玩。后来，我发现这其实就是我"创造力"优势的体现。虽然以前隐隐约约有感觉，但突然有种被正名的感觉，就特别开心。

　　这也让我意识到，在现实生活中，其实大部分人都没有系统性地思考过自己的优势，反而更习惯于关注自己缺什么。"现代管理学之父"彼得·德鲁克就曾经说过，"多数人都以为自己擅长什么。其实不然，更多情况是，人们只知道自己不擅长什么"。

　　我们花了很多时间和精力去查缺补漏，可是所谓的补足短板，往往只是在消除你和别人的差异，尤其是在社会分工越来越精细的今天，劣势和不足可以通过合作来弥补。优势才是一个人本身的个性和价值所在，发挥优势，让优势最大化，才更有机会确立你的不可替代性。

那么，如何发现自己的优势呢?

如何发现你的优势

我们常常容易把优势局限在某些具体的知识技能，比如，懂英语，会画画，但这种知识型的优势通常只在特定的情境下才有用。所以我们常常苦恼，不知道该怎么在工作或其他领域发挥优势。其实，优势从来不是具体的某件事情，而是你做事的方式。英语好这项技能背后，也许是你好学的优势在发挥作用。会画画，也许背后是你的艺术鉴赏的优势。

关于优势，现在有很多不同的分类方法，也都有各自的命名方式。比如，积极心理学的品格优势测试，就和盖洛普的优势测试不同。但不管我们用什么名词体系，优势都具备同样的四个特点：第一，你会有兴奋、投入、富有激情的感觉；第二，你发现自己学得很快；第三，你会自动自发，迫不及待地想要尝试；第四，做这件事本身就让你感到满足。

为了让你更清楚地认识自己的优势，我介绍一个叫"周哈里窗"的工具。

什么是"周哈里窗"呢？它是心理学家鲁夫特和英格汉提出的一个看待自己的视角，根据自己知道或不知道，以及别人知道或不知道这四个要素，可以把优势分为四个区，就像一扇窗户被分割的不同部分一样。

第一类优势，是你自己知道，别人也知道的，这是在开放区。这些优势，你在平时生活中已经有所觉察，你也听到别人对此有过称赞。

第二类优势，是你自己知道，但别人不知道的，位于隐藏区。这些优势你虽然有，但没有把它们好好发挥出来，所以还没有被别人发现。

第三类优势，是你自己不知道，但别人知道的"盲区"。如果有件事情，别人都认为你能做到，就你觉得自己不行，那就有可能是位于盲区的优势。

最后一类优势，是你自己不知道，别人也不知道的，属于未知区。

那么，如何利用"周哈里窗"来发现自己的优势呢？总的来说，就是拓宽你的开放区，把盲区、隐藏区和未知区的优势，都转换为开放区，之后再多加运用，让它们变成你的核心竞争力。

其中，开放区和隐藏区的优势，都是我们自己知道的。你可以通过系统的测评，或者自我观察等方式来梳理。

尤其是对于隐藏区。之所以有很多人会把优势隐藏起来，往往是因为他们欠缺能力感，不够自信。想到一个优势后，又觉得这方面比我做得好的人多了去了，就直接推翻了自己的结论。对于这种情况，先别急着自我否定，可以通过多种途径来验证自己的判断，比如，测评、寻求他人的反馈，等等。

而识别位于盲区的优势，最快的方式就是从他人口中得到反馈。前两年，我在给学生讲"优势"这个话题时，曾经布置了一个作业，让他们当天以作业的名义发一条征集优势评价的朋友圈，请他们的朋友分别说三个他们眼里自己的优点。后来学生的反馈非常好，原来很多不经意间表现出来的优势，别人反倒比自己更清楚；还有一些自己隐隐约约觉得是优势的地方得到了证明，特别兴奋。所以，你不妨借着和朋友、同事聊天的机会，也问问你在他们眼中有哪些优势，也许能够发现惊喜。

最后，处于未知区的优势，你和别人都不知道，所以最重要的是去探索。你还可以通过多增加一些新的体验，比如，去一些之前没有去过的地方，做一些没有做过的活动，或者学习一些新的知识，等等。方法很多，关键在于要保持开放的心态，持续探索，迎接各种挑战。

除了"周哈里窗"的优势发现工具，我再推荐一个积极心理学常用的方法，叫作"积极自我介绍"，主要是通过讲故事的形式，帮你来发现优势。

它有两步，第一步，介绍自己的"最佳时刻"，这个最佳时刻，可以是你所取得的成就，比如，通过了一场考试、攻克了艰难的项目；也可以是你展现的某项积极品质，比如，你帮助了别人，在压力之下坚持不懈地努力，面对诱惑坚守原则，等等。

第二步，挖掘"最佳时刻"背后的优势。讲完故事后，说说这里面体现了你的哪些优势。也可以让你的听众说说他们察觉到的优势。

比如，在一次积极心理学的工作坊中，学员小李就向大家做了一次积极自我介绍。小李原本在老家的一家事业单位工作。后来因为丈夫有了一个更好的发展机会，想带着她和孩子一块儿搬去大城市。丈夫问她想法的时候，她非常纠结。尽管迈出这一步意味着丈夫有机会实现梦想，孩子有更好的教育机会，她也拥有更多可能性，但她非常害怕这种突如其来的不安定。小李说，下定决心后，支撑着她对抗这种不确定的是自己的"坚毅"这个品格优势。搬家、转行、适应新的交际圈等，每件事都很难，可自己愣是和丈夫一起坚持了下来。

听了小李的故事，大家都很佩服，我还在课堂上对小李说："其实不只是坚毅的优势，你对丈夫的支持，还体现了你爱的优势。"小李下课后特地过来找我："赵老师，没想到我还拥有爱的优势，现在想想，它和我坚毅的优势是分不开的。"

积极自我介绍，不仅能帮助你从优势的角度重新审视一遍自己的过往经历，还会让你重新回味自己最有成就感的时刻。与此同时，你又多了一个获取反馈的渠道。所以，它既帮助你加深了对开放区优势的了解，又能帮助你把优势从盲区转换为开放区，我推荐你也试一试，你的积极自我介绍故事是什么？它体现了你什么样的优势？

如何发挥你的优势

发现优势后，我们需要做的就是用，不是被动地发挥，而是主动、有意识地使用。一方面，有意识地发挥优势的过程中，优势可以不断被强化；另一方面，条条大路通罗马，解决问题的方法有很多，如果能把优势作为跳板，反而会更享受解决问题的过程。主动地去使用优势，不是说你要换一条跑道，而是说在现有的状态下，采取主动的策略。

我在国外的时候，曾看到过这样一个故事。本特利是一个普通的职员，他的日常工作就是对当地的警察局进行民事监管。每天大概就是采访一下社区居民，审核各类报告。但一到晚上他就会脱下制服改头换面，在一家喜剧社里表演单人喜剧。原本只是一时兴起和朋友一起弄着玩，但在这个过程中，他慢慢找到了自己的优势：幽默感，以及快速的反应能力。

本特利也喜欢白天的工作，但重复的工作内容让他有些倦怠。可他发现自己的优势也能在工作中得到发挥，这样的倦怠感再也没有了。他举了一个例子，当时内部有一个讲解培训的差事，本特利主动请缨，因为他觉得这是一个发挥优势的好机会：我有上台的经验，而幽默又是我的优势，我既可以有意识地讲给大家听，也能提升培训效果，为什么不试试呢。

所以当他意识到"我在任何时候都可以发挥幽默这个优势"的时候，那些工作中的倦怠感也就不复存在了，取而代之的是积极的情绪和收获感。

我们都可以想想如何把优势更充分地发挥到工作和生活中。如果暂时没有头绪，你可以从场景、途径以及人群这几个方向入手思考，比如说，你可以在哪里发挥优势？你准备用什么方式去发挥优势？你准备对哪些人发挥优势？

再给你分享一个我自己的经历，也许能为你提供一些灵感。

2013 年我刚从美国回来，我的妻子和孩子还在美国，所以我每天下班之后无事可干，大部分时间就是宅在家上网、看电视。但是这样整天坐着很不健康，而且一个人待着也会感到很孤独。

于是，我在微博上发了一个"日行一善"的帖子，有需要帮助的网友可以在我的微博下留言，我每天会抽一小时的时间提供义务帮忙。很多网友一看我是清华大学心理学系的，就会跑来向我倾诉他们生活中的各种困扰。在和他们沟通的过程中，我聊得很愉快，而他们也收获很多，因为我可以从专业的角度出发，帮他们厘清现在的状况，给他们提供积极心理学的改善方法。

我的帮忙是免费的，但还有一个附加条件，就是要求他们在接受我的帮助后的24 小时内，再去帮助另外一个人，把这份善意传递出去。惊喜的是，所有人都做到了，而且有一部分网友在帮助了一个人之后，还按捺不住地持续地继续帮助更多人，并在微博上做记录。这个"日行一善"的活动就像一个涟漪效应，我只是轻轻碰了一下水面，但是这个水波就传出去很远。

回过头来看，这件事之所以能成，就是缘于我从"场景、途径、人群"这几个维度出发思考如何发挥自己的优势。我利用网络这个虚拟空间发起了这次活动，这是新的场景。网络上素不相识的网友们是新的人群，微博互动是新的方式，我们在微博里沟通交流，我用自己的优势帮大家解决问题。

其实每一种优势，根据使用的场景、方法、使用的人群等不同，可以有非常多的使用方法，你也可以通过思考和尝试，找到更多适合自己的方式。

今日行动

我要发起的行动就是"发现你的优势盲区"，你可以以读这本书的名义来向你身边的人征集优势反馈。

第一步，你可以直接复制我下面这段文字，发到朋友圈，或者直接发给你的家人、朋友、同事，向他们征集优势反馈："亲爱的！我正在阅读《小行动，大改变》，希望你能帮助我完成这次非常重要的自我探索练习，请你回答：在你眼里，我最突出的三个优势是什么？"

第二步，把你收集到的都列出来，看看哪些优势是你知道的，哪些是你从来没有意识到的。

这个实践不仅可以帮助你梳理自己已有的优势，还可以让你发现你的潜在优势。

劣势场景下发挥优势

如何发现并发挥你的优势是一个需要花时间投入的过程。我们都希望自己能够顺利地发挥优势，但外界总是不可控的，我们常常必须面对很多让自己处于被动或者不利的情况，也就是所谓的劣势场景。

这些劣势场景，有时候是内部因素导致的，比如，擅长独自思考、收集信息的内向型的人，对着大众演讲时，有点尴尬，无法挥洒自如。有些时候则是外部因素导致的，比如，年轻、未婚的销售人员因为业务调整，得向 50 岁以上的中老年用户推销产品。

其实不单单是我们在工作或者生活中碰到的难题，生活中的点点滴滴，那些细碎的、消耗你情绪能量的事情，都可能是劣势场景。比如，结束一天工作后，回来还要面对琐碎的家务，辅导淘气的孩子写作业，等等。

面对这些情况，该怎么办呢？你可能会说，还能怎么办呢，忍着呗。然后安慰自己，扛过去，你就赢了。可下一次出现同样的情况，除了苦哈哈地撑着，依然别无选择。其实，面对变化，发挥优势依然是最佳策略。哪怕是劣势场景，你也可以通过优势来应对和化解。

创造性地发挥优势

当你遇到了劣势情境，提醒自己不要被事情本身困住了视野，告诉自己切换角度，把优势拿出来重新思考解决办法，这就是创造性发挥的开始。

来讲讲我的朋友小唐最近碰到的一个劣势场景。

小唐这些年来一直从事 HR 相关的工作，她觉得自己最大的优势是待人友善且善于共情，几年前出于兴趣，也学了些心理学方面的专业知识。前两年她跳槽到一家大型国企的人事部门，最近她碰到一件棘手的事。因为业务需要，她们公司外派了十几个技术人员前往中东，结果赶上疫情，外派员工无法回国，困在当地两个多月。中东疫情不乐观，政局也不稳定，员工们受着身心双重煎熬。所以公司安排小唐跟外派员工做一对一的沟通调节。

这个任务让小唐感到很棘手：一方面，在当时的状况下，自己很难得到外派员工的信任，他们知道公司无非是派自己来进行维稳，没有实际意义；另一方面，这些外派员工几乎全是男性，埋头搞技术，不善言辞，不喜欢谈感受。小唐知道，员工们最需要的是回国或者加薪调休等实质性的补偿，但这些都不是她能调配的，这让她感到很无力。

显然，如果小唐硬着头皮去安抚，考验耐心和脾气倒是小事，关键是并不能解决问题，帮不了那些外派员工。

怎么办呢？继续想办法创造机会，发挥自己的优势。为了找到突破口，小唐把这些员工的资料仔仔细细地看了一遍，她发现，这些员工都已经结了婚，而且其中大多数都有了孩子。小唐虽然不能对外派男员工的处境感同身受，但她自己是一名妻子，也是一位母亲，她能理解家属的心情。外派员工长期出差惦记老婆孩子，又都是搞技术的，确实在这些方面比较欠缺。所以，小唐决定从家庭、孩子的教育等她熟悉的话题入手，一边发挥自己妻子和母亲的角色优势，一边运用自己曾经的心理学专业优势，跟这些员工沟通，给他们一些有用的建议。最终小唐的安抚总算产生了比较好的效果。

小唐的例子给我们最大的启发在于，很多时候，让我们的优势失效的并不是场景本身，而是我们受限于看待场景和看待问题的视角。所以，在面对劣势场景时，第一，明确当下的情况对你来说，不利条件是什么；第二，认清自己的优势，同时不要轻易认为自己的优势对目前的困难毫无用处；第三，在优势和劣势场景之间寻找联系，以优势为线索全面思考自己的资源，"我能做到什么"，然后把它做好。

重新赋义

第二个方法，是利用优势对劣势场景重新赋义，也就是重新把劣势场景赋予意义，把劣势场景转化为优势场景。

我的老师塞利格曼曾经在上课时给我们讲过一个故事。他想让家里的三个小孩一起参与家务劳动，比如洗碗筷，可最小的儿子并不喜欢。

通常碰到这样的情况，很多家长，要么逼迫孩子，要么就苦苦教导，讲各种大道理，然而效果总是不尽如人意。家长还会特别苦恼：为什么孩子就是不理解我的苦心呢？

反复追问、纠结于"为什么孩子就是不愿意主动做事"并不能解决问题，反而让家长自己陷入劣势场景中走不出来。

怎么办呢？塞利格曼想通过利用孩子的优势，对劣势场景进行重新赋义。他给小儿子做了优势测试后发现，小儿子最突出的一项优势是领导力，喜欢并且擅长领导别人。于是，塞利格曼想到了一个方法，就是在家里成立一个洗碗小组，小儿子担任组长，指挥两个姐姐。小儿子特别兴奋，每天都把收拾碗筷的分工安排得有模有样。对孩子来说，洗碗这件枯燥的体力活，从此变成了施展优势的一个途径。

前面我提到了，人在做一件能够发挥自己优势的事情时，往往最能获得满足感，而且越做越有激情。"重新赋义"其实就是利用了优势的这些特性。

爱因斯坦曾经说过："问题不可能由导致这种问题的思维方式来解决。"就像你想打开一扇上了锁的门，盯着锁孔看是没有用的，关键是找到那把钥匙。对我们来说，"优势"其实就是那把万能钥匙。通过重新赋义，我们不再把劣势场景当成要解决的问题或者需要填补的缺漏，而是一个新的激发潜力的机会。

我的一个学员小杰大学毕业后在一家单位做实习助理，其他事情倒还好，但是整天都要给领导贴发票，这让他觉得枯燥又乏味，怎么办呢？小杰的优势是分析能力很强，所以他琢磨着，在贴发票的过程中汇总分析领导的出行安排，一来二去真的找到了不少规律，也了解到领导的一些习惯。后来，他把这些涉及领导出差、会务和招待等相关的细节整理成了一份非常详细的清单，在一次周会上提出优化建议，最终得到了领导和同事的认可。凭着这股干劲，小杰在实习期未满的情况下就被破格转正。

重新赋义实际上就是这样一个对问题重新赋予意义的过程。有了它，那些对我们来说烦人、有压力的劣势场景，就能因为个人的优势，变成对我们有意义、有积极情绪的场景。所以当你在面临劣势场景时，第一步，先用积极的语言来定义自己面对的问题。在这个基础上，再想想你的核心优势能否跟第一步重新定义的新议题联系起来。

团队优势互补

利用优势来应对劣势场景的第三个方法，是运用团队的力量。具体来说，就是去深入了解团队中其他成员的优势，利用周围人的优势来帮助我们克服劣势场景。

我曾经和一位 IT 项目的负责人有过短暂的合作。当时在聊天的过程中，他告诉我每次和项目团队开会进行头脑风暴时，自己总是感到力不从心。要么大家聊得太热烈导致跑偏了，要么大家的想法僵持不下，作为负责人的他，夹在会议里的各种声音里，找不到自己的定位，不知道如何推进。结果往往到了会议结束都没得出可行的方案，总是需要再花时间讨论。

低效率的会议让他这个负责人感到很有压力，项目推进起来也很艰难。后来我给他提了一个建议，他可以对他的团队做一次优势评估。不需要花很长时间，但说不定能帮他化解这个局面。一开始他还对优势评估持怀疑态度，没想到看到结果后他发现了一个有意思的现象：团队里大部分的成员，排名前三的优势都是思维能力，他们有很强的创造性、判断力，总有自己独特的见解。而他自己本人的优势是很强的纪律性和责任感，擅长去推进项目、管控流程。

这让他明白了为什么会议的效率总是这么低，团队总是这么难磨合：因为他的团队成员几乎都是高级思考者，会时不时迸发出各种各样的创意和想法。而自己是负责人，总希望在会议结束前得出一个明确的方案。

了解了自己和团队成员的优势之后，他调整了自己在会议里扮演的角色，他说自己要做一个"穿针引线"的人。会议前帮大家明确议题，大家发表了自己的想法后，他会迅速引导团队一起评估，最后达成一个有效的结论。

当认识到别人和自己的优势之后，他对彼此行为背后的原因有了更深的理解，而这也成了他调整工作方式的参考。

在刚刚的故事里，这位朋友是通过优势评估去了解他人的优势，如果条件有限，我们也可以通过平时的观察，或者和同事之间的交流去了解他们的优势。在团队中，我们的关注点需要从个人优势转移到团队的协作上来。在合作过程中，利用别人的优势来帮助我们克服协作中的劣势场景，这是一个双赢甚至多赢的过程。

优势充电

研究表明，优势不仅可以用来解决问题，而且在使用优势的过程中，能体验到积极情绪和自我价值感，是一剂使人幸福的良方。在应对和处理劣势场景下的问题时，如果能在过程中穿插一些发挥优势的事，或者在休息的间歇做一些发挥优势的事情来调节，可以让情绪上升，自我价值感增强，从而更好地面对劣势场景。这个方法就是优势充电。

比如说我自己。我特别讨厌做财务报销的事情，但是又非做不可，以前每次到了要走财务流程的时候，我都要拖到最后一天，实在没有办法了才开始做。每次一弄这些财务流程我就很容易情绪崩掉。但报销事务每隔一段时间都需要处理，总是这样消耗自己的心理能量也不是一个办法。于是我换了一个方式来处理：我不再拖到最后一天才开始，而是会提前两天就开始填写各类文件，每做一小时，我就穿插着看会儿书或者写作一小时。创造力和学习，都是我的优势，无论是从书里吸取新的观点，还是通过写作输出自己的想法，都会让我觉得充实和快乐。所以处理财务文件消耗的心理能量，通过发挥优势就能得到一些恢复。等心理能量恢复了，我再去做财务相关的事情。这样一来，虽然看起来耗时长了，但其中一半的时间是在做我真正想做的事情，所以也没有浪费，而另一半的时间，原本让我害怕的任务也完成了。

当我们处在劣势场景时，多多少少会产生一些消极的情绪，这个时候可以利用优势给自己赋能。把自己的心理能量给填充了，你才能更好地去面对。

今日行动

做一次"优势迁移"。

第一步，写下你最近遇到的让你感觉到不知所措、力不从心或是缺乏动力的一个劣势场景。

第二步，清点你的优势，想想如何运用你的优势去面对这个场景给你带来的困扰。

这个实践可以帮助你不再逃避劣势场景，而是主动激发你原有的优势，扩大优势的应用范围，帮助你在劣势场景中依然能保持内心的活力，心生继续前行的勇气与动力。

制定更好的目标

有个故事，我给学生讲过很多次。小 A 毕业不到三年，目前的工作虽然能养活自己，但是上升空间很小。她不甘于现状，买了很多书，报了很多课程，可是还没学到三分之一，又开始陷入怀疑，现在学的这些真的有用吗？没过两天，她从别人那里打听到一些消息，于是又放弃了正在学的课程，去学她认为更有帮助的东西。

好，这个故事其实是我虚构的，却是我们身边很多人的真实写照。他们缺少目标吗？似乎并不缺少，他们反而在很多目标、计划之间来回穿梭、跳跃。或者他们缺意志力吗？我觉得他们还没到需要拼意志力的时候呢。

那为什么最终都不了了之呢？问题的根源就在于，他们从来没有系统性地思考过目标。我们的生活被这些大大小小的目标所充斥，它们就像代办事项清单一样，可以列很长。如果你对这些目标系统性地思考一下，你就会发现，其实目标也有不同的层次和等级，有些目标很大，对你来说非常重要，也有些目标很小，是可以调整甚至放弃的。而且，不同目标之间是会互相影响、互相推动或者互相冲突的。

美国心理学家安吉拉·达克沃什（Angela Duckworth）指出，只有厘清了目标之间的关系，我们才能让这些目标真正有效地指引我们做出改变。那么，怎么系统性地思考所有目标呢？她提出了"目标层级体系"这个工具。

我会首先向你详细地介绍目标层级体系，然后给你提供三个方法，帮助你更好地制定目标。

目标层级体系

什么是目标层级体系？达克沃什认为，我们设定的目标可以按照从抽象到具体分为三个不同的层级：顶级目标、中级目标、低级目标。

首先，"低级目标"是非常具体的、特定的目标，类似你每天列在待办清单上的一个个任务。比如，打个合作电话、发封邮件、写份报告等。

低级目标的存在，是因为往上推会推出一个或者多个中级目标。比如，你之所以要打电话，是为了推进项目。再往上追溯，为什么要推进项目？因为你很看重这个项目，希望能做出一番成绩。我们平常在思考目标的时候，想到的很多目标都属于中级目标。

那么什么是顶级目标呢？顺着中级目标一层层追问下去，一直到你的回答就是这个目标本身时，也就是我做这件事不再是为了其他目标，你就来到了这个目标层级的顶端。

比如，为什么这个项目对你来说很重要？因为你希望通过内容创作来为别人创造价值。你为什么想要为别人创造价值？这时候你的回答可能就是，不为什么，因为我就是想为别人创造价值。这就是一个顶级目标，它就像指南针一样，给下层所有的目标提供了方向和意义。

听到这里，你可能已经发现了，顶级目标和我们前面讲到的价值观是紧密相连的。你想达到的那个顶级目标，必然反映了你所坚信的价值观。

总的来说，目标层级体系最大的价值在于，它让我们从更高的视角去审视不同目标之间的关系，更系统，也更全面。

首先，清晰的目标层级体系，能够让顶级目标指导我们的行动与改变。

日本美食纪录片《寿司之神》中的寿司师傅小野二郎，95 岁了，做了 70 多年的寿司，他毕生都在追寻一个顶级目标，那就是"不断做出更美味、更让顾客享受的寿司"。

而他所有的中级目标，比如，食材选取与加工、教授学徒、餐厅的经营管理等，都是围绕这个顶极目标展开的。另外，他也会不断细化和提升每个低级目标，比如，给每个顾客提供个性化的服务，根据客人的年龄、性别等，制作食量不同的寿司。这三个目标层级之间的关系，就像地球内部的结构一样，来自核心的顶级目标的热力，一层一层向外传达，辐射着我们的每一个其他目标。

当然，并不是说中低层目标不重要，如果你的人生只有顶级目标，那也无异于幻想。所以，目标层级体系的存在，也是在提醒我们，不要只问自己想要什么，还要看看自己手里有什么工具和条件。

其次，有了目标层级体系，日常的行为改变灵活度会更高。

在目标层级体系中，目标所处的位置越高，数量越少，也越重要。而中低级目标则是服务于顶级目标的手段。既然是手段，就意味着可以被调整。一旦发现中低级目标不可行，我们就可以及时放弃、替换和迭代。比如说，拥有强健的体魄是你的顶级目标，为了朝这个目标努力，你原本计划今年完成半程马拉松的中级目标，可是在训练的过程中，你发现你的工作太忙了，反而成了你新的压力来源。这个时候，放弃这个中级目标转向其他方向，就可能反而是更明智的做法。

最后，目标层级体系能够帮助我们更好地抵御诱惑。中低层目标往往容易被外界的诱惑所干扰，因为这些诱惑能给我们带来短暂的享乐和价值，如果缺乏清晰的目标层级体系，或者没有对目标进行梳理，我们就很容易屈服于诱惑。明确了每个目标背后的顶级目标，相当于把当下的每个选择都跟自己的未来联系在一起，你的自控力就会变得更强。

制定目标的方法

那么，我们可以怎么利用目标层级体系来帮助自己设定目标，开展行动呢？

目标追问法

一个清晰、明确的顶级目标能够给你提供原则和边界，让你的行动始终保持在正确的轨道上。所以首先，你需要寻找自己的顶级目标。

这里我会以"人生目标"为例，给你提供几个步骤，帮你找到自己的终极目标：

先找出完全空闲的一小时时间，关掉手机，关上房门，保证这一小时不受任何打扰。然后准备一张白纸和一支笔。在白纸最上方中央，写下一句话："你这辈子活着是为了什么？"

接下来你要做的，就是回答这个问题。写下你脑中闪过的任意一个想法，可以只是几个字。比如，"赚很多钱"，或者"成为某个行业的领军人物"。

剩下的就是不断重复这个步骤，通过一层层追问，直到写下那个触动你内心的答案。

我们往往会受外界观念或者主流思维影响，脑子里会率先蹦出很多"伪装的答案"。不断重复的过程，其实就是剔除伪答案的过程。当真正的答案出现时，你会感觉到它来自内心最深处，是符合你价值观，代表你热情所在的答案。

如果你之前很少想过这类问题，那么这个剔除的过程可能会持续比较久。写的过程中可能会发现你的答案很乱，觉得这个方法没有用。这都是正常现象，不要放弃，把那些让你内心有所触动的答案圈起来，在接下来写的过程中可以回顾这些答案，最终你的结论可能就是几个答案的排列组合。

当然，任何关于人生价值和意义的探索都不是朝夕之间就能完成的。如果你还没有找到，也不用着急，可以从今天开始慢慢思考。

目标倒推法

有了顶级目标后，我们还需要完善下层的目标，找到实现它的途径。

我经常听到有学生说，很想发起一个公益行动，或者很想创业。每次他们说起来的时候，都无比热情洋溢，但是经常是一两年过去了，他们还只是停留在想法阶段，没什么具体的行动。

我向你介绍一个目标倒推法，它能帮助你细化目标，帮你初步搭建完整的目标层级体系，把你未来想要完成的事业和今天的行动紧密联系在一起。

目标倒推法，顾名思义，就是按照时间来分解目标，从未来一步步倒推到今天。

著名演员周迅曾经写过一篇文章，叫作《十年后的自己》，她在文章里提到，自己曾经虽然怀有演员梦，但并没有想过究竟要怎么实现。如果没有18岁和老师的那次谈话，也许直到今天，仍然没有人知道周迅是谁。

当时老师问她："请你现在想想，十年以后你会是什么样的呢？"

周迅说："我希望十年后的自己成为最好的女演员，还能发行一张属于自己的音乐专辑。"

听周迅回答后，老师接着说："好的，既然你确定了，我们就把这个十年期的目标倒推一下，算算你究竟要怎么实现它。十年以后你28岁，那时你是一个红透半边天的大明星，同时出了一张专辑。那么27岁时，除了接拍各种名导演的戏以外，你还要有一个完整的音乐作品，能拿给很多唱片公司听。要做到这点，25岁时，你就要在演艺事业上不断学习和思考。另外音乐方面应该要有很棒的作品开始录音了。23岁你必须接受各种声乐和肢体训练，20岁时就要开始作曲，作词。在演戏方面也要接拍大一点的角色了。"

老师说得很轻松，周迅听完后却感到前所未有的恐惧和紧迫感。她应该马上着手做准备了，可现在却什么都不会，甚至什么都没想过，还在为自己能够拿到小丫鬟的角色沾沾自喜。周迅说，当她意识到这是一个问题的时候，她发现自己整个人都觉醒了。

在这个例子中，周迅的老师所用的就是目标倒推的方法。把一个庞大的目标，按时间细分为一个个小目标，落实到马上需要去准备的事情上来。对于你的顶级目标，你也可以用目标倒推法，以终为始，确定每一个阶段需要达到的阶段性目标。

你可以列一下：

第五年……我可以做到什么？

今年……我可以做到什么？

这个月……我可以做到什么？

这个星期……我可以做到什么？

今天……我可以做到什么？

我也向很多学生和朋友介绍过这个目标倒推法，他们经常会和我说：有了目标，但不知如何倒推，实际运用起来还是很难。这是因为，他们对自己所处的行业缺乏深入的了解，而收集信息，知道通向这个目标的具体步骤，也是这个方法中的难点。所以，当你不知如何下手的时候，也可以把"收集信息"列入自己的目标体系中，先收集好相关的信息，再接着往下倒推。

评估目标

通过目标追问和目标倒推，我们初步完善了自己的目标层级体系。但这些目标设定是否合理、有效呢？你可以借助 SMART 法则来进行评估。它可以用来帮助我们细化、明确目标里的内容，从而更好地引导行动。

SMART，就是 SMART 五个英文字母，S，指的是 Specific，目标要足够具体。

M，指的是 Measurable，目标要可测量。这个目标是否完成，结果是可以通过数据进行测量的。

A，指的是 Attainable，目标是可实现的。或者说，在努力的条件下是可以达成的。

R，指的是 Relevant，目标之间是相关联的。如果一个目标和其他的目标完全不相关，那这个目标即使达成，意义也不大。

T，指的是 Time-based，有明确期限。每一个目标都有明确的时间节点。

比如，我的一个学生目标是坚持运动，使用 SMART 法则后，让这个目标更具体、好执行：

S：我希望通过运动让自己看起来更健康，因此要降低体脂率。

M：体脂率从 25% 减为 22%。

A：如果运动强度和时长都充分，再进行适当的饮食控制，每个月减掉 1% 的脂肪是可以实现的。

R：每周一、三、五运动，每次运动不低于一小时，以有氧为主，辅助无氧训练；每餐进食七分饱，以高蛋白多蔬菜为主，每天热量总摄入不超过 1200 卡。

T：最终的验收时间为三个月后。

用 SMART 法则之后，目标就更容易实现了。

做一次"目标细化"。

第一步，明确你在自我成长上的终极目标。

第二步，给这个顶级目标设定一个期限，是 5 年、10 年还是 15 年？

第三步，从最接近完成目标的时间开始，写下你的计划，然后一点点倒推至今天。

这个实践可以帮助你完成你的目标层级体系，你可以借助这次机会弄清自己和目标之间的关系。

用科学方法提升意志力

定好目标之后，每个人都要面临一个特别现实的问题：目标和计划的实现需要意志力，但意志力不够怎么办？

提到意志力，我想起一件事情。前不久我的一个学员和我聊起了他的学业和工作计划，然后他给我看了自己制订的日程计划表，我看了一眼，每天都整整齐齐列了十件事情。我问他："这么安排会不会太紧张了？"学员说："怎么会呢？这不是标配吗？清华那个网红学长的日程表，一天还列了 17 项呢。"过了几个星期，我再遇到他，问他日程计划进行得怎么样了。他翻出自己的小本子，一看，每天打钩的也就三到四项。接着他就唉声叹气地说："唉，学霸的意志力果然不是盖的，我还是算了吧。"

一天能完成 17 项充实的日程计划，可见那个学霸的意志力确实强过很多人。在这个学员眼里，好像意志力也是天赋，是他一辈子无法获得的东西。

我就意识到，很多人对意志力的重要性已经有了比较充分的认识，但意志力究竟有哪些特点？怎么利用它？怎么培养它？很多人的了解是不够的。

不少人也像这个学员一样，把意志力当成了一个人与生俱来的品质。结果，他们一方面在生活中，反复依靠蛮力来挑战自己的意志力极限；另一方面，屡屡失败后，这种解释又成了他们安慰自己的借口。

事实上，关于意志力，心理学许多研究都已经表明，它不是固定不变的天赋，也不是过去我们所理解的纯精神层面的东西，而是一种生理机能，它的使用和培养，都有科学规律在里面。

意志力有哪些特点

首先，意志力的第一个特点，是在一定的时间里，它的总量是有限的。

这是什么意思呢？我们来看看社会心理学家罗伊·鲍迈斯特（Roy Baumeister）曾经做过的研究，他是意志力领域的权威人物。

参与实验的大学生们全都饿着肚子来到一个房间里，桌子上放着两个盘子，一盘放着美味的巧克力饼干，一个放着一碗生萝卜。研究人员把学生们分成两组，一组只能吃生萝卜，另一组可以随便吃。随便吃的这组学生大部分选饼干吃，萝卜组的学生，只好吃下了萝卜，可以想象，处于饥饿状态下的他们，为了抵制巧克力饼干的诱惑，必须依靠意志力。

接着，研究者把学生带到另一个房间，让他们开始做数学题。这些题目非常难，研究者想测试一下他们能坚持多久。结果，可以随便吃饼干的学生平均坚持了20分钟，而萝卜组只坚持了8分钟，对比十分鲜明。

这是因为，在抵制巧克力饼干诱惑的时候，学生要控制自己的情绪和行为；在做几何题的时候，他们也要控制自己的思维。看上去两件关联不大的事，所需要的意志力，其实都在同一个心理账户里。也就是说，不管你在日常生活中是控制情绪、思维，还是控制行动，你所消耗的意志力，都是从同一个总量里扣除。

这个结论，可以用来解释日常生活中的很多问题。比如，结束一天工作后回到家的夫妻更容易因为一些鸡毛蒜皮的小事吵架，因为工作消耗掉了他们很多的意志力。很多减肥人士，工作日坚持开完一上午的会议后，觉得中午再吃健身餐比平时更难熬，也是同样的道理。

既然意志力在一段时间内一直使用就会不断消耗，那它应该通过什么方式补回来呢？这就涉及意志力的第二个特点：作为一种生理机制，葡萄糖是它非常重要的能量来源。

有关葡萄糖和意志力之间的关系，很多科学家做了研究。比如，一项研究发现，低血糖病人体内的葡萄糖水平低于普通人，他们比一般人更难集中注意力，也更难控制负面情绪。而另一项研究中，研究者安排参与者玩电脑游戏，他们被分成了两组，一组喝了含糖饮料，另一组没喝。结果，随着游戏的难度越来越大，喝了含糖饮料的人更沉得住气，而没喝的那些人开始骂骂咧咧。

鲍迈斯特对大量文献进行整理后也发现，当血液中的葡萄糖浓度低时，意志力会减少，而且通常是大幅下降。所以我们经常说血糖太低时没办法好好做事，从科学的角度来说其实是有道理的。

意志力的第三个特点，就是从长期来看，通过规律的训练，能够提升意志力的耐耗性，也就是说，意志力的耐力可以增强，做同样一件事的时候，意志力的损耗会变少、变慢。

有研究者试过用一些方法来训练参与者的意志力：比如，语言训练和肢体训练，他们让参与者在两周之内，不能骂脏话，或者必须坐的时候端正、站的时候笔挺等。等训练结束后，研究者让他们用手握握力器，看他们能坚持多久。结果发现，经过意志力训练的人，明显比没有接受过训练的人坚持更久，表现更好，哪怕他们经过的意志力训练跟他们握的这个东西一点关系都没有。

所以总的来说，意志力的这三个特点显示了一个简单却很重要的结论：意志力不只是一种抽象的精神概念，它就像肌肉一样，需要能量支撑，它会耗损，但也能锻炼、可节省、可储存。

如何增强意志力

那么，怎么样更高效地支配意志力呢？

其实对意志力的使用和培养，和理财的原理很像，就是结合自己的实际支出情况，做好两件事情，一是节流，二是开源。

首先，你需要了解平时意志力的支出情况。

每一天的开始往往是我们意志力最饱满的时候。但你的意志力也会被一天中的每件事慢慢地损耗掉，哪怕是那些看起来无关紧要的琐事，比如，无聊的会议、路上糟糕的交通。所以，你可以每天给自己做一份意志力的"手账"，看看你的意志力都在哪里被消耗掉了。

假设每天的意志力能量条是 100%，那么在每天晚上入睡前，你可以做一个回顾记录：截止到现在，你的意志力还剩百分之多少？扣掉的部分，分别是做了哪些事情？每件事大概扣掉了百分之多少？

具体评估的标准，每个人都不一样，你可以参照自己的主观感觉来评估，一开始可能评估不准，但随着评估的天数增多，你对自己的感觉会越来越熟悉，然后回过头去对前面进行微调。

比如，第一天你觉得自己精疲力竭了，意志力的进度条为 0，但第二天你发现比第一天更累，第二天才称得上 0，这时候你大概知道，昨天那个感觉其实应该算还剩 10%。

在尝试记录七天或者更长的时间之后，你就会通过这份"手账"，摸清楚自己意志力的规律。比如说，同一类型的事，你大概需要耗费多少意志力？哪些事耗费你意志力最多？哪些事其实没有你想象中那么耗费意志力？每天睡前还剩下多少意志力，你有没有过度消耗了自己？

当然，你还可能发现一些其他的、只属于你的规律。总之，通过"意志力手账"，你大概就能了解自己目前意志力的使用状况了。

然后，在这个基础上，我们再来说说节流的原则。

我们已经详细讲了关于目标制定的内容，其实这对意志力的科学使用大有帮助。在了解了自己的意志力使用状况之后，你就可以给自己安排更合理的日程计划，给目标分级，重要的事情优先，把更多的意志力留给优先级更高的事情。

精打细算地使用意志力的最高境界是什么呢？

我有个朋友，周围的人说起他时，总是会用"自律""意志力强大"等词语，因为他十几年如一日地健身跑步，而且饮食上永远健康而节制。早些年我曾经问过他："你到底是怎么坚持下来的？这也太不容易了。"可朋友却说："坚持？我没有坚持啊，这就是我的日常，就跟刷牙洗脸一样自然。可能你们听着觉得很痛苦，但这只是我的习惯罢了。"

朋友的回答让我意外，更让我深受启发。想要既减少意志力的损耗，又能完成重要的任务，最好的办法，就是让那件事变成你的习惯。比如，我这位朋友，在他最初跑步、最初规范饮食的时候，是肯定花费了不少意志力的。但是当你的大脑形成了一条固定的"习惯回路"，就好比进入了"自动驾驶"模式，做这件事就只需要很少的意志力。

建立习惯最快的方式，就是在固定的时间，用固定的方式做事。不想，不纠结，直接去做，让这件事变成你的身体记忆。

接下来，我们再谈谈"开源"，如何锻炼你的意志力。

因为意志力的扣除出自同一个账户，所以，意志力的训练结果，在某种程度上也可以迁移。也就是说，在某方面的意志力变强，会给其他方面的表现带来积极影响。

比如，在一项针对训练意志力的实验中，研究者发现：那些养成运动习惯的人，他们抽烟也变少了，更少拖延，他们把家里收拾得更整洁，不再把盘子堆在水池里，而是及时洗掉，等等。

所以，把意志力当成肌肉一样训练，做一些和现在的目标无关的小事，也能够从整体上增强你的意志力。比如，坐着办公时挺直腰杆、尝试用非惯用的那只手刷牙等等。

对你来说，最好的方式是，直接选一件目前你最想做而且对你有意义的事，集中精力突破。比如，你想每天睡觉前看半小时书，一旦选定这件事作为训练意志力的突破口，那你最好在接下来的一段时间里，都要一门心思地坚持把这件事情做下来。在分析意志力手账的时候，也要注意无论如何，每天留出看半小时书的意志力来。决定了这是你目前最想做的一件事情后，你就可以告诉自己，其他的目标如健身、学英语等，虽然也很重要，但它们可以暂缓执行。集中精力通过坚持睡前看书，来锻炼你意志力的耐力。

切实体验到意志力的整体阈值上升之后，你就可以再去尝试另一项任务，也会顺利得多。因为你更了解自己的规律，更清楚自己最难熬的点，最重要的是，你记得自己是如何突破并且成功做到的。

做一个自己的"意志力手账"。

第一步，在一天将要结束之前，请你列举出投入你意志力的事件。

第二步，观察这些事件，写下这些事件大概占用意志力的百分比。

第三步，看一看这些事情中哪些消耗了你大部分的意志力。它们对你来说是重要的吗？请选出一件对你来说最重要的事，将你的意志力重新进行分配。

微习惯，改变自己的 MVP

在前面的内容中，我们重新认识了意志力，它就像肌肉一样，它会耗损、能锻炼、可节省、可储存。同时，我们也提到了，最节省意志力的方式，就是你把一件事变成一个习惯。

但问题是，养成一个新习惯真的很难。虽然一开始我们总是热情万丈，踌躇满志，可没过多久，就会因为各种理由而放弃坚持，"三天打鱼，两天晒网"的事常有发生。

为什么会这样？总的来说，大多数人在养成新习惯时，主要依靠两样东西，一个是动力，一个是意志力。也就是说，你要么是靠增强动力，自己给自己打鸡血来坚持新习惯，要么是调动意志力，在不想做的时候硬撑下去。

但这两样东西，在培养新习惯时，常常不那么可靠。首先，从心理学的角度来说，动力以人的感受为基础，而感受是不可控的。把培养新习惯的基础建立在自己的动力水平上，就像在大海中航行的船，顺风时快速前进，逆风时又迅速倒退。至于意志力，就像我前面说的，它的总量有限，又很容易在日常的各种事情上耗损，很可能在你最需要意志力的时候拿不出来，导致行动失败。

怎么办呢？我会给你介绍一个简单到很难失败的习惯养成法，叫作微习惯。

微习惯实际上就是大幅缩减后的微型习惯，是一个小到不可能失败的积极行为。就像做产品都经常先需要设计一个 Minimal Viable Product（MVP，最小可行产品）一样，微习惯是改变我们自己的 MVP。比如，你想养成健身的习惯，那么每天跑五公里或者每天去健身房锻炼半小时可能很难，可是每天做两个俯卧撑就要简单得多，也不用多，就两个，你什么时候想起来都可以马上做完，这就是一个微习惯。而且，不管这个习惯有多小，只要你做了，就是朝你的目标积极迈进了一步，可以起到正向的激励作用，最终帮你养成习惯。

微习惯顺应了习惯养成机制

微习惯之所以能够发挥这么神奇的效果，关键在于它顺应了大脑的习惯养成机制。

我们都有这样的体验，一想到要养成一个新习惯，在还没开始做这件事之前，已经不知不觉地产生很多心理压力和抵触情绪。从脑神经原理的角度来说，"万事开头难"，主要是难在大脑本身就是抗拒改变的。

在培养一个新习惯时，主要会牵涉到大脑的两个关键部位：一个叫基底神经节，主要负责重复行为；另一个叫前额皮层，主要负责管理行为。

基底神经节是大脑中非常稳定的一部分，它能够高效地执行重复的行为，就像一个开启自动模式的机器，最大的优点就是高效节能，几乎不消耗意志力。就像你每天早上起来刷牙洗脸一样。

不过，它也存在一个缺陷，它只会重复旧的行为、习惯，不会判断这个行为到底是好是坏。比如，当你在抽烟的时候，它不会考虑到抽烟对身体的种种危害。

对于喜欢重复旧行为的基底神经节来说，培养一个前所未有的新习惯，是非常困难的事情。

前额皮层和基底神经节正好相反，它能够从长远角度来帮我们进行决策，也会监管基底神经节。比如，当你想要吃巧克力蛋糕时，帮你抵制诱惑的是前额皮层。当你累了不想继续跑下去时，帮你坚持达成今天跑步目标的也是前额皮层。总体来说，当我们想建立一个新习惯时，很大程度上要依赖前额皮层发挥作用。

可问题是，由于前额皮层功能比较强大，消耗的意志力也更多。而一旦你的意志力消耗殆尽，大脑就会进入自动运行模式，基底神经节会取代前额皮层，占据主导地位，开始重复已有的旧行为。这就是为什么，有的人拼命想要坚持一个新习惯，最后却又反弹回了老样子。

说完了影响习惯养成的两个关键部位，我们再来看看习惯的养成机制。

我们的各种思想和行为模式其实是大脑中的一条条神经回路，每个神经回路都由许多个神经元互相连接而成，就像一条条高速公路一样，让各种信号在其中可以畅通无阻。

而养成一个新习惯，就需要创造神经元之间新的连接，相当于逐渐断开旧的道路，持续地建造新的道路，这需要耗费大量的能量和时间。当一个新的刺激来临时，短期内可能会引起些许变化，但这个新的刺激不会马上纳入原有的神经回路之中，等刺激消退后，大脑还是会恢复到原来的样子。

就好比长期不运动的人，突然开始运动之后肌肉会酸痛，但如果没有继续运动，过几天就又会恢复原状，只有继续再坚持锻炼几个月时间，肌肉才会逐渐适应。同样地，养成一个新习惯，意味着我们要在很长的一段时间内给大脑施加一系列它所不习惯的新的刺激。

过去，很多习惯养成策略并没有把大脑抗拒改变考虑在内。巨大的行为改变，相当于把大脑从原本舒服的圈子中拽出来。拽得越远，大脑的抵抗越强，消耗的意志力就越多，很容易回到自动运行状态，导致行为改变失败。

而微习惯策略最大的好处就在于，它通过把习惯不断缩小的方式，来降低改变的难度。这个过程就好比让大脑走到圈子的边缘，由于步子实在太过微小，所以大脑以为还是重复简单熟悉的事情，很轻松。

我在准备写博士论文的时候，就遇到了需要坚持每天几小时写作的情况。这是一项浩大的工程，前期要查文献、做实验，之后还要写十几万字的篇幅，要求逻辑严谨、字字斟酌，想想就挺头疼的。

那怎么办呢？我试着利用微习惯大幅缩减目标，让自己坐在电脑前先写三分钟试试看。无论写出来的东西怎么样，也不管之后会不会写下去，只要完成三分钟这个小目标就好。

完成这个步骤对我来说轻松多了。神奇的是，三分钟之后，看着我写下的几句话，我觉得既然都开始了，那么不妨再多写几个字，结果渐渐有了可以继续写下去的思路，而且越写状态越好。这每天三分钟的微习惯，帮我顺利开启了每天固定的写作，几个月后，我的论文顺利地完成了。

每次尝试都从微小的一步开始，相当于使用了一种不被大脑所察觉的循序渐进的方式，让大脑在不知不觉中适应了这个新的改变，圈子的范围也就越来越大。从刚开始的写三分钟，到后来每天甚至能写三个小时，微习惯最大的力量，就是通过这种方式，帮助我们循序渐进地将一件事情越做越深入。

值得一提的是，微习惯常常会给我们带来"微量开始，超额完成"的惊喜，让你的大脑觉得不知不觉地获得很多额外的好处，既增强了自我效能感，也增强了能力感，激励着你不断坚持地往下做。当然，即使你没有超额完成，你也通过微习惯加强了新的神经连接，只要一直做下去，新的神经回路就会越来越强，最终达到习惯养成的目的。

如何利用微习惯来培养习惯

那么，怎样合理运用微习惯策略来培养习惯？你可以记住这四个关键词：缩小、纳入、跟踪、养成。

第一步，缩小，是把你希望养成的那个习惯缩小成适合你的微习惯。

所谓的"适合"，是指它要符合你实施起来没有任何心理压力。拿写作来说，如果你想要养成每天写作的习惯，那么，你可以把它缩小为"每天写 50 字"。如果 50 个字还是有负担，那就"10 个字""1 个字"，甚至只是"打开 Word"。

微习惯是因人而异的，需要每个人根据自己的情况来调整，只有它小到让你感到毫不费力的程度，你的大脑才真的不会感到威胁。换句话说，那些当你累得死去活来时，你还能够完成并且不会抵触的小目标，就是最适合你的微习惯目标。

第二步，纳入，把微习惯纳入日程。

有一个明确的习惯开始起点，你会更容易成功。你可以设定一个具体的时间，比如，早上 8 点或者晚上 8 点，一旦确立了执行时间，就要严格地执行。

我再给你分享一个纳入日程的小技巧。德国著名心理学家彼得·戈尔维策（Peter Gollwitzer）通过研究后发现，当人们需要完成一个新任务时，如果能在脑海里先想想自己会在什么时间、什么地点做这件事，那他们真正完成的概率会从 30% 增加到 70% 以上。因为这个练习把新项目和人们原有的日程安排联系起来，通过脑海中的几秒钟演练，那个时间、地点真正到来时，我们会下意识地让自己行动起来。

戈尔维策教授把这个方法总结为"if/then"方法，就是用"到了……的时候，就来做……"的句子作为辅助，让微习惯纳入你现有的生活规律中。

比如，你可以制定这样一个微习惯："午休快结束的时候，我要提前五分钟回来，完成多看一页专业书的微习惯"，这是把微习惯和具体时间结合起来；你也可以制定这样一个微习惯："在进电梯前，我要先走一层的楼梯，再乘电梯"，这是把微习惯和地点结合起来。通过这个简单的脑内模拟，提升微习惯完成的概率。

第三步，追踪，指的是记录和追踪微习惯的完成情况，并使完成情况可视化。

有研究表明，把一个想法记录在纸上的时候，大脑会更加关注它。动手写下你的微习惯以及完成情况，能够加强它们在大脑中的影响。所以，你不妨用一张日历纸记录微习惯计划的进展情况。比如，打印一张全年的日历贴在墙上，也可以买那种台式的月历放在办公桌上。通过这种方式，来放大微习惯对你的重要性。你可以以星期为单位，根据记录来反思自己的微习惯计划，认可自己做得好的地方，并调整不够好的地方，这种方式最终能帮助你找到适合自己的微习惯策略，并且更长久地运用下去。

第四步，养成，是指你需要留意习惯养成的信号。

一件事情从行为变成习惯是需要时间的，而微习惯的最终目的是养成新习惯。

那么，当一个行动逐渐变成我们的习惯时，有哪些信号呢？

首先，你的抵触情绪会减弱，你不再为必须完成它而感到心累，而是不做反而更难受；其次，这个行动会逐渐常态化，你不会因为"我竟然在做这件事"而激动不已，兴奋感也会减弱；再次，这个行动会变得更加自动化，你甚至不用多想，身体就能去做它；最后，你会对它产生认同感，产生"我就是个喜欢锻炼的人""我就是每晚都会抽空学习的人"。

如果你对微习惯不再抵触，并且它也常态化、自动化，甚至让你产生了认同感，那么恭喜你，新的习惯基本上养成了。当然，留意养成信号，对我们来说最大的意义在于，提醒我们要保持足够的耐心，直到这个习惯真正确立。

以上就是微习惯的四个步骤：缩小、纳入、追踪和养成。此外，在具体运用微习惯策略的过程中，你还应该注意以下两件事。

第一，哪怕超额完成了微习惯，也注意不要调高你的期望值。

微习惯往往能够给我们带来"微量开始、超额完成"的惊喜。它就像是可以燎原的星星之火，没有上限。如果你有了想做得更多的冲动，可以快乐地做到筋疲力尽为止。但是，不要调高期望值，那样反而会让你再次感受到大目标所带来的心理压力。

第二，当你做得很累时，就要后退，调整目标。如果你在微习惯的执行过程中，依然感觉到了抵触情绪，那只能说明你的微习惯还不够小。最好的解决办法就是尝试后退，让目标再小点，直到抵触情绪消失。

今日行动

"五分钟起步"实践：

第一步，列举一下你必须做但是又不愿意做的，或是曾经想做但是没有坚持下来的事情。它可以是你的运动计划、学习计划、工作计划等。

第二步，在这些事件里选择出一件（对你来说最重要且最有意义的事情），然后在今天抽出五分钟时间做这件事。

如何真正地改变自己

为了能在行动中取得效果，我们已经了解了如何科学制定目标、使用意志力、培养微习惯，现在，我要来讲讲一个看上去似乎老生常谈的主题：练习。

说它老生常谈，是因为很多人从小就接受过一个理念：只要我努力做一件事，我就一定能取得进步，只要坚持到底，就一定能成功。后来人们又用"1万小时定律"来强调这点，在任何领域里面，如果能投入1万小时，我们就会成为那个领域的专家。我前面也提到过，很多人对此产生过粗暴的理解：只要我在一方面不怕失败，肯付出、肯努力，就一定能提高。

其实并不是这样的。一个拥有十年经验的职场人，也可能只是一年的经验重复了十次，所以练习时间的长短并不是你能不能成为专家的决定因素；即使你不怕失败，如果你只依靠一般的重复练习，在同一个地方反复失败，然后原地踏步地努力一千遍，也很难有质的飞跃。

在行动的过程中挥洒汗水固然重要，但你必须掌握挥洒汗水的正确姿势，这就要求你要学会刻意练习。

刻意练习：推动心理表征升级

"刻意练习"这个词，在近几年的媒体上频繁出现，所以你对这个概念应该并不陌生。但是，为什么它比一般的重复练习更有效，更能让人事半功倍地成为高手？想要回答这个问题，需要了解一个重要的心理学概念，叫作心理表征。

所谓的心理表征是一种与我们大脑正在思考的事物相对应的心理结构。比如，当我在说"狗"这个词时，你的脑海中会浮现出有关狗的大体上的样子。这个时候，你脑海里的狗的形象，就是你对狗的"心理表征"。当然，这只是一个最简单的例子。任何一个具体的领域，都存在着特有的心理表征，而且远比你听到一个单词对应的心理表征复杂得多。

在某个特定的领域里，新手和专家的区别，就在于心理表征的水平和丰富程度不同。

比如，一个完全不了解狗的人，在听到"柯基、拉布拉多、边牧、杜宾"这些词的时候，可能毫无意义，他脑子里也无法出现这些狗的具体形象。这时，他对狗的心理表征就停留在比较基础、简单的阶段。但如果是个养狗专家，他脑子里不但会浮现出不同品种的狗的样子，甚至直接能联想到它们各自的性格、喜好、驯养方式等。因为专家在多年练习之后对狗的心理表征是复杂且高级的。

那么，心理表征从无到有、从低级到高级的进阶之路的背后，究竟是什么原理呢？

这和大脑处理信息的规律有关。更高级的心理表征意味着，一个人的大脑，用尽可能少的记忆单位，处理了尽可能多的信息。这样，在相同的时间里，利用同样数量的记忆单位，高手能处理更复杂的局面，实现更难的目标。

研究发现，对于大多数普通人来说，大脑在短时间能处理的信息是 7 ± 2 个单位，比如，别人随机地给你报一串数字，大多数人一口气能记住的就是 7 ± 2 个数字。

当然，一个"单位"，并不等同于一个数字。一个随机数字可以是一个单位，而一串有规律的数字也可以凑在一起，只占用一个记忆单位。

我们就拿身份证号码来说，可能很多人都知道身份证号码的规则。前六个数字是省市县的编号，接下去的八个数是你的出生年月日，最后四个数则是个人的顺序码。

知道这个规律，身份证号在你大脑里占用的单位就精简了，不需要 18 个单位，而是城市、辖区、生日、个人码这四样东西，意思是记这 18 个数字，其实只占用了你四个单位。

也就是说，当你在记身份证号码时，每个单位里的信息量变大了，就意味着你对身份证号码的心理表征升级了。

现在，我们可以回过头来回答一开始提出的问题了。其实一般的重复练习或者死记硬背，我们最终也有可能掌握技能，只是效率特别低，因为大量无目标、无反馈的练习，对大脑的刺激十分有限，单位时间内处理的信息量很难有提升。

但刻意练习不同，也许你很难立刻明白大脑处理信息的根本原理，但心理学教授埃里克森通过研究总结出了关于刻意练习必须满足的四个条件，能够帮助我们更有效地刺激大脑，推动心理表征更快地升级。

如何做到刻意练习

这四个条件就是：

第一，要有定义明确的特定目标。

第二，持续在"挑战区"进行训练。心理学家把人的知识和技能分为层层嵌套的三个圆形区域，最内层是舒适区，中间是挑战区，最外层是恐慌区。

第三，要有及时且持续的反馈。

第四，要在整个练习过程中保持专注。

我会通过一个故事来谈谈具体的方法。我曾经问过一位做外科医生的朋友小T："我知道你们医学生要学习大量的书本知识，你们是怎么从纸上谈兵，练到如今给病人开刀做手术，眼都不眨的熟练水平的？"他给我讲了讲自己的个人经历。

小 T 说，他上手术台的过程基本上有三个阶段。

第一个阶段是看。先是穿着隔离衣，在手术室隔壁的观察室，观看手术直播；然后穿着手术衣，进入手术室贴近了看；之后就是给主刀老师递器械，一边近看，一边感受不同的器械从自己手上传给老师的过程。

一段时间后，实体观察和递器械对小 T 来说已经不在话下。这时候进入第二个阶段，帮主刀老师进行一些非关键的协助，比如，手术中帮忙夹住血管止血，手术收尾缝合时帮忙拉个钩、打个结。但因为这是在大活人身上进行操作，所以小 T 说当时自己又重新感到有些紧张。

再过一段时间，这些非关键的协助也做得很熟练了，就进入第三个阶段：去切刀口、剪病人身上的组织。小 T 站在主刀的位置，而老师则全程协助。小 T 说，无论在脑海里想象多少遍，你下刀想象出来的力道，和实际操做出来的力道是不一样的。

第一次主刀完成手术时，尽管是台普通手术，小 T 却紧张到浑身出汗湿透。积累到 15 台手术经验时，心态有了很大的提升，等到积累了 50 台手术，整个手法和意识终于有了质的飞跃。

这个过程，其实就是在通过刻意练习推动心理表征的升级。这里涉及三个最核心的练习原则：

首先，将庞大复杂的目标切分成一个个小组块。拆分的目的，是按照你当前的水平，分出属于你的舒适区、挑战区和恐慌区，然后定位你目前的挑战区。

对小 T 而言，成为能独立完成手术的外科医生是一个大目标。在实现大目标的过程中，他一直遵循着行业经验和前辈的指导，根据自己的能力水平，定位练习过程中不同阶段的挑战区。

就小 T 实习最初的起点而言："舒适区"就是在观察室观看手术过程、做笔记等。"挑战区"则是贴近手术台观察并且配合辅助递器械，这些事情对刚开始实习的小 T 而言会有些紧张，但是他"跳一跳够得着"的目标。"恐慌区"则是让小 T 立刻主刀，这是刚开始实习的小 T 绝对不敢的。

其次，在找到挑战区之后，你就要进行大量重复的练习。小 T 说他实习那会儿，每天都会找个抽屉把手，或寝室上下铺的那个楼梯杆，把手术线缠在上面，反复练习手法和打结，直到练到可以一边打结一边看美剧都不受影响，练成身体记忆。每一次跟手术之前，小 T 都要在脑海里预演，甚至用手在空中比画，预想从开始到结束的每一个环节。每一次手术后，他也要在脑海里复盘，用手和脑子过一遍，哪里可以做得更好，哪里要加强。

不断对挑战区的内容重复练习，直到练成条件反射，练成你的舒适区。这样你的舒适区才能不断扩大，原来初级的心理表征升级了，原来对你还比较困难的、零散的信息，现在融合到一个单位里，大脑瞬间就能处理完信息。这就意味着你可以转移到下一个挑战区了。这样舒适区就逐步越来越大，恐慌区越来越小，心理表征越来越高级，你单位时间能处理的信息越来越丰富，你在这个领域的专业水平也就越来越高了。

最后，刻意练习的整个过程中，你要想办法获得持续有效的反馈。小 T 在整个学习过程中，既能利用行业固有的反馈机制，也会自己主动找反馈。比如，能不能回答老师在手术过程中的随时抽查，是自我检验的部分。病人身上连接的各项医疗器械和指标，手术完成的时间等，也能带来手术质量的反馈信息。

再比如，练切口和缝合时，小 T 通常会买块带皮的猪肉或者牛舌，回家拿器械练习。每次缝完两道口子，就比对一下，哪边缝得更好，这是一目了然的，看到了缺点和不足，再拆了重新缝。

同样地，我们必须随时关注自己的练习结果，看不到结果的练习等于没有练习。某种程度上，刻意练习是以错误为中心的练习。当你正在挑战区练习时，你必须主动关注过程中的错误和偏差，一直微调，一直练习到改正为止。如果只是简单机械地重复一个过程，没有关注结果，没有对练习过程的反馈，也就失去了练习的意义。

反馈通常可以从三个途径获得：第一，老师和教练给你专业点评；第二是客观数据指标，比如，健身时的体脂率、身形围度，写作时文章的点击率、公号的粉丝量等；除了这两点之外，能给自己设计反馈，是最高的境界，比如，练习的时候，以一个旁观者的角度观察自己，对自己的错误极其敏感，不断复盘，不断寻求改进。

此外，我补充一点。刻意练习，最好是针对某个具体的行业、具体的技能来设计练习条件。你需要基于这个领域已经有的经验，基于领域里前辈或教练的指导，有了一定的了解和尝试，你才能自我评估、自我调整。每一次对挑战区的熟练，需要耗费多少时间，也是需要根据具体行业、具体技能，再结合你个人情况来谈的。而一个全新的行业，或者很少有前人经验可参考的领域，还需要很多探索。

今日行动

做一次"练习分类"。

第一步，想一想你为了掌握工作、生活或个人成长上的某个技能，曾经做了哪些练习？

第二步，这些练习中，哪些属于在舒适区的重复练习，哪些属于在挑战区中的刻意练习？

第三步，反思一下，为了更好地推动心理表征升级，你会对这些练习做出哪些调整？

经常做这样的实践有利于你在练习中不断调整，防止自己停留在重复无效的练习中。

乐观从哪里来

我们先来聊聊乐观。

说起乐观，我想起了自己曾经给学员培训时讲过的一则新闻报道。美国一个80岁的老人和他60岁的妻子在自驾游的路上发生了侧翻事故。确认了没有受伤后，老人先从车里爬了出来，但他妻子被困在了副驾驶的位置上出不来。没过多久，救援人员赶到现场。就在大家准备实施救援时，老太太却说，好不容易翻了一次车，必须纪念一下。于是，她戴着墨镜坐在车内，老爷爷则站在侧翻的车子旁边，摆好姿势，拍下了一张酷炫的照片。

听完后，学员们纷纷表示，这两个老人心态可真乐观。我注意到，很多人会把乐观看成一种心态，但是这并不准确。乐观不仅仅是一种心态，更是一种思维方式。

就拿刚刚这则新闻来说，发生翻车事故，老太太的想法是，又多了一次难得的人生经历，所以她没有抱怨老天不公，更没有埋怨丈夫没有好好开车，而是耐心等待救援人员的到来，甚至希望拍照留念。

也就是说，是不同的想法导致了他们不同的情绪反应和行动。美国心理学家阿尔伯特·艾利斯（Albert Ellis）把这个心理过程称作 ABC 模型。A 是 Adversity，触发事件；B 是 Belief，想法；C 是 Consequence，后果。当我们碰到不好的事件 A 时，我们会产生一个想法 B，而它们会引起后果 C。也就是说，并不是事件 A 直接导致的后果 C，而是想法 B 带来了后果 C。

回过头来看，遭遇挫折时人的心态是好是坏，其实是不同思维方式的结果。当你用悲观的思维方式去看待事物时，我们更容易对现状感到无力；而当拥有乐观的思维方式时，更容易保持良好心态，积极地采取行动。

那么，如何改变悲观的思维方式？关键就在于改变你对事件的解读和想法。具体怎么做呢？积极心理学之父马丁·塞利格曼在 ABC 模型的基础上加入了 D，Disputation，也就是反驳，想要改变悲观的思维方式，关键在于通过各种反驳策略，来纠正自己的想法 B。

通常人们悲观的思维方式会体现在两方面，一是对已经发生的坏事进行悲观的归因，二是对未来还没发生的事情进行灾难化的预设。我将从过去和未来这两个维度给你介绍实用的思维反驳策略。

如何反驳对过去的悲观归因

前不久，我曾经指导过的学员小清因为找工作面试不太顺利，来找我聊天。小清原先一直待在传统出版行业，为了谋求更好的发展，打算转入互联网行业。她说有一家很想去的公司，虽然参加了面试，但最终还是没能通过。

小清说自己总过不了面试这个坎，一看到人，就紧张得不行。更重要的是，这次面试让她意识到，互联网行业远比自己想象的还要复杂，自己能力不行，再继续面试可能情况也差不多，她甚至开始怀疑自己是不是根本就不适合进这个行业。小清就来找我，期待我能给她指点一下。

小清的故事，就反映了她偏悲观的归因风格。人在理解任何事物发生的原因时，往往有他们习惯的思维方式，也会形成比较稳定的归因风格。

我们可以从时间、空间和内外这三个维度来理解。

首先，在时间维度上，归因风格分为永久性和暂时性。悲观的人认为坏事并不是暂时的，而是会一而再再而三地发生在自己身上。对于面试失利小清就是做了永久性的归因，她认为自己总是过不了面试这一关，所以失败的情况还会反复发生。

在空间维度上，归因风格分为普遍性和特定性。

小清觉得之所以会被拒绝，是因为互联网公司业务模式太复杂，凭自己的能力应付不来。这其实就是一种普遍性的归因。她不仅把面试环节考察的能力普及到了所有的业务能力中，甚至还从一家公司的情况普及到了整个行业。乐观的人会偏向于对坏事做特定性的归因，把失败局限在这次面试本身，或者只是这家公司的业务比较复杂，超出自己目前的能力。

在内外维度上，归因风格分为内在化和外在化。悲观的人通常会把坏事发生的原因向内归结为个人的问题，而乐观的人则更多地解释为外部环境的问题。比如，小清觉得面试失败是自己能力不行，而不是公司的需求和自己的能力不匹配。

总的来说，悲观的人对坏事会做永久性、普遍性和内在化的解释，这种归因方式容易让人自暴自弃、裹足不前。所以，小清就需要反驳她这种对过去的悲观归因。具体怎么做呢？

我给她提供了一个三步走原则，也就是了解—反驳—细化。

第一步，了解。仔细想想，事件发生后自己产生了哪些想法，并从时间、空间和内外三个维度来审视这些想法。

第二步，反驳。这些解释有事实依据吗？更符合事实的归因是什么？

第三步，细化。细化各个归因的比重，为下一步的行动提供优先级参考。

我建议小清用画饼图的方式来画出自己的所有想法，三个步骤整理下来，会形成三张饼图。像这样，将脑海里的想法用视觉化的方式呈现出来，会让反驳和分析的过程更客观也更准确。

来看看小清所做的分析。

第一步，了解。根据前面的解读，我们已经知道，小清在面试失利后，最主要的想法有三点："我面试的时候总是不顺利""互联网行业太复杂""我的能力不够"。她把这些想法画成了第一张饼图。

饼图修改为："我面试的时候总是不顺利"（永久性）、"互联网行业太复杂"（普遍性）、"我的能力不够"（内部）。

第二步，反驳。对着第一张饼图，再问问自己："我的这些解释有事实依据吗？"找出自己工作生活中的事实依据，并对那些不理性的想法进行反驳。

比如，小清对着自己的第一张饼图里的三个归因重新问了问自己：我的面试总是不顺利吗？也不是啊，有时和面试官聊得挺开心的，上一份工作的面试也很顺利，所以面试不顺利只是暂时的。"互联网行业真的都很复杂吗？"其实也不是，这家公司的业务模式看起来复杂了一些，但仔细了解后，发现只是岗位需求和自己原先想象中的不太一样。"我的能力真的不够吗？"有些能力确实暂时比较欠缺，但此前多年的出版经验，也形成了她的核心竞争力。所以其实是"当时某些问题我没有好好表达"，对自己能力的介绍和展示还不够。

改图：面试不顺利只是暂时的，这家公司的业务模式比较复杂，我没有提前了解相关的业务，面试时我的一些问题没有回答好，没能展现我的核心优势。

第三步，细化。到这里，小清对这件事已经有了比较客观的分析。最后，再进一步细化各个原因所占的比重，加深这些客观的想法的影响，同时也为之后行动改变的优先级提供参考。

修改：面试不顺利只是暂时的（10%），这家公司的业务模式比较复杂（20%），我没有提前了解相关的业务（40%），面试时我的一些问题没有回答好，没能展现我的核心优势（30%）。

所以，利用画饼图的方式，按照了解—反驳—细化的三步走原则，我们可以对已经发生的坏事做出更准确也更直观的分析。

如何反驳对未来的灾难化预设

所谓灾难化预设，其实就是有些人会把一件事在未来可能发生的最糟糕的情况当成确实会发生的事情。

大概十年前，我曾经在一次体检中，发现自己肝的脂肪指数有点超标。当我拿到这个指标时，一下子脑中就闪过无数念头："完了，肝的脂肪指数超标，我就会得脂肪肝。得了脂肪肝，就会得肝硬化。得了肝硬化，就会得肝癌。得了肝癌，就会死。"所以，我拿着这张报告，感觉天都要塌下来了，非常恐慌。这就是典型的灾难化预设。

灾难化思维的杀伤力，就在于它把小概率坏事发生的可能性无限地放大，一环套一环的非理性推断，在我们脑海中瞬间完成。所以，灾难化的思维方式往往与过度焦虑和担忧联系在一起，严重的时候会让人产生很大的压力，甚至产生心理问题，妨害正常的工作和生活。

那么，面对这种灾难化思维，我们如何来反驳，如何"去灾难化"呢？关键就在于斩断脑海中的负面推断的连锁，理性地看到事件发生的可能。

我来介绍一个去灾难化的分析工具，叫作"去灾难化表格"，这个表格一共分三列，第一列是你写下自己层层推演出来的会发生的事件，第二列是灾难化思维下这个事件出现的可能性，最后一列是这个事件实际发生的可能性。

事件 / 后果	你以为的可能性	实际可能性
肝脂肪超标	100%	100%
脂肪肝	100%	20%
肝硬化	100%	20%
肝癌	100%	20%
肝癌死亡率	100%	95%
总概率	100%	0.8%

比如刚才的例子，当我把先前的层层推演，用去"灾难化表格"一写下来，我就意识到自己的谬误了。因为从指数超标到脂肪肝、从脂肪肝到肝硬化等，每一步的推理的概率都是 100%。

其实肝的脂肪超标，并不见得就 100% 得脂肪肝。就算得了脂肪肝，也不见得 100% 就会肝硬化。就算肝硬化，也不会 100% 得肝癌。假如前面每次递进的概率是 20%，那么概率之间相乘，最终因为肝脂肪超标而导致死亡事件发生的总概率也只有 0.8%。

事件 / 后果	你以为的可能性	实际可能性	我的努力和对策	努力后的可能性
肝脂肪超标	100%	100%		95%
脂肪肝	100%	20%	每天至少跑步或游泳半小时。饮食以蛋白质、蔬菜为主，远离高糖高油脂的食物	2%
肝硬化	100%	20%		5%
肝癌	100%	20%		10%
肝癌死亡率	100%	95%		95%
总概率	100%	0.8%		0.01%
额外的好处	生活方式变得更健康，身体比同龄人更好			

更重要的是，我们还能够通过自己的行动，进一步降低这个概率。所以，你可以在"去灾难化表格"的后面再加上两列，一列是"我的努力和对策"，另一列是"努力后的可能性"。

比如，我自己制订了锻炼计划，每天至少跑步或游泳半小时，平时能走路就不坐车，然后饮食以蛋白质、蔬菜、坚果为主，尽量少吃高糖高油脂的食物。这样的计划下，每个事件可能发生的概率又会进一步降低。按照这样的锻炼和饮食坚持了半年后，我的脂肪指标已经恢复正常，我还因此养成了良好的锻炼和饮食习惯，到现在我的身体都非常健康。一件坏事最终转变成了一件好事。

著名科普作家马特·里德利（Matt Ridley）曾经说过，他是一个理性乐观派，因为他并非靠直觉和情绪来获得乐观，而是靠收集证据。我们前面提到的反驳策略，其实也是在帮助我们收集更多客观事实层面的证据。所以，真正的乐观，不是我们盲目地相信未来会变得更好，而是基于理性所做出的判断。

这和塞利格曼所说的"习得性乐观"，其实有异曲同工之处。所谓的习得性乐观不是精神胜利法，更不是自欺欺人，而是通过理性的分析和客观事实依据，来驳斥内心的负面想法，破除自己不理性的悲观态度，让自己变得更乐观。

做一次"乐观归因"。

第一步，回想一下最近令你感到负面情绪的事情。

第二步，请你参考时间、空间和内外三个维度，对这件事进行一次乐观归因。

用积极情绪创造美满生活

一个人所做的任何决策都离不开情绪的参与，情绪对我们的行为有着强烈的驱动作用。所以，学会理解情绪、和情绪共处，对每个人来说都很重要。

一提到积极情绪，可能很多人会觉得，这个话题离我太远了。我们往往觉得，只有生活美满、幸福快乐，才能体验到更多积极情绪，可看看自己的生活和工作，总是烦闷和痛苦居多，聊积极情绪太奢侈了。但其实，这些想法本身就体现了我们对积极情绪的很多误解。带着误区看积极情绪，难免会觉得积极情绪没有用。

积极情绪就是开心、快乐吗

我们要破除的第一个误区是，对积极情绪本身的错误理解。

只有开心、快乐才属于积极情绪吗？当然不是。所谓积极情绪，是一种积极、正向的情绪体验，是当事情满足个体需要时发生的愉悦感受。

比如，当我们被一些新颖的或者奇怪的事物吸引注意力时，那种想要对这个事物了解更多、探索更多的感受，就是好奇的积极情绪；当我们克服了重重困难，终于拿下一个大项目时，我们会有满满的成就感，内心被激荡的情绪所充满，这种积极体验，就是"自豪"。甚至，有时候我们虽然没做什么特别的事情，但内心仍会觉得恬静舒适，岁月静好，这也是一种积极情绪，叫作"宁静"。

著名积极心理学家芭芭拉·弗雷德里克森通过几十年的情绪研究后，总结了日常生活中最常见的 10 种积极情绪，它们分别是喜悦、感激、宁静、好奇、希望、自豪、逗趣、激励、敬畏和爱。所以，积极情绪就像一块调色板一样，喜悦只是诸多颜色中的一种。

虽然所有积极情绪都伴随着愉悦的感受，但它们之间又存在微妙的不同。如何更准确地识别积极情绪呢？我们可以通过特定的触发条件以及情绪引发的行动倾向来进行识别。由于篇幅有限，完整的积极情绪介绍，我们会以表单的形式放在文稿中，帮助你之后识别并不断强化这些情绪。现在，我们以喜悦、宁静、敬畏和希望这四种积极情绪为例来介绍一下。你可以边阅读，边联想一下自己曾经有过的积极情绪时刻。

喜悦

首先，我们最熟悉的积极情绪是喜悦，当你处在安全熟悉的环境下，事情又按照你的期望甚至比期望更好地发展时，更容易产生喜悦的积极情绪。也许是和朋友一起看展览，然后一起吃饭聊天，聊着聊着就感到很高兴；或者发生升职加薪这样的好事时，你也会感到喜悦。在喜悦这种轻松明快感受的影响下，你会想要接纳周围的一切，任何社会活动都会变得很有趣，这时，我们会出现什么都想参与、都想试试的行为倾向。

宁静

和喜悦一样，宁静同样是在安全而熟悉的环境下，并且你不需要付出太多努力的时候，更容易触发。但相比之下，宁静又显得更低调一些。也许是你经过辛苦而充实的一天，端着茶靠在沙发上，惬意地发出的一声长叹；也许是你在海边漫步时，停下脚步，静静地听海浪声后产生的感觉。这种积极情绪出现时，你会不由自主地想坐下来，停下来，沉浸到一种聚精会神的状态中，细细体会当前的感觉。弗雷德里克森教授又把宁静称为"夕阳余晖式"的情绪状态。想想看，你上一次品味这种宁静时刻是什么时候呢？

敬畏

如果说喜悦和宁静是让一个人更沉浸于自我之中的积极情绪，那么敬畏，则属于"自我超越的情绪"。这种情绪通常会在你大规模地和善意邂逅时触发，在伟大的事物面前，自己显得渺小而谦卑，这就是敬畏的情绪。也许是你站在瀑布脚下，感受水流奔流而下的巨大力量，也许是看到刚出生的小婴儿，感叹生命的伟大……敬畏情绪所带来的行为倾向是，你会不由自主地停下来感受这份比自己更大的力量。

希望

绝大多数积极情绪都是你感到安全和满足的情况下出现的，但有一类积极情绪例外，那就是希望。希望和这三种情绪又不同。哪怕是事情发展不利，存在很大的不确定性，甚至看来几乎是绝望的时候，我们也能产生希望的情绪。比如，重要的考试失败了、突然被公司劝退了等。希望是一个人内心深处，相信无论如何，事情都会变好的信念。希望所带来的最大的行为倾向，就是我们会充满活力地去应对逆境，并不断寻找各种可以改善处境的方法。

就像我们上一节中提到的 ABC 模型，情绪 C 是看法 B 所带来的结果。总的来说，只要我们允许自己花点时间关注那些触发条件，并以积极的思维方式去解释，那么积极情绪就随处可见。

积极情绪只是美满的结果吗

对于积极情绪，人们通常会有的第二个误区是：它只是美满生活所带来的结果。

但事实上，不仅仅是美满生活能带来积极情绪，积极情绪也能带来美满生活。因为积极情绪的存在，给了我们更多的能量和能力去创造幸福的结果，达成这些目标后，积极情绪的账户也更充实了。这就形成了一个由积极情绪带来的正向循环。

比如，感受到更多自豪的积极情绪时，我们会产生更多的自我效能感，相信自己更有能力去探索未知、挑战未来，这会给我们带来更开放的生活体验，也会让我们更主动地去达成自己的目标，而这样又进一步增强了我们的自豪感。

那么，积极情绪是如何帮助我们创造美满生活的呢？

弗雷德里克森教授提出了积极情绪的拓展与构建理论。她认为，积极情绪的存在是在提醒我们：对于环境中发生的事，我们需要去做些什么。而这些所作所为能够不断拓展我们的视野，构建我们各方面的资源，为未来所用。

首先，积极情绪能够拓展人的认知资源，包括创造力、发散性思维等。

哈佛大学心理学家特拉莎·阿玛贝尔（Teresa Amabile）研究了创造力20多年，他发现，有灵感、有创造力的时刻，往往都是和积极情绪联系在一起的。比如诺贝尔奖获得者，在做出重大研究突破的前一天，基本上都至少有一件让他们感到愉快的事情。而压力、失业和竞争，都会降低人的创造力。

弗雷德里克森教授也做过积极情绪促进创造力的实验，她把实验者随机分成两组，一组看10分钟快乐的视频，另一组看10分钟比较悲伤的视频，以此先来激发积极情绪和消极情绪。看完视频后，这些人被带到另外一个房间里做一些需要发散思维才能解决的题目。实验证明，激发了积极情绪的人们，解决问题的成功率更高，发散性思维更强。

积极情绪促进了我们的内在动机，让我们能考虑到在其他情况下看不见的可能性。

其次，积极情绪还能拓展我们的社会资源。

著名心理学家艾利斯·伊森（Alice M. Isen）在1972年曾经做过一个非常著名的实验，她把40多个大学生随机分为两组，让他们去公共电话亭里打电话。实验组的学生，会在电话亭里发现10美分硬币；对照组的学生则没有。这些学生打完电话出来后，会碰到一个刻意安排的行人，这个行人走过的时候手中的一叠资料会散落一地。

结果，发现硬币的实验组里，只有一两个人没有去捡地上的纸，其他人都选择了帮忙；而对照组正好相反，大部分学生无动于衷，只有一两个人去帮忙。这正是因为一个小小的硬币激发了实验组学生的积极情绪，让他们更可能去帮助别人。

之所以会这样，是因为积极情绪让我们更多地看到了"我"和"他人"之间的联系和共同点，从而更多地以"我们"的眼光去看待事情。这种扩大了的"我们"的眼光被称为"自我延伸"。这不仅能帮你提高人际交往质量，而且能让你善于整合他人的资源，为己所用。当然，或许更大的好处是，你会因此而收获更多的积极情绪。

当然，积极情绪还能拓展心理和生理资源。比如，让人更有心理韧性，提高我们的免疫力等。

积极情绪只由外界被动触发吗

第三个对积极情绪的误解是：积极情绪是由外部事件被动触发的。再加上积极情绪往往转瞬即逝，非常短暂，所以想要获得积极情绪，除了等待自然发生外，别无他法。

其实被动触发只是积极情绪产生的方式之一，我们还可以通过主动激发，充实积极情绪的账户。

第一，有意识地满足情绪的触发条件，唤起积极情绪。

刚才我们提到，每一种积极情绪的产生都需要一定的触发条件。哪怕有些积极情绪你从来没有体验过，也可以通过"想一些事情""做一些事情"来唤起。

比如，无论你是在地铁上，还是在家里，请你想一想："关于我目前的情况，哪些方面是正确的？是什么让我有幸在这里？"这些问题都能帮助你短暂地激发感恩的积极情绪。

你还可以停下手中的事情，仔细观察周围，问问自己："身边的人或事，有哪些是让我感到振奋的？哪些是值得我赞叹的？"以此来短暂激发自己敬畏的积极情绪。

需要提醒的是，情绪是高度个人化的，你能否体验到它，取决于你的内在理解，而不是外部环境。让一个人觉得非常有趣好玩的事情，对另一个人来说可能完全没有感觉。所以，每个人提高情绪的方法都是独一无二的。你可以通过不断的观察和尝试，发现对自己有用的触发方法。

第二，对于正在发生，或者已经有过的积极情绪，你还能用品味的方法，放大和加深积极情绪。

就像细细品味一口红酒一样，对于积极情绪，我们也能放慢脚步，有意识地去充分关注和体验它，细细体会它们给我们带来的美好感受。

比如，翻看纪念相册，想想照片是什么时候拍的、和谁一起、当天发生了什么印象深刻的事情等，回想过去的美好时光，细细品味其中的积极情绪。你还可以和家人或朋友一起，互相分享这些情绪和经历。

品味积极情绪的方法有很多，弗雷德里克森的一个学生，就把品味的方法用到了和家人的电话之中。他离开家乡后，和父母之间的交流都转到电话上了，但是他总是一边做其他事情一边和父母交流，并不专心，久而久之，联络感情成了一件缺乏意义的差事。后来他决定每次和父母打电话，都会合上电脑，找一个安静的空间，让自己百分百地投入沟通交流之中，细细品味喜悦和爱的积极情绪。

第三，你还可以用三件好事的练习，每天留出专门的时间，重新发现生活中那些被忽视的好事，别让其中的积极情绪溜走。

三件好事练习，我们之前就已经做过，是每晚睡前花三分钟时间想一想，今天发生了哪三件好事，并把它们记下来。

积极情绪的发生对思维是有依赖性的。所以，三件好事的目的，就是让你专门留出思考的时间，重新挖掘那些被你忽略了的积极情绪。你还可以把三件好事和品味练习结合起来。先用三件好事发现被忽略的积极情绪，然后重温积极情绪给你带来的体验和感受，细细品味它。

积极情绪有 10 种，它们分别是喜悦、感激、宁静、好奇、希望、自豪、逗趣、激励、敬畏和爱，这些积极情绪可以通过我们自己主动创造和习得，这次的实践就是进行一次"情绪的自我学习"。

第一步，在这 10 种积极情绪里选一种你最想拥有的情绪，然后问问自己：我最后一次体验到这种情绪是什么时候？当时我在哪里？我在做着什么？和什么人在一起？

第二步，想一想，还有什么其他的事件或者触发因素能带给我这种感受？我现在还能做些什么来培养这种感受？

消极情绪不见得是你的敌人

经常有很多学生和朋友因为太丧或者太焦虑来找我聊天，他们觉得自己管理不好消极情绪，很糟糕，所以希望我能给一些快速消除负面情绪的方法。

那么，当消极情绪来临时，你一般会怎么做？很多人会启动"战斗或者逃跑"的应对方式，就是说要么对消极情绪宣战，打压它，比如，逼自己对着镜子说"我很棒"，或者强颜欢笑，快速解决问题；要么选择逃避，比如，通过暴食暴饮、购物、找朋友 social 等方式转移注意力，或者忽视消极情绪，希望它能自己消失。

这两种应对方式都暴露了一个很重要的问题，那就是，我们常常用这种敌我对立的态度来看待消极情绪。许多心理学的实证研究已经表明，这种敌我状态虽然短期能起到一定作用，但它只会引发更长远的问题。你并不知道消极情绪为什么会出现，什么时候会来，来的时候有多强烈，自己还能不能应对。久而久之，你对生活的失控感就会越来越强。

我们需要的不是消灭、打压它们，而是用一种成长的方式，理解消极情绪真正想表达的信息，与它们共处。这个过程大致上可以分为三个步骤：识别、接纳和表达。这些概念听起来不新鲜，但是请你耐心往下读，你一定会有收获。

情绪能力测试

以下是对生活中一些情绪相关问题的描述，请你根据自己的实际情况进行选择。

A. 非常符合　　B. 比较符合　　C. 不确定　　D. 比较不符合　　E. 非常不符合

1. 我的情绪起伏很大。
2. 我能清楚地意识到自己每一刻的情绪。
3. 我经常控制不住自己的情绪，做出冲动的行为。
4. 与人相处时，我不太擅长体会对方的想法。
5. 经常不明白自己为什么会生气、开心或者伤心。
6. 当生活中遇到困难时，我经常会鼓励自己。
7. 当我犯了一些错误后，我会总结经验教训，很少怨天尤人。
8. 有时我会做一些事或者说一些话伤害到别人，但是自己并不知道。
9. 别人的感受是什么对我来说没有必要去考虑。
10. 我会为自己设定目标，然后努力去完成。
11. 即使有生气或高兴的事，我也很少表现出来。
12. 当我安排一些事情时，我会尽量使别人满意。
13. 当周围的人伤心时，我可以帮助对方，让他（她）感觉好一些。
14. 我经常留意周围人的情绪变化。
15. 遇到困难时，我会因为害怕失败而退缩。
16. 我很擅长"察言观色"，可以准确地判断他人的情绪。
17. 当我非常气愤的时候，我会让自己很快平静下来。
18. 我是个比较敏感脆弱的人。
19. 我经常告诉自己：我是一个很有能力的人。
20. 我很容易紧张，并且很难放松下来。

计算各题得分，其中，2、6、7、10、12、13、14、16、17、19 题为正向计分，A=5，B=4，C=3，D=2，E=1。1、3、4、5、8、9、11、15、18、20 题为反向计分，A=1，B=2，C=3，D=4，E=5。

计算总分，分数越高，情绪能力水平越高。

总分 <47：你处理情绪相关问题的能力相对较弱

对于自己的情绪状态，你不能及时地进行觉察。并且当你了解到自己的情绪状态后，经常说不清自己为什么会产生这样的情绪。

在生活中，你经常会被情绪所控制，从而做出一些冲动的行为，之后冷静下来，可能会对当时的行为感到不解和后悔；但是当下一次遇到类似的事情时，你还是会控制不住自己的情绪。

在和他人交往时，你也不太善于对他人察言观色，不能准确地判断他人的情绪状态，从而会在不适当的时刻，说一些不太合适的话，因此伤害到对方，而你自己却并不知道。情绪问题不仅影响到你的生活、人际交往，也给你的学习和工作造成了一定的影响。

不过不要着急，处理情绪问题也是一种能力，是可以通过学习和训练不断提升的。

47 ≤总分 <74：你处理情绪相关问题的能力处于一般水平

你可以及时地觉察到自己比较强烈的情绪状态，当你感到十分开心时，或者处于其他比较强烈的积极情绪时，你会沉浸其中，并且寻求让开心继续的方法；当你感到非常愤怒时，或者处于其他比较强烈的消极情绪时，你会比较及时地觉察到其中的原因，但是有时候并不能很好地控制它，从而做出一些冲动的行为，事后感到懊悔不已。

对于强度比较弱的情绪状态，你并不能敏感地觉察到。你会受到一些强度较弱的情绪的控制，这有时候会让你意气用事，不能理智地处理问题。在与他人的交往中，通常你可以了解到他人的情绪和想法。但是当你处于比较复杂的环境时，你可能会进行错误的判断，从而产生一些负面的影响。

总分 ≥ 74：你处理情绪相关问题的能力比较强

你可以比较及时地觉察到自己的情绪状态，并且会分析这种情绪出现的深层原因。当一些比较强烈的消极情绪出现时，你也会及时地控制自己，不让自己出现一些冲动的行为，可以比较迅速地让自己恢复理智。

在人际交往中，你也可以很及时地觉察到他人的情绪和想法，从而调整自己的应对方式，以免对他人造成伤害。不过，这种善于觉察和分析的能力，有时会让你变得过于敏感，反而让自己对情绪产生了过度的解读和控制，让自己的身心很难放松下来。

识别情绪

人最基本的消极情绪有五种，分别是恐惧、愤怒、伤心、厌恶和焦虑。但是在这五种基本情绪的基础上，又根据具体情境的不同，可以延伸、发展出数十甚至数百种不同的消极情绪。比如，同样是伤心，又可以分成悲伤、哀伤、悲痛等。

能够细致、精确地识别不同的情绪感受，就是高级心理功能的一种体现，也是应对消极情绪的基础。

生活里你可能经常听到这样的交流：

"你这周过得怎么样？""还行吧。"

"关于这件事，你有什么感受？""就挺难受的。"

"你旅游回来啦？怎么样，什么感觉？""不错，爽！"

你说他们识别到情绪了吗？识别到了：还行，挺难受，爽。但是显然这是不够的。心理学家莉萨·费德曼·巴瑞特（Lisa Feldman Barrett）发明了"情绪颗粒度"的概念，用来定义一个人辨析情绪的能力。"颗粒度"粗糙，说明一个人对情绪的感受和识别能力比较粗糙，对情绪的感知和描述都显得笼统、空泛。比如，哭了就是难过，笑了就是开心，皱眉头就是生气。而"颗粒度"精细，则说明一个人对情绪有更细致、精准的感知能力，更能从复杂的感受里找到细微的差别。当一个人哭了的时候，他能够判断出这是感动、委屈还是悲伤，甚至能够更进一步地辨认出更细微的类型。

为什么提升情绪颗粒度这么重要？巴瑞特团队通过研究后发现，能够对消极情绪进行精细处理，就能够在控制情绪时更灵活。

人的大脑就像一套预警系统，会不断地根据过去的经验，来决定如何提前为接下来发生的事情做准备。它会决定当你发生一些事情时，出现什么样的身心反应，比如，害怕鬼屋的人，听到鬼屋时就会血压飙升，这说明这个人的身体已经做好了逃跑的准备。

这跟情绪颗粒度有什么关系呢？情绪颗粒度越高，越精细，就意味着大脑的预警效果越好。因为大脑知道针对某种具体的情绪，预设什么样的身心反应最合适。可是反过来，如果情绪颗粒度特别粗糙，比如说，不管是愤怒、悲伤还是憎恨，我们的感觉都是笼统的"糟糕""难受"，那么大脑每次产生的身心反应都是一样的，时间一长，大脑就只积累了同样的一种预警模式，无法构建更多合适的情绪状态，就更别说具体怎么应对了。

所以，培养更高的情绪颗粒度，将会使你的大脑变成一个精细的工具，来应对生活给予你的无限挑战。好在，情绪颗粒度是一项能够培养的技巧，具体怎么做呢？

答案就是，掌握更多的情绪词汇和它们的意思，学会给情绪命名。提升情绪颗粒度的过程，就是不断练习识别情绪，对情绪感受进行更精准命名的过程。通过命名情绪，你的大脑才能将这些复杂的感受分门别类，进行更好的管理。

一位名叫约翰·凯尼格（John Koening）的作家就在 Ted 演讲中，分享了这样一个故事。他发现生活当中有很多模糊的消极情绪，但人们找不到明确的词来表达。于是，他花了长达七年的时间，请人们详细描绘那些消极情绪，然后他把这些感受总结成词，最终制成了一本书，叫作《悲伤辞典》。

这本书收录了 8000 种形容不同消极情绪的词汇，每一个词背后都有对应的描述。比如，辞典里有这么一个词——Kuebiko，这个词表示的感受是：激烈的争执过后，你终于冷静下来，对现状感到平静却无能为力。像这样细腻的消极情绪约翰总结了 8000 个。

所以，其实了解更多的情绪词汇和背后的含义，了解不同场景下产生的不同感受，这个过程就是在细化你的情绪颗粒度。

另外，很多好的文学作品和影视作品也都是值得学习的素材，跟着那些人物的经历和心路历程走，细细体会他们的台词和感受，里面经常有很多对情绪感受的生动形容。

除了学习情绪概念，找一个情绪颗粒度比你高的人交流，也是个好的方法。有时候你会发现，跟有些人聊天，对方什么建议也没给，就是听你说一说，帮你表达出一些情绪，你就觉得好多了。这是因为对方虽然没给你现实的建议，但帮你从情绪颗粒度上梳理了大脑，大脑从混沌的情绪状态里解脱出来，腾出了新的空间，于是你反而可以靠自己的力量去处理问题了。

接纳情绪

我们很少会责怪一个害怕打针的幼儿，即使他吵闹，我们也会认为这是正常的，而且会尽量给他安慰，教他如何应对，让消极情绪顺利地消散。可为什么我们无法接纳自己的情绪呢？

在我看来，通常有以下三种情况：

第一，不知道自己的感受是什么，对这个感觉很陌生，有点惶恐。

就像第一次去医院打针的孩子，当他看到戴着口罩的医生，拿着针筒的护士时，他并不知道自己此时正感到害怕，他只能不断发抖，忍不住想往妈妈怀里躲，这种陌生的感受加剧了他的恐惧，结果他只能用身体本能地表达，持续地哭闹、撕扯。直到妈妈用言语安慰他不用害怕，孩子知道了，这种感受和身体反应叫"害怕"。这样下来，孩子才慢慢学会识别和命名情绪。

第二，我们虽然知道这是什么情绪，但错误地把它当成洪水猛兽，所以选择通过打压或者逃避的方式应对。

其实一旦我们真正接纳了消极情绪，它就失去了破坏力。打个比方，一个正在游泳的人如果遇到了逆流，因为担心自己会被拖到海里，开始拼尽全力逆流而上。但这么做，往往会累到气喘吁吁，甚至抽筋、溺水。想要存活下去，这个时候应该做的恰恰是放手，让水流把自己带到海里。水流最终会减弱，然后我们可以重新游回岸边。同样地，面对强烈的负面情绪也是如此，推翻和逃避是徒劳的，也可能是危险的，可如果我们接受了它，它就会自然而然地发展下去，你会在这个过程中，找到下一步可行的方向。

更重要的是，消极情绪虽然体验不是很好，但它不会给我们带来什么威胁，反而是在向我们释放某种特定的信号，提醒我们，在情况变得更糟糕之前，需要采取某些行为去调整和改变。

举个例子，人在什么情况下会感到愤怒？通常是我们的利益、安全受到威胁，或者界限受到侵犯时。愤怒是在提醒你，需要采取一定措施保护自己。当你成功维护了自己的安全或者界限后，愤怒的情绪就会过去。反之如果你一味地逃避或者压抑，可能导致我们忽略了这些真实的信号。

第三，虽然我们知道这是什么情绪，但从小到大，没有人告诉我们这些消极情绪是正常的、可被接受的。比如说，很多人接受到的教育是要保持谦逊、和善，结果愤怒、嫉妒这些常见的消极情绪成了不被允许的存在，所以哪怕识别了这些感受和背后的信号，我们也会觉得羞耻，藏着掖着，无法接纳。

可实际上，和积极情绪一样，消极情绪也是人生必须经历的体验。每个人都拥有各种各样的情绪，就像每座城市都可能有各种各样的天气，这些情绪证明了我们是活生生的存在的人。

当然，想要做到真正接纳情绪并不容易，但我们可以通过一些技巧，让这个过程变得好操作一些。这里，我给你提供三句话，当消极情绪出现时，别急着逃跑，也别急着战斗，适当地停一停，然后重复以下三句话：

"我可以……"

"我承认……"

"我接受……"

举个例子，当你愤怒的时候，你可以对自己说：

"我可以生气。"

"我承认我在生气。"

"我接受我生气的事实。"

对于消极情绪，你可以试试通过这种方式，让自己逐渐拥有一个机会，去了解它、熟悉它，让它更好地融入你的生活。

表达情绪

从脑神经科学的角度来说，语言表达在应对消极情绪上，具备我们所想象不到的力量。

语言是大脑高级中枢皮层的功能，而情绪的直接发泄和行为破坏是大脑边缘系统激发的。当强烈的情绪产生，尤其是那些强烈的消极情绪来临时，大脑边缘系统会反应剧烈，与此同时，高级中枢皮层的功能会暂时停摆。处在这种状态下，人往往会被情绪驱使，做出很多仓促的决定、破坏的行动，就像动物本能一样。这时候，如何让情绪重回高级皮层的管控，既不压抑它们，又能让它们有秩序、可控地得到宣泄和声张呢？就是通过恰当的语言把它们表达出来。

最常见的句式是：因为什么事情，我感到了什么情绪。比如：

因为我不知道说什么冷场了，我觉得很尴尬。

因为你答应的事没做到，我觉得很生气。

因为你对她比对我好，我有点嫉妒。

当你的消极情绪出现时，这就是一个通过和自己对话，进行自我表达的过程。

这个过程说难不难，但是说简单，也没那么简单。

说它不难，是因为如果你完成了前面两步，识别了具体的情绪感受，也根据自身情况增强了对情绪的接纳度，那么用语言把这些感受表达出来，是自然而然的事。

但为什么我还是说这个过程不容易呢？因为很多情况下，在我们的文化背景下，用语言表达细致的情绪感受，会被误解为敏感、矫情。不仅消极情绪如此，甚至连积极情绪也是如此。所以，往往需要我们多一些让情绪被说出来的勇气。

总的来说，正是通过识别—接纳—表达这三个基本步骤的处理，你的消极情绪被看到、被理解，并且重新回到了大脑合情合理的管控中。在这之后，你就可以在行为层面做出新的、有益的选择。和强行隔离、压抑情绪得到的理智不同，在情理都和谐的状态下，你所做的选择会更自主，也更贴近真实的自己。

今日行动

这次的实践，是"认识消极情绪"。

第一步，回想一下最近你感受的消极情绪，然后在我为你提供的消极情绪表单中找到你认为最贴切的词汇，将它们写下来。

第二步，选出你体会到的最强烈的一到两种消极情绪，想一想是什么原因让你感觉到了这种消极情绪，你有哪些应对它的方法呢？

这个实践可以帮助你识别、接纳自己的消极情绪，而书写和分享的过程，也会帮助你表达你的消极情绪。

如何应对过多的压力

前面我提到消极情绪时，说过以敌我的态度来看待消极情绪会引发问题，只有了解消极情绪你才能更好地应对。同样地，压力管理也是一样。

对压力的认知模式，会影响压力管理的效果。我们对压力的印象往往是负面的，单一地认为"压力有害"。这种对压力的错误认知只会让自己因为压力而陷入恐慌，用无效的方式去进行压力管理，解决不了根本问题。

想实现有效的压力管理，我们需要了解压力从何而来、如何用积极的应对方式去应对压力，认识压力的积极作用。我会带着你从这些方面入手，帮助你在行动中更好地应对压力。

你的压力从何而来

一个人的压力究竟从哪里来呢？我们其实都有过类似的体验，同样的一件事情，会让一些人压力很大，而另一些人根本没当回事。

美国著名心理学家拉扎勒斯认为，压力其实是一个人对自己感知到的事件的全部反应。这个反应是通过我们的认知评价来决定和完成的。换句话说，一个人是否会产生压力，压力又会带来多大的影响，主要取决于我们怎么看待和评价发生的事情。

我们对事件的认知评价又包括了两个部分。一是你对外界压力事件的初步判断：这件事和我有什么关系？它向我们提出了什么要求？有潜在的利益吗？有潜在的危害或者威胁吗？

二是我们对自己内部资源的评价：我以前遇到过这样的事情吗？我是否有足够的资源来应对这件事？包括自己的能力、优势、过去问题的处理经验、是否能得到他人支持等。如果你觉得能应付，那这个外部事件给你带来的情绪影响就结束了。反过来，如果你认为自己没有能力应付它，那么，我们就会感到有压力，并产生手足无措和焦虑等消极情绪表现。

我们举个例子。这周末，老板安排了一次商业聚会，需要你和另一个同事接待好潜在的合作方。

接到这个任务通知后，你会先进行一轮对事件本身的评估。你发现，老板很看重这次商业聚会，所以安排你做这么重要的接待工作，说明他挺看重你，得好好把握这次表现的机会。

接着，你会进行第二轮对自己能力的评价：对于这个任务安排，你有没有充分的能力和资源来应对？如果你觉得"不就是和人聊天吗？我挺擅长的，以前也做过类似的沟通工作，再说了，这次还有另一个同事和我一起打配合"，那么，你的压力就会少很多；反过来，如果你觉得自己不太擅长社交，又不够幽默，准备时间不够等，那么这个时候你就会倍感压力。

所以，压力之所以会产生，本质上是你觉得这件事对你提出的要求已经超过了你能够应对的范围。

不管是外在事件提出的要求，还是应对能力，都是我们主观的认知评价的结果，这就是为什么压力非常个人化。就拿刚才那个例子来说，老板真的特别看重这次商业聚会吗？老板真的对你抱有很大的期待吗？你真的不擅长社交吗？都是我们基于实际情况做出的主观评价和判断。

很多时候，我们之所以感到压力特别大，就是因为对压力事件的评价，既包含了事件本身提出的要求，也包含了我们对自己的期待。老板说你不做好我要扣工资，老师说谁挂科我不让谁毕业，家人朋友对你抱有很大期望等，这些是外部加注的要求。而我必须办好这件事，否则老板会对我失去信任；我没考高分会被人看不起；我不想让家人朋友失望等，这些是我们自己给自己提出的要求。当你对自己需要做的事缺乏一个相对清晰且客观的认识，甚至存在过度完美主义倾向，这样认知上的不足或扭曲，都会给自己带来很多额外的压力。

如何应对压力

那么，我们应该如何更好地应对和调节压力呢？

我曾经在一场积极心理学的交流会上认识了一位朋友小 A，小 A 说自己目前最大的困境是不知道该怎么排解压力。

最近公司正在进行一个很重要的项目，小 A 为此连续加班了好几周，被项目里的各种任务和时间线压得透不过气来。有一次，晚上 10 点，小 A 刚到家，老板就打电话来，要求她加急整理一份资料，第二天上午就需要用。

小 A 挂掉电话，想到明天既要交加急的文件，还要完成原定的一个文件，她长叹了一口气。然后把手机一扔，打开一罐薯片和可乐，在暴饮暴食中发泄自己的压力。几分钟后，丈夫过来抱怨孩子怎么都不肯睡觉，让她帮忙哄哄。结果小 A 怒吼了一声，孩子哭着回到房间。

面对生活和工作的压力，很多人就像小 A 这样，通常是以逃避和转移的方式来消极应对。一种是在暴饮暴食中逃避压力，"什么都不想做"，所以索性"什么都不做"；另一种是把自己的压力转移并发泄到其他人身上。

这些消极应对压力的方式，通常不但起不了多大作用，反而会让人的情绪变得越来越糟糕，而糟糕的情绪又会给人带来更大的压力，感到更加焦虑和无助，从而造成恶性循环，让压力感不断升级。

那么，我们如何才能积极应对压力呢？

正如我们前面所说，当压力事件发生时，我们对压力源的认知评价造成了压力感，导致了许多消极情绪和消极行为。所以，接下来，我会从压力源、认知和情感这三方面，分别来谈谈积极应对压力的策略。

压力源：直面压力事件，解决问题

首先，最直接的方式是，直面压力事件。如果你能直面压力源，解决实际状况中的问题，那么，不仅压力感很快会消失，问题的解决还能为你积累成功经验，增强自我效能感。

我建议小 A 压力事件来临时，通过 what—why—how 三个提问，来帮助自己更好地分析问题、解决问题。

What ：这件事对我提出的要求是什么？（压力事件的要求）

Why ：为什么我会感觉压力这么大呢？（问题的根本）

How ：怎样去解决这个问题？其中我可以做些什么呢？（解决方案）

比如，面对项目任务和加急任务的两难问题，同事小 A 也深感压力和焦虑。压力感来临的时候，先深呼吸几下，然后开始问自己：

这件事对我有什么要求呢？按照老板的要求，小 A 一天之内要完成两个重要任务。

为什么我会感到这么有压力呢？小 A 仔细想想，是因为按照这个时间，她一个人根本做不完。所以，问题的根本是自己无法同时满足项目任务和加急任务两个时间线。

那怎样才能解决问题呢？从公司业务的角度，首先要确定任务的优先级，哪个任务最重要，每个大概需要多少时间。评估重要性和工作量后，如果确实无法一个人来做，就有两种方法，一个是加人，一个是加时间。所以小 A 就可以向老板询问优先级，以及是否可以加人或者延长时间线的方案。

这样，通过 what—why—how 三个提问，小 A 就能发现压力事件背后问题的核心，也形成了一个以解决问题为导向的应对策略。听我说完，小 A 觉得轻松了很多。

认知：重新评价、发现意义

其次，当没有办法解决问题本身的时候，我们也能通过重新调整对压力源的认知评价，来减轻压力。这就是我所说的认知策略。

处于压力情境中，我们会有很多消极的想法和评价。

习惯拖延的人总是想"我等一下再做"，固定型思维的人则总暗示自己"我不会做这件事，我连从哪里开始都不知道"。再或者，因为现实的任务无法逃避，只能在思想上进行逃避了："如果我病了，我就不用做这件事了。"

心理学家大卫·伯恩斯（David D. Burns）把这些消极的想法称为任务干扰型认知（task-interfering cognitions）。虽然只是想想而已，可能一边想一边也在完成任务，但这些想法本身一直在消耗心理资源，妨碍任务的完成。

伯恩斯认为我们可以主动地把这些消极想法转化为更积极、对任务完成更有建设性的想法，把任务干扰型认知变为任务导向型认知（task-orienting cognitions）。

你可以拿出一张纸，画一条竖线，在左边一栏先一一列出你经常有的那些任务干扰型认知，然后在右边一栏针对它们，试试积极的任务导向型认知。

比如，"我等下有时间就来做"的消极想法，转变为"我开始得越早，我就能越早完成，越早休息，去做其他的事情"。

再比如，"我不会做这件事"的消极想法，转变为"老板让我来做这件事，肯定是相信我能做。我可以去多问问别人，学习一些新的技术，来克服这个困难"。

除此之外，任务导向型的积极认知还有：

"我做过类似的事，并且完成得都很顺利。"

"我会思考这个问题本身，而不是我会做得怎么样，别人会怎么看我。"

甚至，你还可以说："这些消极的认知，别来烦我！"主动把消极认知赶走。

如果你发现干扰型认知贯穿任务完成的过程中，不妨对自己说："停一停，我需要更积极的认知！"然后切换到任务导向型的认知，帮助自己保持注意力。

情感：合理发泄、补充资源

当然，在现实生活中，压力源得不到解决的情况是很普遍的，因为压力事件可能受到各方面因素的影响，包括一些不可控的外部因素：比如，公司的企业文化、行业情况等。这些问题，靠自己的力量也许无法得到解决，压力感往往会大量消耗我们的心理资源。所以最后，给你推荐两个常用的方法，它们都是合理发泄压力，补充心理能量的情感策略。

第一，寻求支持，通过对家人朋友诉说问题，寻求他们的帮助。

人际连接是我们的内部资源，当压力来临时，可以通过向他人求助的方式补充能量。有时候只是把问题说出来，和他人分享自己的感受和想法，我们就会体会到被理解、被关怀的感觉，心情也会好很多。对不少人来说，向别人分享自己的困难，需要很大的勇气。如果你觉得向别人诉说压力还有困难，可以先从增加自己和朋友沟通的次数开始，比如说主动约饭、约聊天，不用急着说自己感到困扰的事，只是增加简单的问候也有帮助。

第二个情感策略是，"表达性书写"（expressive writing）。这个方法适用于自己一个人的时候，专门给自己留出一些抒发心情和想法的时间，发泄自己的压力。

具体怎么做呢?

请你专门留出 20 分钟左右的时间，找一个不会被打扰的地方，写一写你现在内心深处的感受和想法，以及这些情感挑战对你的工作和生活有什么影响。你不用在意字写得好不好看，更不要担心措辞和逻辑，这 20 分钟时间只为自己而写，真正地放手去探索这件事情和你的情绪感受。

当我们身处压力情境，或是生活发生重大转折时，我们很容易反复思考这件事，这在心理学上就叫作"反刍"。就像牛羊将草反刍到胃里反复消化一样，我们也经常把负面想法和情绪反刍到脑中，反复思考，这就会导致焦虑、失眠等问题，大量消耗我们的心理资源。

而表达性书写，就通过纸笔，给我们提供了一个安全的环境，让我们合理地发泄脑海中的情绪和想法，往后退一步来评估我们的生活。并且，通过把自己混乱、复杂的想法转化到纸面上，我们开始成为生活故事的主动创造者，随之而来的掌控感也会让我们感到更有能力应对压力的挑战。

最后，我想说的是，一个人只要活着，就无法避免压力。学生的压力来自学业，成年人的压力来自职业发展、家庭的经营、孩子的养育等。但是，一件事让你感到巨大的压力的同时，也意味着它对你的重要性。之所以希望高考能有个好成绩，是为了美好的未来。之所以希望有份好工作，是为了自己和家人的美好生活。压力感与意义感是紧密相连的。

生活向我们提出的一个个挑战造成了压力，而我们能通过不断提升自己的能力，来守护我们认为重要的东西，从而获得自身的成长，这也就是压力背后的意义。

今日行动

做一次"压力认知转变"。

第一步，想一想最近的一段时间里，你的压力来源是什么。

第二步，想一想当你面对带来压力的事件时，你会有哪些想法和认知。

第三步，请你将其中的任务干扰型认知列举出来，并将它转变为任务导向型认知。

这一实践可以帮助我们梳理自己面对压力事件时的认知状态，经常反复练习，我们可以一点点纠正自己应对压力时的消极态度，逐渐培养迎难而上的勇气与动力。

运动解千愁

还记得前面提到的小 A 吗？她曾经有一段时间压力巨大，公司任务重，家里事情烦，最后她干脆靠暴食暴饮、向家人发脾气来疏解自己的压力。这样下去，当然情况会越来越糟。

但是她最近又跟我联系了："老师，我现在状态好多了，有一些心得，想跟您聊聊呢！"

我也很高兴，就跟她见了一面。结果，刚看到她时就吓了一跳：这还是那个小 A 吗？以前的小 A，身材有些发胖，举止有气无力，眼神暗淡无光。可现在的小 A，神采飞扬，精神奕奕，走起路来虎虎生风，说话也是信心满满，连身材都变得更好了，十足一个职场精英女性。

我很惊讶地问她，怎么做到这么大的提升的？

她笑着说：都是积极心理学教我的啊。不过，除了那些心理调节的方法外，她倒觉得是运动最有用。

原来，我在那次交流会上也重点强调了运动对心理的好处。她后来就开始每天运动半小时，平时是跑步和普拉提，周末跟家人去爬山，有机会还会去打拳击。坚持了一年，果然就收获了一个全新的自己。

运动让人更快乐、更专注、更聪明

彭凯平老师在本书序言里就提到过，清华大学一直传承着马约翰精神，强调体育能塑造人的品格，如勇气、坚持、自信心、进取心和决心，并培养人的社会品质，如公正、忠实、自由。近年来的科学研究还发现，运动让人不仅更健康，而且更快乐、更专注、更抗压，甚至还更聪明。

为什么呢？这其实有进化的原因。人类的祖先，牙不尖，爪不利，他们靠什么去狩猎呢？说来你可能都不相信：他们是靠长跑，跟在猎物后面锲而不舍地追逐，最后把猎物累死的！

所以，人类进化出各种鼓励你坚持运动下去的机制。比如说，人类大脑里有四种最重要的正面神经递质，分别是让你快乐的多巴胺、让你感觉到爱和温情的催产素、止痛的内啡肽、宁静的血清素，而运动就能大量产生多巴胺、内啡肽、血清素。经常运动的人一定都有过越运动越爽的感受，就是因为你的大脑"嗨"起来了！所以，很多时候心理咨询师对于轻度的抑郁症来访者的建议都是去运动，大量研究也表明，运动能减轻抑郁，而且运动量越大，减轻的效果越好。如果每周有三次 30 分钟高强度运动，效果就已经超过吃抗抑郁药了。关键在于，吃药有各种副作用，而运动的副作用是什么呢？是让你身体更健康了！

大脑里还有一种神奇的物质，叫"脑源性神经营养因子"，英文缩写是 BDNF。从这个名字你大概就能猜出来，它是大脑自己产生的、对大脑有滋养促进作用的一种物质。它的功能很多，既能保护脑细胞，抵御损伤，尤其是保护新生的脆弱脑细胞，使得你的大脑还能继续得到新生细胞的补充，又能增强脑细胞之间的连接，使得脑细胞之间传递信息更加高效，还能提升大脑可塑性，延缓大脑衰老。所以，科学家干脆把它叫作"大脑肥料"。有了它，大脑运行起来就事半功倍了。

那么，BDNF 怎么产生呢？它是大脑自己内部产生的，不能靠吃药或者注射获得。科学家发现，最好的方法就是运动！尤其是有氧运动。最神奇的是，BDNF 似乎就是为运动而生的。你刚开始运动，BDNF 就源源不断地分泌了，而且此后你每次运动，都会使大脑产生更多的 BDNF。换句话说，你不用锻炼得更多，只要坚持下去，你大脑里的 BDNF 却会越来越多。甚至当你停止运动之后，大脑还会恋恋不舍地继续产生 BDNF 长达两个星期之久，随时等待你回来。

尤其重要的是，产生 BDNF 最多的地方是海马，而海马，又是人类的记忆中心。难怪在科学家的很多实验里，让人在记忆测试之前先运动一下，他们的成绩都会变得更好。

类似的，运动还能提升你的注意力，因为不专注、烦躁、分心的根本原因是大脑里的多巴胺水平不足，因此大脑感受不到足够的快乐，所以才四处搜索、东张西望地寻找更多的奖励来源。前面我说过了，运动能大幅提升大脑里的多巴胺含量，因此也就能让你变得更专注。

运动能让人记性更好、更专注，很多教育工作者都借鉴了这一科学发现。美国伊利诺伊州有一所纳帕维尔中学，就给学生加了很多体育课，结果发现，学生的成绩果然都提升了。但是，有趣的是，在上课前运动的学生，数学成绩比上课后运动的学生多提升了 93%，语文成绩多提升了 56%，因为运动完之后，人就进入了更好的学习状态。

运动让人更抗压、更成功

另外，就像小 A 的例子所展示的那样，运动也让人更抗压。这其实是小 A 自己告诉我的，她说："老师，你讲的那些心理学方法都很好，可惜对我都不太好用，因为当压力来临的时候，我就感到天旋地转，头脑完全停摆了，就一心想逃跑，哪里还能想得起来你教的那些方法啊？后来还是靠运动，坚持了一段时间之后，我忽然发现，咦？现在压力再来的时候，我就不慌了，于是才能慢慢地用那些方法来进一步调节。"

小 A 的这个经历是不是很神奇？其实，这是因为每次运动，都是一次压力测试。当压力来袭时，我们都会感觉呼吸急促、心跳加快、身体出汗。这些信号传递到大脑，如果你经常被压力困扰的话，就会引发大脑的恐慌系统，大脑就进入了

"战逃模式"，不是失控发脾气，就是逃避不作为。

怎么办呢？我们就需要来训练自己的大脑，使它在呼吸急促、心跳加快、身体出汗的时候，不是进入"战逃模式"，而是进入"兴奋模式"——你肯定也猜到了，这个训练方式就是运动。

运动让我们的身体产生和压力类似的反应。事实上，运动也确实让人体大量分泌压力激素皮质醇，这样身体才能完全激发起来，投入到急促运动中去。但是，运动不同于考试的地方是，它的困难是一定可以战胜的，而且胜利后感觉好极了。小A在开始时运动量并不大，一天就先快走15分钟，然后慢慢地增加到慢跑15分钟，后来慢跑30分钟，最后能快跑30分钟。这个坚持并不难，而且结束之后，由于多巴胺、内啡肽、血清素的大量分泌，人会感觉爽翻了。

每一次这样的运动，就是在告诉大脑：呼吸急促、心跳加快、身体出汗不可怕，相反，你只要再咬牙坚持一下，马上就能爽了！

这种对大脑的无形训练，作用于潜意识里，你可能自己都没有意识到，但是大脑却收到了，因此，当下一次压力来临，你的身体报警时，大脑并不会恐慌，而是会兴奋地准备迎接挑战、期待胜利。

当然，更不用说，运动也能让人更自信，"我连这么难的每天运动都坚持下来了，还有什么是我做不到的？"运动还让人更自律，使得你不会被情绪绑架，而能使用理智去应对压力。这些都是在用身体、潜意识的途径增加你的抗压能力，比有意识地使用别的方法抗压更有效。

因此，运动使人更快乐、更专注、更聪明、更抗压，那当然也就让人更成功。我在纽约工作时，有一次公司里来了一个新同事，很年轻，MBA刚毕业，却被安排在一个重要职位上。我们都有些吃惊。后来我跟她熟了，问起她来，才发现她原来是美国花样游泳队队长，在亚特兰大奥运会上获得过银牌。她说，她退役后念了MBA，本来面试这家公司，也就是求一个普通职位，但是公司老板亲自面试了她，然后给了她这个重要职位。为什么呢？老板说："一个能在奥运会上拿奖牌的人，能做好任何事。"后来事实证明，老板是对的，她确实表现得特别优秀。

开始运动的方法

当然，运动的好处估计你也早就知道，最大的难点还是，怎么才能开始运动并且坚持下去呢？我有三个建议：

第一，就像我在"微习惯"里所说的，从小开始。小 A 从快走 15 分钟到慢跑 15 分钟，再到慢跑 30 分钟、快跑 30 分钟，就是一个好例子。你也不用给自己压力。要知道，任何运动都比不运动好。哪怕你从此就停留在每天走 15 分钟，都会给你的身体和心理带来很大的好处。

第二，利用催产素的力量。前面我提到过，大脑里最重要的四种正面神经递质，运动能促进其中三种的分泌，唯一缺席的是催产素。催产素从哪里来呢？当我们跟喜欢的人在一起时，大脑就会分泌催产素。所以，你可以和朋友一起锻炼，比如打球、加入跑步小组、一起做瑜伽等等，哪怕是午间休息的时候，和同事一起踢毽子，都能让你在运动之外，额外又享受到人际的欢乐，下次运动起来，也就更加有动力了。

第三，利用环境的力量。有一项研究发现，只要让人把零食放在抽屉里，不放在桌上，他们吃的零食就会大为减少。诱惑在眼前，人就更难抵挡诱惑。用西方人的话说，不要试探心里的魔鬼。反过来，应该设置好环境，激发心里的天使。比如说，如果你上班会经过一家蛋糕店，现在你就可以改变路线，经过一家健身房，每天看到各种帅哥美女在里面挥汗如雨地锻炼，这在潜意识里就会提示你也多运动。也可以在看电视的茶几上、或者电脑桌旁，不放零食，而放一些小小的锻炼工具，比如拉力带、跳绳，这样可以一边看电视、刷视频，一边来锻炼。又比如北京雾霾最严重的那几年，我早上起来本来要跑步，一看外面雾霾这么大，干脆就继续去睡觉了。后来觉得不行，就买了一个椭圆机，可以在家里锻炼，这就是设置了更加有利于运动的环境。另外，前面说的人际环境也是环境的一部分，加入运动小组，或者跟家人进行运动打赌（"如果我这个月有一天不锻炼，下个月的碗都由我洗"），都能"逼迫"自己去运动。

借用运动 APP Keep 的口号，我写过一首打油诗，与你共勉：

晚睡生百病，

运动解千愁。

少吃油咸甜，

自律得自由！

今日行动 ━━━━━━━━━━━━━━━━━━

给自己制订一个运动计划，可以用以下技巧：

第一步，从小开始，哪怕每天走路 5 分钟都是一个好的开始。

第二步，善用人际环境，尽量找到一起运动或者鼓励你运动的人。

第三步，完成计划之后，可以立即给自己一些小奖励，比如听喜欢的音乐、吃美食（不用担心美食增肥，建立运动习惯带来的好处要远大于美食的坏处）。

我的价值观很容易受人影响，产生动摇，该怎么办？

这是个好问题。

首先，稳定的价值观本来就不是朝夕间形成的，需要在每一次选择和排序中不断强化。比如说，你觉得家庭比事业更重要，那么，当同事邀请你下班去酒吧坐坐时，你选择了回家陪孩子，这就是在强化和稳固已有的价值选择。

而在强化价值观的过程中，之所以容易受到别人的影响，是因为我们往往会忽略价值观背后真实的情况。

比如，在你的价值观里，家庭比事业重要，但是你的领导觉得事业更重要。当你看到领导在单位比你风光，挣得比你多，享受更高的话语权时，你开始动摇了。但是，你并没有看到领导这种价值选择背后的代价，可能是身体长期处于亚健康的状态，可能是陪伴家人的时间太少，亲密关系和亲子关系都受到影响，等。这就是俗话所说的"光看贼吃肉，没见贼挨打"，话糙理不糙。选择的同时也意味着放弃，在看到别人得到什么的同时，也看看别人失去了什么。这也是为什么，越是重要的价值排序，往往越考验人。

最后再补充一点，我们一直强调自我是流动的、发展的，作为自我的重要组成部分，价值观同样如此。我们一生其实都在不断梳理自己的价值观，让它更符合我们内心和现实的需要。刚结婚、刚生孩子的时候，你可能觉得家庭、孩子比事业更重要，于是把很多时间、精力投到家庭里。等孩子上了高中，考上大学，你可能希望把重心转回到自己的事业或者重要的人生目标上。所以，要学会接纳你的价值观本是会随着你的经历不断变化发展的。

如何应对来自同辈的压力？和同部门的一个同事平时关系比较好，感觉

她比我优秀很多，我很羡慕，压力也很大。不知道该怎么办。

人在这种情况下感受到的压力往往有两层。第一层压力是同事某些能力、特质、条件比你优秀带来的，这是同辈比较带来的正常心理。第二层则要复杂一点，像你所说的，你跟这个同事关系好，同时内心又有对她的羡慕甚至有些嫉妒，然后你可能讨厌自己这种心理，你对自己复杂心情的排斥，变成了第二层压力。

我们常说"化压力为动力"，这其实有个前提，就是你真的觉得自己有可能变得更好，你内心有盼头、有希望感，压力才可能化为动力，否则压力就仅仅是压力。

心理学家阿德勒认为，每个人都有提升自己，向上进步的需求和内驱力。感受到同辈压力，说明你有进步的渴望和动力，也说明了你还有进一步提升的空间。

所以具体到你身上，我想可以从两方面入手。

第一点，精细化你的压力感。也就是说具体分析你从同事那感受到的压力是哪些成分，外貌？家世？业务能力？人际沟通能力？……你会发现，你一定能找到你也能提升的部分，那个部分是你增强希望感的来源。一旦你在某个点上做出了提升改变，以点带面，你内心的效能感就会被激发，你会变得更喜欢自己，第二层压力就会缓解。

第二点，不要忽略自己的优势。越是把注意力放在相互比较、如何能压过对方一头，自己哪个地方不如别人，然后激发焦虑和内耗，就越是逃不出压力的困境。你的魅力和光彩，在你发现自己、舒展自己、投入自己生活的时候才最能展现。

如何避免间歇性堕落？

"间歇性堕落"这个词就很有意思了，我猜想你脑海里关于"堕落"的画面，大概是健身了几天然后坚持不了又大吃大喝几天，学习了一个星期觉得难熬又停滞了几天这类的事情。

其实"堕落"这个词是包含情感意味的，当我们对自己使用这个词，隐含着对自己的贬低甚至自我攻击。

因为你脑海里大概还有另一个画面，那就是"不堕落"的理想生活：每小时都很充实，每个计划都完美无缺地实现。你看到了更完美、计划执行力更强的人，你觉得跟那些人相比，自己是糟糕的。现实自我和理想自我之间的差距，无法短期跨越，你又急于短期内跨越，于是你内心感到生气、挫败、无力，那时候你认为自己"又堕落"了。

这里的关键有两个。第一，你需要停止暗中的自我贬低和自我攻击。重新安排计划和行动节奏，你不能用"理想自我"的节奏来安排"现实自我"的生活，一口吃不出一个胖子。

第二，间歇性堕落是不太好，你要学会"科学地堕落"。在做日程安排时，除了安排要做的事情要完成的目标，还要把各种形式的休息安排进去，还包括刻意地安排一些娱乐放松的活动来犒赏自己，这样才会有持续的动力和能量做事情。比如，短暂休息、充足的睡眠、定期的休假都是不错的方法。

我之前一直是很上进的，积极有正能量的，最近不知怎么回事，总是在想要努力的时候产生抵触情绪，也知道应该怎样做，可就是不想做，怎么办？

你问出了很多人的心声，那就是想改变，但又有抵触情绪时怎么办？这个问题涉及两个层面：一是价值观和意义层面，二是具体的行动层面。

价值观和意义层面，你需要检视一下你抵触的改变和行动到底是不是你真正想做的。这种检视不能只停留在理智层面，比如，虽然理智告诉你，学好英语走遍天下都不怕，可真的拿起听力和口语时都像下地狱一样。

除了理智层面的检视，你还要觉察情感层面，觉察你内心的大象。你是自主的吗，还是受控动机在作怪？比如，你觉得周围人都会英语，就你英语不好很丢脸；或者，学不学英语本来无所谓，现在的生活工作其实用不上，但你的父母、你曾经的经历给过你某种刺激，让你有个英语情结，不学英语你就心里有个缺口，证明不了自己；等等。

另外，抵触也可能发生在行动层面，这时候，你需要看看自己的启动和目标设定。

首先，要进行一个有效启动。即使是我们想做的事情，人也会表现出惰性的一面。哈佛幸福课讲师泰勒·本－沙哈尔曾分享过他的例子，他说：我很喜欢积极心理学，但是我每次开始准备积极心理学课程时，还是会抵触、拖延，不想开始。

那如何更好地行动起来呢？我们在微习惯那一节中介绍的"五分钟起步法"就能派上用场了，不管完成任务需要两小时还是半天，我先做五分钟再说。往往五分钟过后，你的抵触情绪就会消失，因为这是你想做的事情，你会因为行动的惯性继续做下去。

其次，检查一下自己的目标设定是否合理。目标能达成，比较清晰具体了，每一步都知道要做什么了，行动起来就有了方向，抵触情绪就会减少。

最后，有人提醒和监督，会有效增强我们的行动力。想想看那些职业运动员为什么都要有教练，除了提供专业上的指导，还有就是教练的督促和鼓励。当然，你还可以和目标一致的小伙伴组队行动，相互提醒和鼓励。

第四章

自我实现

Self-actualization

怎样度过一生

对"自我实现"这个词，估计你并不陌生。在传统价值观逐渐失去吸引力的现代社会，自我实现成了很多人新的信仰。可是一提到自我实现，人们经常联想到的是财务自由、功成名就等，我们所理解的自我实现，都局限在了用现实指标来衡量，通过跟他人对比来评判之中了。

对自我实现，最著名的阐述来自美国心理学家亚伯拉罕·马斯洛（Abraham H．Maslow）。他是怎么定义"自我实现"的呢？

自我实现是一种更高级的需求

马斯洛认为，人的需求就像一座从低到高的金字塔，其中，自我实现位于金字塔的顶端，它代表着一种人类更高级的需求。

为了帮助你找准它的位置，我们来了解一下马斯洛的需求层次理论。底层的需求是人最迫切的生理需求，比如，吃饭、喝水、保暖的衣服等。之后，你会开始关注安全需求，比如，人身安全、身体健康、财产安全等。这也是一个比较基本的需求。生理和安全需求都得到满足后，对归属和爱的需求就会凸显出来。人是社会动物，天生就渴望人际连接，害怕孤独、被排斥的痛苦。再往上一层，就是自尊的需求，是对获得稳定的、较高评价的需求，包括来自自己的和来自他人的尊重。

这些需求都满足后，一种新的需求还会在金字塔的顶端召唤着我们，那就是自我实现的需求。我们会自动地想要让人生变得更有意义、更激动人心，发展出一个更高级的自我。

总的来说，高层需求和低层需求相比，有两个特点。

第一，高层需求不像低层需求那么紧迫，所以两者发生冲突的时候，经常是高层需求屈从于低层需求。比如，人在非常饥饿的时候，会放弃安全需求去冒险抢夺食物；而人在安全受到威胁的时候，也可能会放弃自尊需求，去做一些自己平时看不起的事。

第二，低层需求的满足是为了减少负面体验，减少对自我的威胁，比如，避免饥寒交迫、恐惧、孤独等。而高层需求的满足可以增加正面体验，增强心理的充实和完整程度，直至体验到心理巅峰。

正因为这样，马斯洛把需求金字塔里最低的两层——生理需求和安全需求称为匮乏需求，没有满足的时候你会很难受，会想办法追求它们，但是当这种生理匮乏、安全匮乏的状态得到缓解后，你就不会再去注意它们。

而最高层的自我实现就称为成长需求，它给我们带来的更多是正面情绪，因此它们一旦被满足了，我们就想拥有更多。至于处在金字塔中间的归属和爱的需求、自尊需求则是帮助我们从解决匮乏走向满足成长的过渡阶段。

顺便说一下，本书从自我开始，经过关系、改变，又来到现在的实现，其实就是一个从低层需求不断向高层需求升级的过程。

在自我这一章，我们讨论的更多是情感和安全，在关系这一章，主要是在讲归属和爱以及别人的尊重，这两个部分帮助你更好地了解和满足基础层次的需求，为你的进一步提升打下地基。

到了改变这一章，我们开始讲怎样通过行动，逐渐积累真正的提升。而从这一讲开始聊的自我实现模块，我们将一起探讨各种与最高层次需求相关的心理话题，希望它能够让你的人生完全绽放。

当然，可能还有人会问，自己现在低层的需求都还没搞定呢，这个时候谈高级的自我实现，会不会太超前了？对于这个问题，马斯洛后期也做了回答。人之所以为人，经常有超越动物本能的理性和意志，比如，历史上有的是"不受嗟来之食"的君子，哪怕生理需求没满足，也要追求自尊；也有"威武不能屈"的大丈夫，哪怕安全需求没满足，也要追求自我实现。

就像我们刚才所说的那样，高层需求越满足越想要。如果一个人曾经体验过高层需求带来的意义感和超越感，他就很难忘记那样的体验，甚至愿意牺牲低层需求去坚持追求金字塔的顶端。

所以，其实具体到每个个体，需求层次并不是只能机械地由低到高地发展。每当你对自己发出"我为何而活"这样的疑问，思考"我人生的意义究竟是什么"时，其实就是你的自我实现的需求所发出的信号。哪怕是短短一瞬间，我也希望你尽早地体验到这种更高级的需求，那种蓬勃、喜乐的巅峰体验，会像光一样，照亮你的世界。

自我实现不是结果，而是状态

我想说的第二点是，马斯洛所描述的自我实现的需求，并不是对结果的描述和衡量，而是一个人所处的状态。自我实现的人并不见得就一定取得了世俗意义上的成就，或者获得多大的功名。

那么，处于一个什么样的状态，可以被称为自我实现呢？

马斯洛为自我实现的人描述了 19 个特点，但同时也强调说，自我实现的人也难免会有缺点，所以，我就不详细说这 19 个要求，而是把它们总结为亲社会、巅峰体验和高层次认知这三大类。

亲社会，是说自我实现者经常能主动创造，并体验到对别人、对社会的爱和善意。

你可能会困惑，只是鼓励大家做个善良的好人而已，怎么就上升到自我实现的高度了？其实没那么简单。处于一种亲社会的状态里，意味着一个人有很好的爱与被爱的能力，能跟别人形成广泛而又深层次的连接。你走出了自我中心，有一种人类亲情，做事情不再只为自己，也不再只为某个小团体的利益，而是有一种自我超越的意识，希望全人类、整个世界都变得更好。

疫情防控期间，就诞生了无数个这样的平民英雄。前两天我在媒体上看到过一篇报道，武汉一个外卖站点的站长，47 岁的李小驰和他的弟兄们，从大年初三开始就一直为定点医院的医护人员义务送餐。

李小驰在接受采访时提到，自己非常愿意做这件事，但因为疫情很严重，医院重症病人又比较多，所以一开始并不确定有没有人愿意报名。结果他在群里发了消息后，不到一分钟就有 12 个骑手报名，又过了几分钟，基本上所有人都说愿意去。那天，李小驰深受触动，他说平时可能为一两单纠结半天的人，这时候却义无反顾地报名免费送餐。

承接义务送餐这件事非常辛苦，一趟就得送 150 份，这些骑手就每天轮换着送。但是李小驰说，第一天送过去的时候，他听到有人说："哎呀，能吃口热饭了。"那个瞬间，他觉得再辛苦也值了。这群外卖骑手不为钱、不为名，甚至愿意损失安全需求，只是真心想着和这座城市共患难，为大家做点什么，帮助社会整体变得更好。他们在那段时期所处的状态，其实就是全然亲社会的自我实现的状态。

自我实现的第二类特征，是经常能获得巅峰体验。这是马斯洛提出的一个经典术语，这是一种特殊的生命体验，是说人在从事某个行为时，感受到一种非常奇妙、着迷、忘我，而又与外部世界融为一体的体验。处在巅峰体验中，人会感觉情绪饱满、高涨。

巅峰体验经常出现在完成某项工作或进行某项兴趣爱好的过程里。每个人的生命历程里都一定有投入、专注、充实饱满的感受，只是有些人很少体验到，以至于都快忘记了，但有些人经常体验到，而且善于主动创造这样的体验。

2019 年，一部名叫《徒手攀岩》的纪录片拿下了当年的奥斯卡最佳纪录片奖。《徒手攀岩》记录了顶级职业攀岩运动员 Alex 徒手爬上酋长峰的过程。

Alex 的成长经历并不快乐，甚至可以说有些痛苦。从小父母离异，就没有得到过父亲的关爱和母亲的拥抱，上了一年学就因为与周围格格不入而退学。

这样的他却在攀岩中找到了极大的快乐。在远离城市嘈杂的大山里，没有复杂的人际关系，攀岩的成功与否完全取决于个人的实力。除此之外，攀岩还有一种特殊的魅力：攀岩的超高难度让攀岩者必须全神贯注，进入一种忘我的境界。

Alex 说："你很难想象一个人不系绳子在岩壁上是一种什么样的感觉。我整个人都绷紧了，爬了上千次，就像着了魔一样。这不是害怕，而是一种特别美好的感觉。我最喜欢这种感觉，这时候我的步伐会变得特别好，这和任何人都无关。"

在世人的眼里，Alex 曾经是一个孤僻、不讨人喜欢、自闭的人，但他找到了属于自己的方向，他处于一个自我实现的状态里，人生有了目标和意义。影片中有一个细节，成功登上酋长峰后，Alex 并没有像我们期待的那样，表现出实现目标后激动、狂喜或者流泪的情绪，而是选择了一个正常人通常都不会做的选择——像往常一样，继续他的锻炼。从某种程度上来说，徒手攀岩的 Alex 更像是在攀登属于他自己的人生。

当然，巅峰体验不一定要像攀岩那么极限，我们在后面心流那一部分里会提到，其实我们的平凡工作、生活，也都可以收获到微小的巅峰体验。

自我实现的第三类特征，是拥有高度复杂而又灵活的认知。就像菲茨杰拉德的一句名言："检验一流智力的标准，就是看你能不能在头脑中存在两种相反想法的同时，还能够维持正常的行事能力。"

处在高度复杂又灵活的认知状态，意味着你既能够了解并且认清现实，又有对自我的坚持；在接受现实的同时，又致力于改变现实；不是以非黑即白的思维看待这个世界，而是能够追求高度复杂的对立统一。

2016 年曾经上映过一部高分电影，叫《血战钢锯岭》，影片由真实的故事改编而成，讲的是在伤亡极为惨重的冲绳岛战役之中，一个名叫戴斯蒙德·道斯

（Desmond Doss）的医务兵，冒着枪林弹雨在一夜之间救回了 75 名战友。这个故事最传奇的地方在于，出于宗教信仰，戴斯蒙德拒绝杀戮，所以他是在不带任何武器的情况下把战友抢救回来的。

所以，这其实是一个关乎信念的故事，它在向每一个人发问：在极端的情况下，一个人应该如何坚守他的信念？我们想象一下戴斯蒙德当时面临的局面，作为一个虔诚的信徒，他的信仰不允许他杀戮，但他置身于惨烈的战役中，必须面对数不清的死亡。

但是他依然没有做出让步和妥协，他阻止不了战争和杀戮，但他自己可以坚持信仰：只救人，不杀人。比如说，一般情况下，医务兵只能按照伤情的轻重选择性救人。受了伤的战士，如果医疗兵给了他吗啡，就意味着他只能等死。在冲绳岛战役中，这样的例子比比皆是。但是戴斯蒙德不一样，有一个士兵双腿被炸断，胸部中弹。其他军医都已经放弃他时，戴斯蒙德硬是把他拖到了后方，最后那个士兵生存了下来，活到 72 岁。影片中还有个场景令人印象深刻。戴斯蒙德为了救人累到瘫在地上，但他嘴里反复念叨着："再救一个，请让我再救一个。"

毫无疑问，戴斯蒙德是一个高度自我实现的人。他自始至终怀揣着坚定的信念，他清楚战争的凶险，也知道自己随时可能牺牲生命，但他既不妥协，也忍受着来自死亡的威胁和恐惧，给负伤的战友以生还的希望。有一个网友是这样评论戴斯蒙德的："信仰没能改变战争，但也没让战争改变自己。"

其实，这些高度复杂而又灵活的认知结合在一起，就是我们经常说的三观，也就是世界观、人生观、价值观。我们并不一定会处在戴斯蒙德这样极端的情境下，但是就像罗曼·罗兰说的那样："世界上只有一种真正的英雄主义，那就是在认识生活的真相后依然热爱生活。"我们既不回避世界的黑暗真相，也不放弃自己的美好追求，在知道自己的人生意义后，我们对自己的人生和世界，都会有一个更超越的想法和目标。

我们这一章，就是按照亲社会、巅峰体验和高层次认知这三个维度来展开的。我们首先会讲一讲助人和感恩这两个亲社会的议题和方法，然后讲一下经历、艺术和美、创造力、心流这些能够促进巅峰体验的话题，最后我会和你讲一讲人生意义这个高度复杂的认知话题。

我们学习了马斯洛提出的人的需求层次理论，它们分别是生理需求、安全需求、归属与爱的需求、自尊需求、自我实现的需求，那么这次的实践就是做一次你自己的"需求评估"。

第一步，请你根据目前自身的情况，分别为这五种需求的满足程度用百分比的形式呈现出来，比如目前你的生理需求可能满足了80%，安全需求满足了50%，归属与爱的需求满足了70%，等等。

第二步，结合你自己的评估结果，为了更好地满足这些需求，尤其是高层需求，你准备做出哪些努力呢？

这个实践可以帮助你梳理目前的需求状态。

感恩不是因为亏欠，而是因为感动

前面我提到了自我实现的人通常有三类特征，第一类是经常处于亲社会的状态，第二类是拥有巅峰体验，第三类是拥有高度复杂且灵活的认知。

接下来，我会先围绕第一类——亲社会的状态，给你介绍两个符合这类特征的品质：感恩和助人以及幽默。目的是希望你也能尝试培养这些品质，通过实践创造更多自我实现的体验。

我要谈的第一个有关自我超越的品质，是感恩。感恩是一个老话题了，甚至可能在你听到这个词的一瞬间，就有一种耳朵起老茧的感觉。"滴水之恩，当涌泉相报""知恩不报非君子""投我以桃，报之以李"等，这些句子在学校教育中高频出现，"感恩的心"更是各种演出晚会里的常客。但在我投身积极心理学研究和实践的这些年里，我才发现，很多人都会说感恩，唱感恩，却不一定体验到了真正的感恩，甚至对感恩存在误解。更让人忧心的是，这种对感恩的误解可能正在伤害我们，甚至伤害着受到感恩教育的下一代。

感恩≠亏欠感

我曾经多次看到类似的新闻，很多学校请来"专家"为全校的师生做感恩主题的激情演讲，台下站满了学生，"专家"不停地对学生发出灵魂考问：

"想一想，你做了哪些对不起爸爸妈妈的事？"

"想一想，他们对你要求严格，为你付出，是不是为了你好？"

"父母给了你们无私的爱，你们是不是应该拿出实际行动去回报他们？"

在演讲的煽动和众人情绪的传染下，几百上千的学生哭作一团，回家之后完成给父母洗脚、做家务的感恩作业，并写下感想。

我曾经亲眼看到过一封孩子在经历了这样的活动后写下的感恩信，具体内容记不清了，只是其中有一句话一直印象深刻，他说："我从来不知道，我欠了爸爸妈妈这么多。"

听到这里，你可能和我一样，有一种莫名的违和感。作为两个孩子的家长，当我看到这句话时，心里很不是滋味。我希望我的孩子懂得感恩，但不希望他认为这是欠我的，为了还债而回馈家庭。这是我最想解开的一个误区：感恩不等于亏欠感。

首先，虽然感恩和亏欠感，都是在接受了别人的帮助之后产生的情绪体验，可感恩是一种积极情绪，亏欠感却是一种消极情绪。真正的感恩，是从内心自然生发出温暖开阔、使人放松的情感体验。而亏欠感，会使人压抑、难受，在自己觉得还清之前都伴随着心理压力。

像我刚才提到的那个孩子，当他接受了所谓的感恩教育后，注意力确实放在了如何回报父母上。可是接下来，他含着眼泪，带着愧疚和沉重的心情，提笔写下了对父母的亏欠。这个时候，他体验到的就是一种自己怎么回报都不够的消极情绪。

其次，感恩和亏欠感给人带来的后续影响不同。

研究者曾经做过相关的实验。两组随机分配的人，分别被激发了感恩之心和亏欠感。当研究者问他们："你是否愿意帮助那个刚才帮助过你的人？"这两组人没有明显差异，他们都愿意回报。但是当你问他们："接下来，你们是否愿意再次帮助那个人？你们是否愿意继续帮助其他陌生人？"显著的差异就出现了，带有感恩情绪的小组普遍愿意继续扩大这种帮助，而带有亏欠情绪的小组在回报完"债主"之后，就不太愿意继续这种行为了。

所以感恩除了给你带来积极的情感体验，还会使你愿意持续地做出亲社会的行为，比如，提升和帮助人的关系，或者继续帮助其他人，回馈群体和社会。但是亏欠感是负面情绪会使当事人想要逃避帮助过自己的人，在做完偿还的行为之后，与其他人保持更清晰的界限，避免再次产生亏欠。从这个角度来说，有时候我们之所以无法感恩，是因为我们被激发的不是感恩之情，而是亏欠感，你从心底里觉得自己被迫要做出偿还。

也就是说，真正的感恩之情，会使人与人之间相互靠近，群体关系进入良性循环；而亏欠感，会使人与人之间内心更疏远，群体关系变得更加冷漠。

到这里，你就会明白我开头的时候说的，使用了错误的方法，激发了错误的情绪，虽然表面上大家都热泪盈眶，但有可能已经对一个人造成了伤害。

更进一步来讲，感恩不仅是一种情感反应，也是一种选择。你可以选择感恩，也可以选择不感恩。

怎么理解呢？我曾经跟一所小学合作过心理教育课，当时在五年级的班里上到感恩这一课时，有个孩子说每天早上上学时总会看到环卫工在打扫街道，妈妈经常说多亏了他们，我们才能生活在这么干净的地方，得好好谢谢他们才行。但清扫街道本来就是环卫工的工作，为什么要感激他们呢？

后来老师思索了一下，回答说："你这么想也没错，这确实是他们的工作，我们并没有欠他们的，不是非得感恩。老师觉得，你的妈妈之所以会这么说，并不是要求你必须说谢谢，而是她自己真心这么想的。也许是因为她每天送你时，行驶在干净的街道上，闻着带有绿叶清香的空气，看着一张张和你一样朝气的脸，打心底里觉得温暖、惬意。所以她感恩辛勤工作的环卫工，甚至感恩这所有的一切。感恩之心，确实可以使一个人变得更好。就像你考试，虽然60分就及格了，但如果能考80分，你也会想争取一下看看。对人对事多带一份感恩之心，会让你从一个60分的状态变成80分的状态。"

这个老师的解释虽然比较浅显，却也点明了一个重点，所谓的感恩，并非生理需求、安全感需求这样的低层需求，它不是必需的，也不应该变成你的负担。但之所以整个社会都在提倡感恩，是因为它是帮助人类走出自我中心、自我超越的更高层的道德体验。它让我们可以选择把目光放到自我之外的世界，关注他人，关注一草一木，关注自我与世界是如何相连的。这种温暖的连接，让我们体验到了更深刻的快乐。

如何培养感恩

接下来，我想谈谈，如何在日常生活中，通过一些方法去培养一颗真正的感恩之心。

一个最大的前提是，在培养感恩之心的过程中，要注意避免激发亏欠感。

第一，用健康的方式理解和接纳对方的好意。把关注点更多地放在这份恩惠带来的积极体验上，就像我在前面提到的，学会被爱也是一种能力。比如，朋友请你吃饭，你如果答应了，就跟朋友好好享受这顿饭，感受食物的美味，感受朋友的情谊，而不是把注意力都放在花了这个朋友多少钱、欠了他多少人情上。

第二，看到生活给你的礼物时，扩大感恩的对象。有时候你会局限于只看到那些帮助过你的人，其实，世界万物都值得感恩，甚至生命和存在本身也是值得感恩的对象。真正的感恩，是带着尊敬和欣赏之心的，当你对一顿饭、一棵植物、一片蓝天、一道风景的存在都怀着尊敬和欣赏时，会激发自然而然的积极情绪。

具体如何培养感恩之心呢？我推荐两个已经得到研究实证过的方法。

第一个方法，叫作感恩拜访。

这是积极心理学家塞利格曼在科研论文中多次提到的一个方法。过程很简单，就是选择一个最近你想表达感谢的人，你可以事先准备一下想对他们说什么，然后把准备好的那段感谢的话，当面说出来。对于情感表达更含蓄的人，可以选择打电话。再退一步，还可以写信、发邮件、发音频等。研究表明，感恩拜访对于提高一个人的幸福感、降低他的抑郁程度有非常显著的效果。

有一个同事跟我分享过她的感恩拜访体验，她在一次教师节聚会的前夜，给自己的同门师姐妹各写了一封表达感恩的信，然后在聚会见面的那天给了她们。当时大家都不好意思当面拆那封信，只是放进包里。神奇的是接下来的两个月，这个同事陆续收到师姐妹们的单独邀请。

一个师姐说："下周有空吗，来我家玩啊。说真的，毕业这么些年，有些事你不写我都忘了，咱俩一起喂学校野猫那会儿，多快乐啊。我家现在也养了只猫，快来吸猫。"

一个师妹说："我过几天要去你学校那边开会，晚上一起吃饭哪，就跟我在宾馆一起住一晚，我们聊个通宵！就跟上学时我们一起去外地做课题一样！"

我问这个同事，从开始写信到后来产生的这些变化，她有什么感觉，同事说："其实就是有点意外，又十分温暖的感觉。"

她说自己写这些信的时候，不是为了阿谀奉承，而是真的深深陷入和大家相处的回忆之中，因为感恩主题的引导，会情不自禁回忆起所有和这个人相关的积极事件，比如，和师姐一起喂猫，和师妹一起通宵聊天，在讨论会上回答不出导师的问题被师姐救场，等等。这些开心的、有趣的、温暖的回忆，就像再次经历了一遍一样。而且，送出这样的感恩信，完全是不求回报的，心中没有什么期待和假设。她突然感慨，人和人之间有时候就缺一个连接的机会，传递这种快乐、感激、欣赏之情，动作虽小，影响却很深。感恩之心，真的会让分开多年的人又相互靠近。

第二个方法，叫作感恩评估。

找一个安静的地方，大约需要花20分钟时间，写下一段让你印象深刻的经历，先不要定性这段经历是好是坏，从以下这些问题入手，想想这段经历发生之后给你带来的变化。

哪一类事情让你现在觉得要感谢或感恩？

这件事对你的人生有何益处？

你有哪些成长？

通过这段经历，你是否有某些性格力量萌发出来？

这件事会使你如何更好地应对未来的挑战？

这件事让你如何看待生活？

这件事如何帮助你去感谢生命中那些真正重要的人和事？

不用在意修辞和文笔，自由地写下关于这段经历中任何你能想到的、感恩的积极面。也许这件事并没有给你的生活带来任何好的体验，但有时候即使是坏事发生，最终也可能带来好的结果，它也值得我们感恩。经常做这个练习，可以促使你形成一种感恩的思维习惯，养成一种开阔的人生视角。让感恩从一种短暂的情感体验，逐渐变成你性格特质里的一部分。

当然，最后我也想说，培养感恩之心，除了通过回忆和思考来激发自己的感恩体验之外，更重要的是做一些实际行动，来帮助自己加深、扩大和传递这种体验。当你对某个人、某件事产生了感恩之情，接下来你可以效仿他，去做另一件事来回馈其他人、回馈社会。就像一颗小石子投进水中，石子虽小，却能让涟漪一层层往外扩散。

今日行动

当你回想过去的经历，你会发现你曾经受到过很多人的帮助，也接受过很多命运的馈赠。我们就来借着这个实践练习的机会，主动发起一次感恩拜访吧！

第一步，回想一下你最近或是曾经想要感谢的人。

第二步，你为什么想要感谢他？

第三步，请你以微信、电话或见面的方式向他表示感谢。

好人会武术，神仙挡不住

助人，也就是怀有善意地给别人提供物质或者精神上的帮助与支持。

我想从"好人有好报"这个角度切入来谈助人。我曾经试着写过一本关于"好人有好报"的书，但很多人都反问我："现在这个社会，到处都是好人没好报的新闻，谁还相信好人有好报呢？"

这其实是由于一种认知偏差，让他们对现实的认识已经严重扭曲。他们对周围大量存在的"好人有好报"现象视而不见，却对媒体上精选出来的少数"好人没好报"的事例反复解读，最终让大家都产生一种错觉，以为这个世界真的如此糟糕、无药可救。

但反过来想想，正是因为这个世界上大部分好人有好报，所以当好人没好报的时候，我们才会感到诧异，才会本能地对这件事情投以更多的注意。更重要的是，"好人没好报"只能诉诸少数故事，"好人有好报"却能找出科学上的原因来解释。许多研究已经证明，"好人有好报"是有科学依据的，甚至助人最大的受益者，不是被我们帮助的人，反而是我们自己。

为了自己，帮助别人

进化机制——进化促使人变成好人

首先，从进化的角度来说，助人的行为往往更有利于繁衍生存。

随着科学的发展，现代进化理论做出的解释是，进化的单位并不是生物体，而是一个个基因。在很多情况下，生物体间相互帮助，对基因的繁衍更有利。

这首先体现在有血缘关系的亲人之间的帮助。我们和亲人共享许多基因，从基因的角度出发，帮助亲人很大程度上就是帮助自己。所以哪怕个体的利益受损，但只要这能促进其他亲人的基因更好地传播，对于基因而言就是合算的。其次，在远古社会，部落往往是通过血缘联姻组成的，一个部落之间的人共享相当多的基因。所以在部落内部互助，也符合基因的利益。

不过，就算跟一个人毫无血缘关系，只要经常打交道，建立互助关系也总能带来 1+1>2 的效果。我经常举这样一个例子，你可以想象一下：假如你生活在远古时代，今天你出去猎到了一头鹿，一家人也吃不完，又没有冰箱，怎么办？不如送给邻居，这样下次你什么也没有猎到的时候，说不定邻居能分给你一条羊腿。这正是哈佛大学的心理学家罗伯特·特里弗斯提出的"互惠性利他"，我帮助了别人，哪天我需要的时候，别人也会来帮助我。

这些都属于直接的互惠利他，助人行为还可以带来间接互惠。什么意思呢？一个人在帮助了其他人之后，不仅被帮助的人想要回报他，其他人也会更愿意在将来帮助他。所以把助人的对象从熟人、可能回报自己的人，扩大到陌生人、可能永远无法回报自己的人，我们可能在将来其他时候、其他方面得到意外且丰厚的回报。

回过头来看，"好人为什么有好报？"这个问题其实问反了，并不是好人有好报，而是好报出好人。正因为做好事有好的回报，进化才促使我们变成好人，以确保我们相互帮助，更好地生存和繁衍。

生理机制：大脑喜欢助人

我们都有过类似的感受，生活中，帮了别人以后，我们的内心会感到很舒畅。

美国加州大学的研究团队发现，当一个人给别人提供支持和安慰时，大脑确实会像玩电子游戏、吃巧克力时一样，分泌更多的多巴胺，让我们产生发自内心的愉悦感。有人还专门把这种感受叫作"助人快感"（helper's high）。

近年来，随着基因技术的突飞猛进，很多科学家对"助人基因"做了研究，结果都发现，那些比较乐于助人的人，更可能拥有一种能调节多巴胺的基因。科学家因此下结论说："通过大脑里特定的多巴胺回路来奖励利他行为，这就是自然选择的奇妙机制。"

当然，助人的生理机制远比多巴胺回路复杂，还涉及让我们感觉宁静安详的内啡肽、让我们信任亲近的催产素等。总之，我们的身体天生就被塑造成了一个"助人机器"，让我们帮助别人时，能够带来真正的快乐，而且效果更健康、更可持续。

心理机制：向外投注，放下自我

最后，我想再简单讲讲助人的心理机制，助人让我们把注意力向外投注，有利于我们放下自己的烦恼和苦难。

新冠肺炎疫情不但给人们的身体健康造成威胁，也增加了我们的心理痛苦。由于缺乏了解，焦虑和恐慌等情绪在人群中不断蔓延。疫情刚暴发的时候，我和绝大多数人一样，每天花大量的时间刷手机、看电视，关注新闻和数据报告，看看微信群和朋友圈有没有新消息。

作为一名心理学工作者，我意识到自己的心理状态出现了一些问题，也意识到有更多人需要心理援助。于是，我立刻行动起来，发挥自己的优势和人际资源。后来，我们开展了为期七天的线上积极心理学公开课，和大家谈谈如何用积极的心态应对疫情，并带领大家一起实践。很多观众给我留言，有的甚至只是像"老师，听了你的课后我感觉好多了"这样简短的一句话，也让我感到非常满足和充实。

助人行动最大的意义在于，不但帮助我们转换了视角，从自身的无力、痛苦中解脱出来，还能够增强意义感和自我效能感。对于同样一件事，我们能够用更开阔的心态去面对。公开课结束后，我的心态也有了很大的改善，虽然还会持续关注疫情动态，但我不再深陷其中，而是投入时局之下我所能掌控的事情当中。

所以，助人就像登山，你的目标是登上山顶，但在登山的过程中，你有其他无数收获。人类之所以要帮助别人，根本的驱动力还是在于助人给自己也能带来很多利益，这里的利益既包括现实层面的，也包括精神层面的，让我们更友爱、更有意义感、更少抑郁和焦虑。

所以，其实谈助人时，我一直提倡的观点是"为了自己，帮助别人"，因为这在科学层面是站得住脚的，助人是人的天性，是大脑的本能。当然，我并不是提倡你第一时间去质疑助人行为背后的动机到底是利人还是利己，而是希望你通过了解助人的机制，掌握助人的好处，让助人继续下去。从脑科学的角度来说，帮助别人几次之后，我们的大脑会变得更习惯于助人，我们会更本能地去帮助别人。这时，助人的动机到底是利己还是利人，已经变得难以区分，也不再重要了。

关于助人的建议

那么，助人该如何开始呢？我们都曾经帮助过别人，也知道助人需要付出一定的资源如时间、精力、知识乃至金钱、物资，因此要权衡利弊，综合决定。所以，这里我给大家提供四个平常用得上的建议，帮助你更好地将助人行为融入生活。

第一个建议是，从身边的家人朋友开始。

"助人为乐"不一定要是"助陌生人为乐"。古人说"内举不避亲"，同样地，我们也可以说"助人不避亲"。如今在公共场合做好事、帮助素不相识的人，面临许多障碍乃至风险。所以，我们可以从帮助自己的亲人、朋友做起。助人的形式，也不仅仅是物质上的，还可以是情感上的。比如，对于工作不顺的朋友，请他吃顿饭，不如花一两小时专注地听他倾诉，帮他想办法应对；给父母、伴侣买礼物，送东西，不如花点心思想想，能否在家里为他们做一些事情。

第二点，从小事开始。

任何事情，都是从小事着手更顺手，也更容易坚持下去，助人也一样。看见有人手里拎着袋子开门不方便，帮他开个门；打印文件的时候，随手帮同事打印一份；等等。无论多么细微的事情，你都可以心怀善意来做。和他人相处的时候，多一点尊重；面对他人的求助，多一点耐心，这些也都是助人行为的体现。如果你不知道该从何做起也没关系，我在讲稿中准备了一张善意清单，给你参考。

第三点，从利人利己的事情开始。

现实生活中，有不少人时不时地为了助人，而过多地消耗了自己的心力，产生"助人倦怠"。

我曾经教过的一个学生和我分享过她的经历。读大学的时候，她自愿报名参加了一个字幕组，做无偿翻译。大二的时候，每周她都会投入几个小时在文稿翻译上，她和字幕组里的很多人也渐渐成了朋友。但到了大三，学业实在太忙了，可是她不忍心拒绝字幕组的求助，所以在忙完小论文和实习项目后，她常常需要熬夜进行翻译，导致整个学期状态非常疲惫。期末的时候，她终于意识到自己必须有所侧重和取舍，最终选择了暂时退出。

过度助人很容易消耗人的心理资源，影响身心状态，也让助人变得不可持续。所以，当你在帮助别人、为别人着想得有点累了的时候，想想看，是不是你太忽略自己了？

所以，如果你想要更好地避免产生助人倦怠，最好是把利己和利人的动机结合起来。比如，我曾分享过自己在微博上发起过的"日行一善"活动，每天拿出一小时来助人。活动最初的目的是让自己不要宅在家里看电视、玩电脑，希望能和别人多建立一些连接。这样，既对自己有好处，同时也帮助了别人。

最后一个建议，是尽量集中助人的时间，而不是分散着助人。

如果你这周需要做五件助人的事，比如，帮朋友解答疑问，拜访一位年纪大的长辈等等，你有两种方式，第一种是把五件事平均分散到一周中的五天来做，第二种是把五件事都集中在一天来做。请你想象一下，哪种方式会带来更强的幸福感呢？

著名的积极心理学家索尼娅就做过这样的研究，她让人们分别采取集中助人和分散助人的方式，每周完成五个助人的行为，连续进行六周。结果发现，尽管助人事件的数量相同，也都提升了幸福感，但把助人行为集中到一天完成的这一组，幸福感要更强。集中助人是更聪明的方式，因为你能更生动地体验到助人的行为并不只是蜻蜓点水，它带来的影响更强烈，而且日程安排也比较方便。

今日行动

这次的实践是做一次"惊喜助人"，这个实践最早来自塞利格曼的积极心理学课程。它很简单，你需要做的就是出人意料地去帮助一个人，也就是说，对方无法料到你会以这样的方式去帮助他。你不但能够收获到一份助人之乐，还可以送给别人一份惊喜！

如果你还想不到要给他人提供什么样的帮助，也可以参照下面的"善意清单"，在其中选择一件事情来助人。

善意清单

对家人和朋友的善意

1. 给家人花点心思，做一顿别致的饭
2. 打电话问候有一阵子没见过的朋友
3. 一个真诚的赞美
4. 一个温暖的拥抱
5. 邀请朋友一起吃饭

对他人的善意

1. 给同事送一份神秘的礼物
2. 电梯门快关上的时候，等一等正在赶来的人
3. 对服务员多说声"谢谢"

4. 给快递小哥送一瓶水

5. 给老师写一封感谢信

对社会的善意

1. 把不需要的东西捐出去

2. 帮年迈的邻居做一件事

3. 献一次血

4. 帮忙指挥倒车

5. 在公园里拾一次垃圾

对自己的善意

1. 给自己报名参加一个运动班

2. 吃一顿营养又好吃的大餐

3. 去公园里散一会儿步

4. 提早上床睡觉的时间

5. 做一件新鲜的事

钱真的能买来幸福吗

过去我们常常觉得金钱和人的幸福感是正相关的。只要努力赚钱，就能过上想要的幸福生活。可是科学家们做过很多研究后发现，幸福感和财富积累之间的关系存在一个拐点。在拐点前，人的幸福感确实会随着财富的增加而增加，但是过了拐点后，哪怕收入继续增长，幸福感也很难再有显著的提升。央视在 2017 年也发布过一个调查报告，大概在家庭年收入 30 万元之后，国人的幸福感开始缓缓下降。而当年收入在 100 万元以上时，幸福感甚至低于年收入 8 万～ 12 万的家庭。

当然，也许你会想："我离那个幸福拐点还远着呢，还是赚钱要紧。"但我想说的是，一直以来，我们都知道必须学会怎么赚钱，可相比之下，我们很少关注如何花钱，更准确地说，如何利用金钱来恰当地增强我们的幸福感。

金钱和幸福感的关系，很大程度上取决于我们如何支配和使用它。日常生活中，我们总是在做各种各样的消费决定：午餐吃什么、去哪里度假、买什么款式的衣服等。在做选择时，我们都希望能够最大程度地提升幸福感。可现实情况是，我们常常在事后才因为花错了钱、选错了东西而感到后悔。例如："买那件衣服的时候我以为我会一直穿着，可事实上它几乎没有离开过衣柜。""去朋友圈最火的度假景点打卡，结果坐在海边沉思：我到底来这里干什么？""我低估了刷信用卡买包后给自己带来的压力。"

很多人之所以花钱买不到幸福，是因为他们只是懵懂地按照消费主义理念在花钱。他们并没有真正地问过自己：我的价值观排序是什么？我真正的需求是什么？

所谓的花钱，其实就是我们通过可支配的物质资源，按照内在的价值观排序进行合理的分配。

金钱态度测试

选择下列符合你想法和做法的选项。

A. 完全不符合　B. 比较不符合　C. 不清楚　D. 比较符合　E. 非常符合
计算各题得分，A=1，B=2，C=3，D=4，E=5，无反向计分。

权力—威望维度

1. 我买的东西是为了能够给别人留下印象。
2. 我拥有美好的东西是为了引人注目。
3. 我有时候会吹嘘我赚了多少钱。
4. 我发现对比我有钱的人，我会更加尊重。
5. 我总是试图去弄清楚，别人是否比我更有钱。
6. 我的行为时常表现出好像钱是所有成功的象征。
7. 我更倾向于相信有钱人说的话。

27 ≤ 总分 ≤ 35：你觉得金钱等于权力地位

你会把金钱看作是影响别人的工具，是成功的标志。认为有钱就会得到他人的认可和尊重。一个人有大量的金钱意味着他能够走向人生巅峰。你可能会通过消费产品来实现对威望的追求，并借此谋求在群体中的地位。

8 ≤ 总分 ≤ 17：你觉得金钱和权力地位没有关系

你认为一个人可以通过许多的方式得到权力和地位，但这些方式之中绝对不包括金钱。在你眼中，把金钱看得至高无上的人不值得被尊重，所以你厌恶炫富，攀比，更不愿意和用消费主义来满足自己的人交朋友。你认为金钱可能是生活的必需品，但绝不是你这一辈子追求的终极目标。

维持—时间维度

1.　为未来考虑，我总是有规律地存钱。
2.　我现在节省是为了以后养老考虑。
3.　我能够大概记清自己的钱花在了哪里。
4.　我严格遵循我的收支预算。
5.　在花钱方面，我很谨慎。
6.　我经常做未来的收支计划。
7.　如果出现特殊情况，我有钱可应对几个月。

27 ≤总分≤ 35：你在花钱方面很有计划性

你一般会通过记账等方式来监控收支，至少在脑内会有盘算，你在购物中也更爱节省。对你来说，金钱最好的使用方式就是有计划地使用，把钱花在刀刃上。你很愿意积攒自己的小金库，很少遇到财政困难。

18 ≤总分≤ 26：你在花钱方面有一定的计划性

在大多数时间内，你会规划好金钱的支出，该花钱的地方绝不含糊，不该花钱的地方也能够忍住。但每个月总有那么几次你控制不住自己，导致计划不能完美执行。你可能没有什么存款，但是至少能够维持收支平衡。

8 ≤总分≤ 17：你在花钱上没什么计划性

你很少想过做"花钱计划"，在你的眼中，钱不花就不能称之为钱，所以你很少在购物方面委屈自己。最严重的时候，你可能会出现入不敷出的情况，有可能月初的时候就把一个月的预算花没了，困难时候还会和朋友家人借借钱。

焦虑维度

1. 讨价还价对我来说很难。

2. 我担心钱会改变我。

3. 如果没有足够的钱，我就会表现得很焦虑。

4. 谈到钱时我就会表现得很焦虑。

5. 如果我富有，我不愿意告诉我的朋友们。

6. 我不清楚究竟是挣钱更重要还是身体更重要。

7. 没钱的时候觉得我自己一无所有。

27 ≤ 总分 ≤ 35：你对金钱的焦虑程度很高

当提到和钱相关的事时，你就会表现得很焦虑。一方面，你认为有钱是安全感的来源，但另一方面，你也认为金钱是万恶之源，比如有了钱以后人会变坏，或者钱会让你的人际关系变得复杂。总而言之，你对于金钱的看法很纠结，认为钱会改变你原本的生活和为人。

18 ≤ 总分 ≤ 26：你对金钱的焦虑程度属于中等水平

有钱会给你带来一定的安全感，但没有足够的钱你也不会感到太过烦恼；虽然缺钱或太有钱会给你造成一些问题和影响，但你总有自己的方式去解决。你对金钱有着自己的认知，金钱在你的某些选择上成为影响因素，但它绝不是决定因素。

8 ≤ 总分 ≤ 17：你对金钱的焦虑程度很低

你对钱有着清楚的认知，知道钱只是你人生的附属品，你坚定的三观不会因为金钱而改变。钱多钱少不会成为你做选择的影响因素，你有自己的安全感来源，也过得很舒服，基本不会因为钱多钱少而烦恼。

总原则：避免炫耀性消费

首先，一个最大的总原则是，避免炫耀性消费。

经济学教授罗伯特·法兰克认为，总的来说，花钱可以分为两种：炫耀性消费和非炫耀性消费。炫耀性消费是指那些你因为社会比较的原因而消费，意思是：别人都有，我不能没有。非炫耀性消费是指那些单纯为了自己的体验和使用而消费。在中文里，炫耀和非炫耀有两个更直截了当的名字：面子、里子。

炫耀和攀比所占的比例越大，对幸福感的负面影响也就越大。这种现象，用一句俗语来说就是："赢了面子，输了里子。"

比如，人人都喜欢住大房子，都讨厌上班路途太远。但是，对于在大城市工作的人来说，同样价格的房子，肯定是交通越便利的面积越小，要住大房子，只好到远郊去。那么，到底是应该住小房子、就近上班呢，还是住大房子、每天奔波呢？

这个问题并不难回答。研究表明，房子大小，与幸福没有关系，上班的通勤时间太长，却会损害幸福感。所以，更合理的选择是住小房子，就近上班。可令人意外的是，研究中大部分美国人都宁愿每天花两三小时，也要在远郊住上大房子。为什么呢？

原因当然很多，其中很重要的一条就是：房子能给人们长面子，而上班时间则没有这个功能。你可以邀请别人到你的大房子里来开 party，或者平时有意无意地提起："我家的房子嘛，不大，才 200 平方米而已。"但你就很难向别人炫耀："我上班的时间，也挺累，要 15 分钟呢。"

这在中国也是处处可见。有年轻人花几千上万元买一个名牌包，却不肯给房间里换一台新空调；花几千元买衣服和化妆品，但舍不得买一张舒服健康的床。

为什么这么多人会陷入炫耀性消费呢？炫耀性消费是现代人被消费主义绑架的产物，也是人们花钱买不到快乐的重要原因。作为社会动物，人类迫切地需要被别人认可，而炫耀性消费，则成为高效的"贴标签"的方式。很多时候，我们的欲望并不来自自己内心深处，它们更可能是社会创造的产物。从这个角度来看，消费主义更应该负责，看上去它为我们提供了无与伦比的消费者选择，这个体系也的确积极迎合了每个可能的细微差别。可在看似无穷无尽的个性背后，却是极其标准化的消费模式。我们总觉得自己掌控着消费决定，可回顾消费经历时，才会感到荒唐。

我们在寻求外界认可的同时，很可能忘记了来自我们内心深处的暗示，我们实际上并不满意外在社会所提出的标准道路。那该如何避免这种情况继续发生呢？还是那句老话，给自己的价值观排序，为自己真正的内在需求进行投票。还记得我们的三大基本心理需求是什么吗？能力感、关爱感和自主感。总体而言，最直接、最可靠的方法是为满足基本心理需求而花钱，因为它能够产生更大的情感效益。比如，在个人发展与成长方面花钱，在人际关系方面投资等。

关于消费的一些具体建议

金钱 vs 时间

接下来，我再基于这个大原则给你提供一些可操作的具体建议。首先，从时间的角度，我们提供两个建议：第一，把钱优先花在占用你时间最多的领域上；第二，学会花钱购买时间。

把钱优先花在占用你时间最多的领域是什么意思呢？我举个例子，你可以给自己列一个清单，看看一天当中你把时间都花在哪些地方了，比如：

8 小时在办公室工作，你会用到椅子、电脑、降噪耳机。

7 小时睡眠，你会用到床垫、枕头、被子。

4 小时刷微信和各种 APP 应用，你使用到手机。

1 小时做饭，你用到厨房用具。

40 分钟运动，你用到运动服、健身器材等。

每件衣服平均一年的穿着时长小于 40 小时，摊到每天相当于一天只穿几分钟。

在金钱有限的情况下，我会建议你尝试买一个更舒服的床垫和枕头、买一把舒服的椅子，或者运行更流畅的电脑等。因为你每天都花大量时间在使用它们，良好的使用体验能够有效提升舒适感。而昂贵的厨房用具或者跟风办的健身卡，一年下来可能也用不了几次，最后反而会让你产生懊恼的感觉，此时这笔钱的投入则需要更慎重一些。

除了在占用时间越多的领域花钱以外，花钱买时间，也能够提升人的幸福感。购买时间的好处不仅仅局限于有钱人，有研究发现在各种收入范围内，都发现了相同的效应。在一个周末，60名成年人被随机分配了40美元用于购买空闲时间；另一个周末则花费40美元用于物料采购。研究结果显示，人们花钱购买时间的幸福指数比买东西的幸福指数更高。

一般人会通过购买来获得愉快的经历，但其实你也可以通过购买时间空闲，来摆脱不愉快的经历。比如，少买一支品牌口红，换成若干次打车回家的机会，口红涂几次你就对这个色号不再新鲜了，甚至可能被你放过期，但避免挤公交而得到的时间和休息，能够缓解你对时间的紧迫感；再比如，很多人想自己在家做饭，可没时间买菜、处理食材，就可以去买些半成品，想做的时候直接炒一下，非常方便。

花钱买时间，更准确的是购买省时的服务。当可支配的时间充裕了，压力小了，人也更从容了，还有更好的生活状态，幸福指数自然也就提升了。

很多小快乐 > 少数大快乐

其次，为了体验到更多、更持久的幸福感，你可以把钱用在许多小快乐上，而不是花大价钱一次挥霍。比如，和伴侣多去几次朴素的餐厅用餐，累积的幸福感其实高过一次奢华的盛宴；追剧的时候每天看个一两集，拉长周期，比花钱提前点播一口气通宵看完回味起来更幸福。

为什么会这样呢？心理学家认为，主要是因为人的心理具有适应性。人很容易低估自己适应负面事件的能力，也很容易高估自己从某个积极事件中获得快乐的程度。买了新房、升职加薪，你以为你会开心很久，事实上过一阵子就恢复到平常水平了。随着时间的流逝，我们享受同一体验的能力会不断降低。

而频繁的小乐趣每次发生时都是不一样的，通过这种方式，我们能够阻止"适应性"的发生。比如，当你开始习惯那条新买的裙子时，另一条又出现了；每周五下班和朋友一起小聚喝酒聊天，每周的体验从来都不一样。我们的钱可能很有限，但如果把它分成若干部分，每次花一小部分，我们就会获得更多快乐。

先付钱，后消费

再次，将付钱和消费的过程分隔开，先付钱，后消费，也能提升人的幸福感。

日常生活中，很多人都会将花钱的瞬间说成跟"割肉"一样，用来形容这个钱花得让自己心痛。有意思的是，确实有脑神经研究发现，这种花钱肉痛的感觉是真的。当一个人一次性花出去一笔昂贵的费用时，他的大脑会被激活某个疼痛区域，这个区域的反应就跟平常被踩了一脚时的疼痛反应是一样的。

和花钱肉痛的体验相对的是，我们也喜欢花钱所带来的"立竿见影"的快感，花了钱立刻看到成效、立刻享受钱换来的物质或体验，是愉快的。

研究者发现，如果这笔钱非花不可，那么，先付钱，后享受成果，尤其是这笔开销可能令你肉痛的时候，这么做更有助于心理幸福感。就像订好了旅行机票和酒店，最开心的时候，往往是期待旅行出发的那段时间，钱也付了，还可以尽情想象各种细节，让这种幸福和快乐得到延长。但是，反过来，"先消费后付钱"，虽然两个过程分开了，却无法达到同样的效果。因为你提前就知道账单会在月底出现在你面前，这个提前预知会一直在心里膈应着你，你得不到真正的自由。

把钱花在别人身上更幸福

最后一个建议是，把钱花在别人身上。

为别人花钱，真的比为自己花钱更幸福吗？心理学家曾做过两组调查。一是在美国选取几百个具有代表性的居民，调查他们的幸福程度、年收入，并询问他们平均每月给自己花多少钱，给别人花多少钱。二是员工在拿到奖金等额外收入后怎么花。结果得出了三个重要的结论：

无论花多少钱在自己身上，幸福程度都不会有明显改观；

给别人买礼物、捐款越多，你就越幸福；

无论穷富，愿意为别人付出的人，都比较幸福。

调查也特别指出，我们并不需要竭尽全力仗义疏财，只是在合理范围内帮助别人，就足以带来幸福感。比如，给家人添置物品等。

除了直接把钱花在别人身上，和别人共同享受花钱也能带来幸福感的提升，比如，一起去旅行、出门聚餐等。

为什么给别人花钱，会比只给自己花钱更幸福？主要有两方面的原因。

一是为别人花钱，可以帮助自我价值感提升。当你主动为另一个人花钱时，你对自己的感觉会更积极。二是为别人花钱，让别人收获好处，不仅是对方觉得你更好，你也会对他们感觉更积极。因为人会在潜意识里告诉自己：那些我愿意为之花钱、捐赠、帮助的人，那必然是值得的。人从这种亲社会行为中得到的关爱感和连接感，是增加心理幸福的重要来源。

在追求收入增长的过程中，如何利用金钱来恰当地满足内心的幸福感，对一个人的自我实现而言最有意义。无论是有钱人还是平凡的大多数，都需要满足三大基本心理需求，也都渴望着成长和自我实现。金钱，是我们人生旅途中的重要伙伴，比起占有它、奴役它，仅仅利用它来填补匮乏，我们更应该尊重它、发挥它的优势、与它配合，共同成长。所以，看起来我们是在说怎么花钱，实际上是在谈对待金钱，甚至对待我们自己的人生的正确方式。

今日行动

我们讲到要将钱优先花在占用你时间最多的领域，今天的实践就是制定你的消费优先级。

第一步，请将你一天中所做的事及其所花费的时间列举出来。

第二步，选出其中花费时间较长的几项，然后列举出做这些事情所要用到的物品，这些物品便是考虑消费的优先选项。

这个实践可以帮助你梳理真正需要的、使用频率最高的物品，帮助你将钱花在正确的事情上。除此之外，我还为你准备了一个帮助你幸福消费的思维清单，它可以帮助你增强消费的幸福感。

幸福消费思维清单

1. 购物前，先为自己列购买清单。先把你这个月打算要买的东西全都列下来，然后根据实用性、耐用性、必要性等方面考虑对物品做优先级排序。

2. 当看到想买的东西后，不要立刻付钱，先暂时离开，等待一段时间，让自己冷静下来，思考一下自己是否真的需要。

3. 想清楚自己是在买什么。是在买对自己真正有用的东西，还是被商品的包装、宣扬的理念所迷惑？

4. 别被"打折"迷惑。最省钱的方法是不要去买。

5. 想想你要买的物品在你日常生活中的使用频率，使用频率低的，可以通过租借来满足使用需求。

6. 想想你要消费的东西是否真的对你很重要，如果花同样的钱，你是否会买到更多的其他对你来说更重要的物品？

7. 定期整理你已有的物品，看看哪些是经常被使用的，哪些买过后被遗忘，闲置物也是对金钱的损耗，你可以以此来了解自己的真实需求，避免浪费。

8. 学会用购物之外的方式去调节消极情绪。

9. 避免和爱花钱的人一起逛街。如果你的朋友是购物狂，那他会经常告诉你，你刚试的那件衣服很合适，要赶快买下来，然后你会很容易被他说服买下那件衣服。

10. 并不是越贵的东西就越好，好东西法则 = 喜爱程度 × 每月使用频率（＜ 10分的可以丢掉）。把你对一样东西的相对喜爱程度从 1 分到 5 分划分个标准，然后用这个分数乘以你每月使用的频率，所有低于 10 分的，都可以根据具体情况考虑丢掉。

让人生不留遗憾

我想先问你一个问题，如果你现在死了，你最遗憾的事情是什么？

此刻也许有些答案逐渐浮上你的心头。日本临终关怀医师大津秀一从上千例临终病患中总结出了最普遍的 25 个遗憾，比如，没做自己想做的事、没有实现自己的梦想、没有尽力帮助过别人、没有去想去的地方旅行、没有和想见的人见面等。

发现了吗？在生命的最后一刻，绝大多数人想起的遗憾，都和经历有关。

著名人本主义心理学家埃里希·弗洛姆提出过一个观点：人生取向可以分为两种，一种是追求占有，一种是追求经历。弗洛姆更提倡的是那种追求经历的人生，一个人愿意放下对物质的占有，去经历当下，才能达成真正的存在。因为你清楚地知道你真正要的是什么，你每时每刻都在过自己真正想要的人生，因为你已经是你了。

我们就来说说，为什么人要投入一种充分去体验、去经历的生活，而我们又该如何创造更多有意义的经历，让老来回顾此生之时了无遗憾。

为何经历比占有更值得追求

前阵子，有一位 60 多岁的周先生经朋友介绍，来找我聊聊。原因是周先生最近被确诊为中度抑郁，朋友希望我能开导开导他，让他去接受专业的心理咨询。

那次聊天后，有个片段让我印象深刻。因为担心抑郁的风险，我问他说："周先生，要是从 1 到 10 分打个分，1 分是很绝望，10 分是很满意，你觉得自己现在的生活状态能打几分？"周先生豪不犹豫地说："我打 8 分。"

我愣了一下，能打 8 分的满意度怎么还会中度抑郁呢？还没来得及问，周先生自己补充道："小时候过的日子苦啊，我对现在的生活很满意，吃的穿的住的都是最好的，老婆孩子将来可以分的财产和股权我都拟好了文件，生活没什么可担忧的了。"

我又强调了一下，让他给自己的心情和精神状态方面打分。周先生瞬间垮了脸："那很不满意，最多打 3 分吧。我跟太太一直关系不好，你别看我六十多，都该知天命的年纪了，可我到现在还是会怨小时候母亲偏心弟弟，我很自卑，也觉得自己挺失败的。"

这个片段让我意外的地方有两个。

一是，当我问生活满意度的时候，周先生的直觉是我在问吃穿用度、物质条件。结果他自己也困惑：我都打了 8 分了，为什么还是抑郁了？

二是，为什么已经站到了这样的高度，拥有这么多产业和股权，周先生还是把自己定义为一个自卑、失败的人呢？

对周先生来说，小时候的关爱感缺失让他一直对自己评价过低，我前面说过，周先生首先需要修复自己的关爱感需求。除此之外，周先生也让我意识到，生活中有很多人并没有真正了解"占有"和"经历"这两种人生取向会如何影响他们。

弗洛姆曾经比较过"占有"和"经历"这两种不同的人生哲学。占有者想要尽可能多地占有东西，从物品到技能、名誉、人际关系，甚至时间；而经历者更注重关注人生本身，比如，我是谁、我是个什么样的人、我处在什么样的状态、我拥有什么样的人生目标，等等。

其中，毫无疑问的是，占有是存在的基础。我们可以借助之前讲过的马斯洛需求层次理论来理解，人对占有的需求更接近匮乏需求，如果没能得到基本满足，人就活不下去。

但是，人不能一直停留在"占有"状态。

一方面，人具有很强的心理适应性，曾经看起来新奇刺激的东西很快就会成为常态，所以无形之中，我们对物质占有的标准会不断地提高；另一方面，究其本质而言，占有让人陷入比较和追求欲望的恶性循环之中。我们会因为拥有一辆新车而感到兴奋，可一旦朋友买了一辆更好的车，我们的快乐也就开始打折扣。

周先生对物质生活的满意体现了他对占有的追求，而他对生活缺失的意义感，无法感受到生命的活力，就像弗洛姆所说的那样："看起来，我好像拥有一切，实际上一无所有，因为我所有的，所占有的和所统治的对象都是生命过程中暂时的瞬间。"

在我看来，追求"占有"是一种被动的生存方式。你看上去也积极主动、勤奋忙碌地在追逐一个目标，但这些目标是为了占有其他东西，是为了防止自己再次出现匮乏的感觉，是恐惧，是焦虑，这些东西跟你的真实自我还隔着很长一段距离。

和"占有"不同，"经历"是一种真正积极主动的生存方式。

康奈尔大学的托马斯·吉洛维奇（Thomas Gilovich）博士认为，经历比占有更值得追求，至少有两个原因。

首先，经历更多地属于内在价值，我们不会像比较物质上的占有那样比较经历。哈佛大学曾经做过一项研究，当研究者问实验者们，你是愿意拿着比同龄人低的高工资，还是拿着比同龄人高的低工资时，很多人都不确定。什么意思呢？举个例子，一个选择是给你开的工资是一个月 1 万元，其他人是 8000 元；另一个是一个月给你 2 万元，但其他人 2.4 万元。理性的角度来说，显然直接比较绝对值的大小就能做出选择，可实际上真的碰上这种情况时，很多人是犹豫的。

但是，当他们被问同样的关于假期长度的问题时，绝大多数人都选择了更长的假期，尽管这个假期比其他人要短。假期所代表的是经历，而人很难去量化假期的相对价值。

其次，经历是转瞬即逝的存在，但也正因为它短暂、不可复制，随着时间的推移，它的价值也在逐渐增加。

最重要的是，经历更加能够定义一个人，能帮助一个人进行自我认同的过程和体验。我之所以是我，不是因为我拥有一栋房子、一辆车、一个银行账户，而是因为我与不同的人相遇，我做过不同的事，我去过不同的地方，关键是我真心投入了这些过程，这些过程融入了我认可的生命历程之中，使我成为独特的我。周先生的情况就是如此，对物质、名誉占有再多也无法填满他内心的基本心理需求。随着逐渐老去，当一个人回顾一生的时候，比起他所占有的物质，他会更倾向通过这辈子的经历来定义自己。周先生需要的其实是通过经历来真正地感受到自己的存在。

别把"占有"错当成"经历"

相信你已经充分了解到经历对一个人的重要性了。可能有些人开始想着：既然要多经历，那我决定了，今年先报个英语学习班，明年换份更有挑战性的新工作，这几年再争取谈个恋爱，丰富一下感情经历。

如果充分经历的人生仅仅是指这些形式和动作，那么跟很多人相比，我们刚才提到的周先生这辈子投资创业、看遍人间的经历应该足以让他幸福到 10 分吧？可是他并没有。为什么？

因为很多人错把"占有"当成了"经历"。

弗洛伊德说过，人生意义就在于工作和爱。可是，如今我们提起工作和爱时，更多谈论的是占有，而非经历。

工作本来是一个动作，是你投入一个任务当中，做成一件事情，完成你对自己和社会的责任的过程。你发挥自己的潜能，解决各种难题，克服种种障碍，经历心流，收获成就感和满足感，同时让自己变得越来越好。

可现在谈及工作，还有多少人是说这些丰富充实的过程呢？我们往往在说，我需要找一份工作，她的工作收入很高，你的工作好无聊等。工作不知不觉地成为一个比较地位、成就高低的工具。

爱也一样。弗洛姆说："爱是创造性的活动，包括注意某人、认识他、关心他、承认他以及喜欢他，这也许是一个人，或一棵树、一幅画、一种观念。"所以，爱是一个动作，是你的行为，是不在乎现实牵绊的状态。

可现实生活中，我们在提到爱时，谈的是拥有爱情，而不是投入爱的状态。我们在意的是代表爱的鲜花与承诺，渴望占有对方所有的注意力。爱成了一样可以占有的东西，我们开始计较得失，也受困于嫉妒、失望和愤怒等负面情绪。

工作、爱情、学习，这些本来自带经历属性的东西，如今很多时候反而被异化成了一种占有。所以当你为了丰富经历打算去学习、旅行、工作、恋爱的时候，再认真觉察一下，是为了不甘人后所以想占有一个证书、占有一些知识、占有一堆可以发在朋友圈的照片、占有一个处于亲密关系里的身份，还是出于自主的、内在的、自我成长的呼唤。

如何去"经历"

那么，怎么才能远离"占有"，追求更注重"存在"的生活方式呢？

第一，把资源投入经历，而不是物品上。

资源包括金钱、时间、注意力等。就像我曾经提到如何花钱更幸福，花钱去购买经历、体验，去做一件事情，去感受你在行动过程中的成长和体验，而不是鼠标轻轻一点，就换来一样东西。双十一购物的时候，大家疯狂下单，过后又疯狂退货退款。疯狂点击的订单中，很多物品只是出于下单时的快感而购买，一旦到手拆完了快递，可能瞬间就失去了兴趣，搁置在家中落灰。但把资源投入经历中就不同了。我们曾经花钱去过的旅行、看过的电影、学过的课程、参加过的娱乐活动等，总能在回忆的时候带出很多话题，激发出持久的幸福感和意义感。这里回应了我们说的：消费的本质是用金钱为自己的价值观排序，当我们觉得经历更重要的时候，我们应该把票投给经历。

第二，重视和他人在一起的经历。

耶鲁大学的埃丽卡·布思比（Erica Boothby）博士做过一个有趣的实验。她邀请一些志愿者到实验室里来品尝巧克力，同时在场的还有另一个陌生人，他不跟你说话，只是默默地在旁边一起做任务，但他做的任务有可能和你一样，是品尝巧克力，也可能是其他的，比如：鉴赏艺术品。结果发现，当这个人跟你一样在吃巧克力的时候，会让你觉得这个巧克力更好吃。这就说明跟人共享一个经历可以放大你的幸福。

所以，在各种人生经历中，固然有你可以独处得来的经历，如读书、思考等，但我还是特别推荐跟别人在一起的经历。和他人一起的经历，创造了我们最需要的与世界的连接感。两个人一起吃顿饭，几个老朋友聚在一起谈天说地，都将是人生独特的回忆。哪怕是陌生人，比如，去一座博物馆，听一场音乐会，或者去一家热闹的饭店、健身房，虽然大家素不相识，但是欣赏着同样的艺术，吃着类似的美食，进行着同样的运动，就能让你也感觉到一种心灵共鸣。

第三，经历不一样的经历。

TED 演讲中有一期叫作《每天一秒钟》，演讲人恺撒·栗山（Cesar Kuriyama）从事广告设计多年，有一天他的思路被一个灵感打开，他开始了一个项目叫"每天一秒钟"。大意就是每天都坚持用第一视角给自己录一秒钟的视频，下半辈子一直坚持下去，慢慢地将这些一秒钟的视频拼接起来，把生活片段拼接成一段连续的视频，直到没有能力再录视频为止。我试了一下，普通的 iPhone 手机录像 1 秒钟，内存大概是 2M，一年 365 天所占的内存也不超过 1 个 G。但是在一年或更久之后，回看这个视频合集，一定会令人感慨万千。

我之所以讲栗山这个项目，是想说，平凡的生活也能够产生伟大的体验。所谓不一样的经历，不一定非得花大代价去寻找新鲜刺激，不一样的经历其实就来自你对生活细致入微的观察和认知，有时候，换个不一样的视角，就能对生活产生更深刻的领悟。

第四，去谈论你的经历。

电影《卡萨布兰卡》里就有这样一句经典的台词。当男主人公瑞克在机场护送女主人公伊丽莎离开时，瑞克告诉她：我们将永远拥有巴黎的回忆。拥有的物质会因为更新换代而过时，但有过的经历会长久存在于记忆中。

康奈尔大学的一项研究结果表明：谈论你的经历，会让人感到更幸福、更快乐。因为用故事分享的过程会让你更享受你曾有过的经历。通过讲述，这样的记忆又再次变得鲜活起来。所以日常生活中，你不妨多和他人分享、交流彼此的经历，重温一遍的同时，又能激发出新的感受和思考。

今日行动

写下你的人生憾事，设想一下，如果你今天就会离开人世，你会有哪些遗憾呢？为了避免之后的遗憾，你打算先做些什么为这个经历做准备呢？

这个实践可以帮助你梳理自己的人生经历，有意识地把握住每个当下。

提升你的审美体验

人在追寻经历的过程当中，体验到了更多的人生，感受到了"我"的存在。而这种"体验"的最高境界，就是我们在一开始就提到的巅峰体验。当人处于巅峰体验之中，我们会全神贯注，陶醉其中，进入一种忘我的境界。

那么，如何在人生中收获更多巅峰体验呢？结合马斯洛的理论研究，我发现，从个人的角度来说，巅峰体验来自我们对大自然和艺术的审美活动，来自充满热情、冲动和灵感的创造，来自任何专注忘我、产生心流的活动。

我们就先从审美体验讲起。

在心理学领域，审美心理学是一个独立且重要的分支，专门研究和阐释人类在审美过程中的心理活动规律。美不拘泥于形式。自然万物属于造物主的馈赠，是美；人类种种形式的艺术创造，如绘画、音乐、文学等也是美。审美体验是人在欣赏美的过程中产生的心理感受。也许很多人并不能准确地说清审美体验是什么，但大多数人在日常生活中都有过审美体验。比如，听喜欢的音乐，欣赏一幅画作，漫步于大自然之中，我们都受到过触动，也都有不由自主地感叹"好美"的时刻。

我们一直在谈自我实现，那么审美和自我实现之间有什么关系呢？

著名美学家朱光潜在他的著作《谈美》中提到，人类对美的需要，其实是一种"精神上的饥渴"。创造审美体验的过程，实际上是一个人"免俗"的过程。

追求美，让我们在脱离世俗的功成名就之外，为自己构建了一所灵魂圣殿，当一个人沉浸在审美体验中时，他看到了事物最有价值的一面，也感受到自己是心灵的主宰。

什么是审美体验

审美体验是一种主观加工的心理过程

当我们走在路上，看到雨过天晴之后的一道彩虹时，为什么会感觉到"它很美"呢？

是因为彩虹本身很美，被我们看到了吗？不是，因为就"看"的动作而言，它只是一个单纯的物理过程。我们之所以看到彩虹，是阳光在空气中发生了折射，各种波长的光波到达视网膜，被细胞捕捉到后传送到大脑，变成我们脑海中对彩虹的形象的认识。

这个过程，并没有美感的产生。我们之所以能够感觉到"彩虹很美"，是因为我们的大脑对彩虹的形象进行了带有主观色彩的再加工，给这个形象赋予了"希望""幸福"等美好的意义。在这个过程当中，我们感觉到了美，产生了审美体验。

所以，审美体验是我们对客观的外界事物进行主观加工的心理过程。

审美体验是人对事物形象的直觉感受

但是，并非所有人为的主观加工，都能带来审美体验。

举一个例子，对于著名画家凡·高的油画《向日葵》，评论家、商人和欣赏者这三类人会产生完全不同的看法和体验。

艺术评论家会从理性的角度来分析整个作品，比如，这幅画的时代背景是什么，画作如何反映凡·高的人生经历，还会点评颜料、画布的质地、笔触技法等。但这些理性的分析，就像通过 X 光线来扫描画作一样，并不能产生审美体验。如果只是停留在此，而不是用心感受画作本身，那么评论家们看到的也仅仅是对这幅画的解构和分析，并没有感受到它的"美"。

而对于商人来说，他会从实用性的角度来看待这幅画。比如，"这幅画价值多少""能卖多少钱""和我有什么利害关系"等，因此，商人看到的是这幅画的"用处"和价值，所以同样无法感受到它的"美"。

而真正的欣赏者，会把注意力集中在这幅画本身，不带评价、不带分析，不做任何思考地体会和感受，感受画作的线条、颜色，感受笔触间的力道和它所传递的情感，感受自己和画之间的情感激荡，全身心地沉浸其中。

换句话说，审美体验是感性的，它的本质是对事物形象的直觉感受。抽象的思考、理性的分析、实用性的考量，这些加工方式，都会妨害审美体验的产生。

审美体验中的移情作用

刚才我们从两方面对审美体验进行了明确的定义，首先审美体验是对客观事物的主观加工的心理过程；其次这种心理过程是感性的，本质上是人对事物形象的直觉。

接下来，我们再深入看看，审美体验的过程中，人和事物之间产生了怎样的关联。

当我们在欣赏一些事物时，会下意识地把自己的情感移注到外物身上，就好像这些事物也有着同样情感。比如，花开花落本是自然规律，可是在多愁善感的林黛玉眼中，一草一木都带着凄苦悲凉之感。日常生活中，我们也经常有类似的体验，欢喜时"山也欢来水也笑"，悲伤时"愁云惨淡万里凝"。心理学家把审美活动中，人们对没有知觉的事物赋予感情的现象叫作移情。

哲学家黑格尔曾说："艺术对于人的目的，在于让他在外物中寻回自我。"一棵树、一幅画、一首歌，对于这些事物，我们都会把内心的情感投射过去，让它们的形象充满了不一样的美感和意义。而这些形象成为映照我们内心的镜子。

就像看到梅花，我们会觉得它有着坚韧不拔的品质，"墙角数枝梅，凌寒独自开"，这就是移情作用，我们把自己的主观情感移注到外界的梅花之上，和它建立连接，分享它的生命。

另外，看到了寒风中依然挺立的梅花，我们也会被它的精神打动，不知不觉中也挺起腰杆来，来自梅花的这份美好的神韵和姿态被我们吸收了进来。

也就是说，在审美体验中，我们会把自己的主观情感投射到外界事物的形象上，并把这份形象中的情感和姿态再吸收回来，产生"由我及物"和"由物及我"双方面的移情作用。

大诗人苏东坡之所以酷爱竹子，写下"可使食无肉，不可居无竹"的诗句，是因为他把自强不息的气节投射在了竹子上，并且向往这份精神，住在有竹子的环境中，受它美好形象的滋养。

在"由我及物"和"由物及我"的情感激荡中，人和物的界限完全消失，我们在物质世界中忘却了自己，并在精神世界中达到了物我同一的境界，这种聚精会神、物我同一的感觉，就是审美的巅峰体验。

如何创造审美体验

那么，有什么方法能帮助我们更好地产生审美体验呢？

心理学家爱德华·布洛（Edward Bullough）提出，审美体验产生的关键，是要和审美的对象保持适当的心理距离。心理距离并不是指空间或时间上的距离，而是我们对艺术作品所显示的事物在感情上或心理上所保持的距离，太远或者太近，都不利于审美体验的产生。

首先，心理距离太远，通常是因为人对审美对象在知识层面了解太少，或者一点都不感兴趣，因此和审美对象之间的连接感很难产生。

有些艺术，特别是西方文艺复兴时期的画作、雕塑等，虽然经常能够看到博物馆中有很多展出，但和我们现在所处的时代和文化差异比较大，所以心理距离比较远，看了之后也并没什么感觉。我也是这样，逛博物馆的时候，看到西方那些贵族、宗教的油画，虽然会感到画工很精致，但也是一头雾水。

对于这种情况，我们可以通过补充背景知识的方法来拉近距离。如果你希望学习欣赏一些之前并不太懂的艺术，不妨从了解背景知识或相关的故事开始，找到自己有兴趣、有连接感的地方，来拉近你们之间的心理距离。

那么，心理距离太近又是怎么回事呢？

很多外国朋友喜欢用汉字来文身，我们中国人却觉得毫无美感可言，反而会觉得还不如文几个看不懂的英文字母更好看一些，这就是因为汉字离我们的心理距离实在是太近了。

记得有一次朋友邀请我去三里屯参观某个雕塑展。面对一系列由大片大片的破布、废铜烂铁甚至逐渐腐烂的水果组成的后现代艺术作品，朋友看得津津有味，而我却是一头雾水，心里还想着："天哪，这些水果放在这里真是好浪费……"与此同时，我心中还在默默计算着，三个月的展览下来，大概要耗费多少资金成本。

以实用性的眼光来看这些雕塑，导致我很难投入作品本身的内容中，无法专注于体会作品给我的情绪感受。所以，实用价值的追求会妨碍审美体验的产生，我们需要适当地抛开它们。

另外，专业知识下的理性分析，有时也会阻碍你对审美对象的直观感受。

就好像对着一朵花，去分析它生物学上的纲目科属种，或者把它拿到显微镜下来考察，这样的方法，很难获得审美体验。

讲到这里，我突然想起了电视剧《倚天屠龙记》中的一个情节。主人公张无忌向武当派宗师张三丰学太极剑，白须飘飘的张三丰演示了一套太极剑法，然后要求张无忌把记住的剑法都忘掉，忘得越快越好，再去和对方比剑。

把专业知识融会贯通之后，能够帮助你形成更高级的心理表征，感受到以前没有发现的细微差别，从更高的层次来欣赏美。可美感关键还是在于直观的感受，在技法、知识还没有融会贯通之前，过多的理性分析会阻碍审美体验的产生。

我有个朋友，非常喜欢看电影，研究了很多电影的拍摄技法、导演的视听语言，甚至还特地分析了世界电影史，自己也会在空余时间剪辑一些微电影、小视频。但他有一天对我抱怨说，找到一部好电影越来越难了，除非是很吸引人的电影，否则他会把整部电影当成剪辑的教学片来看，很难投入剧中的故事线中。最后，他的应对方法是要"回到初心"，享受电影的过程。当然，这里并不是说，为了审美，就不要学专业知识了，学习知识当然是多多益善的。这里说的是，不要陷入专业知识之中，让这些条条框框阻碍了你的审美体验。所以，适当抛弃理性的分析，从而让审美体验更好地产生。

阻碍我们保持和欣赏对象之间的心理距离的第三个因素是，对标准答案的追寻。

我的一些朋友说：自己很想欣赏交响乐，背景知识也懂一些，但就是听不出那种"命运"或"高山流水"的意境出来，这该怎么办呢？

这种希望能听出"命运"之类的期待，其实是对审美体验的误解。因为审美体验并没有标准答案。当我们把注意力集中到音乐上，情绪就会自然而然地跟着旋律做出反应，能够感受到这是欢快的还是悲伤的，是振奋的还是平静的，心里至少会有些情绪的起伏和波动。这种感觉发展下去就属于审美体验。

但是，如果我们对音乐有"听出标准答案"的期待，就会随时随地在心中质问甚至批判自己："这个是命运的感觉吗？我的感觉应该是什么样的？"正是这种对自己内心的感受的不断评价，会让你不敢相信内心的感受，干扰你的注意力，从而影响你进入审美体验。相信自己的感觉，投入进去，享受过程就好，并不用强求自己一定要听出"高山流水""阳春白雪"的意境。只要你能从体验中有所触动、有所收获，这就行了。

今日行动

自然总是能带给我们很多美好的体验与灵感，今天的实践就是去亲近自然，你可以专门找时间去公园散步，也可以在上下班的路上，调整步伐，慢慢体会自然的馈赠，感受日常的美。

第一步，你可以观察周边的自然环境，看一看周围的草木，你是否能够看到它们的变化。

第二步，你可以在一个比较安全的地方，闭上眼睛，用听觉、嗅觉或是触觉去感受你周围的环境，试试自己是不是有了新的感官体验。

希望你能够试一试这个感受方式，将你感受到的新体验与我们分享，也许它能让你从平淡的日常中抽离出来，发现那些习以为常的事物更多的美，从而获得更丰富的体验。

如何变得更有创造力

从个人的角度来说，巅峰体验既来自对大自然和艺术的审美活动，也来自充满热情、冲动和灵感的创造。

能够创造，是人之所以为人的一大意义。创造力促使我们产生有价值的原创思想，像一个创造性思考者那样生活，不仅能够带来经济、物质上的回报，而且能够带来快乐、充实感、目标感和意义。

在很多人眼中，创造力好像是天赋般的存在，神秘且难以捉摸。作曲家不经意间从高山流水中听出了一首歌曲。搞创意的一拍脑袋就给出其他人想不到的好点子。生活中，总有一小部分人创意满满，可要是你问他们究竟是怎么想出来的，他自己也说不清楚，就像陆游说的"文章本天成，妙手偶得之"。我们往往觉得创造力神秘且不可捉摸，因为创造本身是一个无意识的过程。

研究创造力的科学家们经常把创造力分成两种。一种是大创造力，像爱因斯坦、莫扎特等杰出的科学家、音乐家等，创造出具有划时代意义的有形或无形的产物。而另一种是小创造力，在我们日常生活或工作中也会有独特的问题解决方式，或者创造出特别的作品，比如，一道创意十足的菜品等。

大小创造力之间，从心理学的角度来说，背后的产生机制，都是相通的。对普通人来说，把握背后的机制，就意味着我们在工作中更具创造性地解决问题，获取更大的成就。

创造力产生的机制

一样东西被创造出来，通常有两种不同的方式。一种是依靠自发式思维，仿佛"天启"一般。自发式思维，常常代表着"灵感"，好像从心里自然涌动出来的创造力。阿基米德在泡澡的时候发现了浮力定律，就是一个自发性思维的典型，也就是在无意中悟得的。

另一种是推敲式思维，细细琢磨、严谨推算。"推敲"这个词本就来自一个创造的故事。唐朝诗人贾岛，想到了一个诗句"鸟宿池边树，僧推月下门"。但他又觉得"僧敲月下门"更好，到底是用"推"好呢还是"敲"好？他陷入了沉思，不小心撞到了文学家韩愈，就一起斟酌诗句。最后韩愈觉得"敲"更好，因为敲更有声音感。所以，推敲式思维和自发式思维不同，代表着反复"琢磨"。

李白是典型的自发式思维。杜甫则是推敲式思维的代表。同样是写寂寞，李白会说"举杯邀明月，对影成三人"，一气呵成，但杜甫会说"亲朋无一字，老病有孤舟"，对仗非常工整，明显是经过仔细推敲的。

通常很多人觉得，这两种思维方式，代表着两种截然不同的创造力；但实际上，从科学的角度来说，创造力是自发式思维和推敲式思维的高度结合。

牛顿在提出万有引力的概念之前，已学习数学很多年。对万有引力概念的阐述，实际上花了他 20 多年的时间，而并非只是被苹果砸到头的那一瞬间。创意的准备、孕育、灵感，以及最终的形成，要靠自发式思维和推敲式思维的成功结合。

那么，这两种思维到底是如何结合，帮助我们创造出各种有形的、无形的产物呢？哈佛大学心理学家罗杰·贝蒂（Roger Beaty）从脑科学的角度破解了创造力"神秘"的产生过程。脑部扫描仪显示，人类创造性的思考离不开大脑中三个网络的良好运转，它们分别是默认网络、执行网络和突显网络。其中：默认网络负责组合出好点子，主要依靠自发式思维；突显网络负责通知执行网络，有好点子产生了；执行网络负责对点子进行筛选评估，主要依靠推敲式思维。

首先，什么是默认网络呢？当大脑没有明确任务的时候，处于默认状态下激活的网络就是默认网络。当我们什么都不想的时候，大脑看起来在休息，但其实它依然还在工作，通常这个时候人处于思绪乱飞、走神或者想象的状态。科学家经过研究后发现，在这个状态下，大脑会对过去的信息进行孵化，会把不同的想法连接起来，并在大脑里进行重新组合。在这个模式之下，每个人都曾经产生过无数有趣的想法。

只是这些想法，我们还没能感知到，因为默认网络的运转是在我们的潜意识里。这个阶段产生的想法，需要经过突显网络才能到达执行网络。突显网络负责分配大脑的注意力，当默认网络产生了一个好点子，突显网络就会通知执行网络来进行衡量，一旦进入执行网络，也就进入你的意识范畴。这就是所谓的"顿悟时刻"："哈！我突然有了个点子！"我们经常说有些人脑洞大，说的就是突显网络在运行时，让更多的主意从潜意识进入意识层面。

推敲思维起作用的过程，主要是大脑的执行网络在运行的过程。执行网络接收到突显网络的通知后，就会衡量这个想法是否靠谱。我们会有意识、有目标、有步骤地进行明确细致的计算和推理。你一定听说过爱迪生的话："天才是 1% 的灵感加上 99% 的汗水。"这句话其实很适合用来形容创造的过程。因为创造力不是胡思乱想，你创造出来的东西必须有明确的实际用途，才能被称为创造，而非想法。执行网络会对想法进行正确的评估，一方面扔掉那些不靠谱的部分，另一方面则是对一些不成熟但是有亮点的想法继续进行有意识的加工、推敲。

最新的关于创造力的实验发现，这三个网络一般是分开工作的，不会同时被激活，但是当我们发挥创造力时，大脑就会灵活地使这三个网络协作。更重要的是，那些拥有高创造力的人，他们的大脑往往能够同时激活这些网络，能更频繁地在自发型思维和推敲型思维之间转换。

如何提升创造力

那么，如何有效地提升创造力呢？我曾经在网上看到一个类比，觉得很有道理。创造力其实和做引体向上很像。如果你正手握杆，手掌心和脸同朝一个方向，那么做引体向上很难，因为用到的是我们平时很少锻炼的背部三角肌；但是反手握杆就要容易得多，因为这时候用到的是平常比较多使用的肱二头肌。

同理，人的创造力主要跟探索问题、专注思考等脑力活动相关，需要我们更多地探索未知，以强大的自信面对模糊和不确定性。可我们从小训练的更多的却是针对一个确定的问题，沿着确定的路径去找到标准答案。所以，并不是我们天生缺乏创造力，只是像肌肉一样"用进废退"，练得少了，大脑三个网络之间缺少协作，这才显得缺乏创意。因此，培养创造力最好的方法，就是有针对性地训练你的大脑。

第一，放松对创造力的提升有好处。

因为这时你的大脑进入了默认网络的模式，是大脑在后台孵化点子的黄金时间。哈佛大学的谢利·卡森（Shelley Carson）博士写过一本书，叫《你的大脑会创造》，她提到，我们可以经常在大自然里漫步。因为这时你的大脑处于比较放松的状态，并没有真的想任何问题，但同时又有各种各样的刺激源源不断地进来，树、草、小动物、风、声音等，让大脑变得更加灵活，潜意识里进行的孵化过程也会更加活跃。

类似的还有洗个长澡，人在洗澡的时候处于一个特别放松的状态，水点不断地打在你的身上。你的注意力有些分散，但不完全分散，这时人就是自在自我的。

有一位著名的科学家叫艾伦·凯（Alan Kay），他不仅获得了计算机科学最高奖，还是一个职业的爵士乐手。他曾经开玩笑说，公司因为不肯给自己的办公室装一个价值一万多美元的淋浴装置而损失了数千万美元，因为他大多数创意都来自淋浴的时候。

第二，注重积累相关知识，欣然接受漫长的准备时间。

美国著名作家斯蒂芬·金（Stephen King）曾经说过："如果你想成为一名作家，你必须做两件事：大量阅读和大量写作。据我所知，这两件事是无法回避的，没有捷径可走。"如果你想从事创造性的工作，或者想要培养创造力，积累大量相关的知识，接受漫长的准备时间非常重要。一方面，有更多的知识，才能让执行网络对新点子做出正确的判断。另一方面，更多的知识也能给默认网络的点子孵化阶段提供更多的原材料。想法需要历经时间才能逐渐成熟，所以，学会享受积累和沉淀的过程，因为这个过程本身，也是"创造和发现"的重要组成部分。

第三，与生活相结合，更容易产生创造力。

很多人以为要培养创造力，就是模仿那些有创造力的人，要让孩子成为乔布斯就让他们上少年编程班，要让孩子成为李白就让他背唐诗三百首，但是那些诗和远方的创造力其实是脱离生活的。这些创造天才也不是一上来就奔着诗和远方而去的，李白小时候的爱好是作赋、剑术、奇书和神仙，乔布斯大学期间学习书法等。他们的创造力是从生活中慢慢生长出来的。

我们的大脑不是设计出来的，而是在适应环境的自然选择压力下进化出来的。所以它最擅长解决的是几十万年前老祖宗所面对的那些问题，比如，打猎、采集、找配偶、养小孩，而不是现在的问题——写字、算题、弹钢琴等。正因如此，大脑会更喜欢生活场景，跟生活相关的东西他记得更牢，调用信息也更快，所以就更能创造。

乔布斯曾经在接受采访时提到他对于创造的看法，在他看来，创造就是把东西连接起来，把自己的经验和新的东西结合起来，往往能够创造别人不知道的东西。因此我们可以更多地结合日常生活的场景来进行创造力练习。具体来说，有三类。

第一是发散性练习，你可以选择平时常见的物品，想想这个东西除了它的日常用途之外还能有什么用。比如，一块砖头除了砌墙之外它还能怎么用？也许还可以用于艺术创作。袜子除了用来温暖你的脚，还可以作为水的过滤系统。

第二是联系性练习。任何生活中的几样东西你都可以想想，这几样东西有什么可以产生联系的地方。比如说，砖头和包子有什么共同点？猴子和火星有什么关系？

第三是想象性练习，就是进行一些反事实的想象。比如说，砖头如果会说话，那会怎么样？假如草是红色的，而我们的血是绿色的那会怎么样？比如，是不是我们的红绿灯可能会改一下，我们以后就是红灯行绿灯停。这些都是结合我们日常生活中常见的东西和场景可以做的练习。

　　创造力通常是把不同的东西连接起来的结果，这次我们来做一次"联想接龙"训练。

　　第一步，你可以写下身边的一件物品。

　　第二步，想一想与这件物品有关的其他事物，然后用接龙的方式把它们串联起来，在这一步中你可以不用固守成规，你只要将自己联想的结果写下来就好，比如，手机—微信—信件—笔—鹅毛—轻柔—阳光—花香—原野—村落—巫术等。

　　像这样信马由缰地往下写两分钟，然后回过头来看看最后的词语和第一个词之间有多大的差异，或者看看你是否从这一串联想接龙中发现有趣的内容。

　　这个实践可以帮助你发散自己的思维，也能够帮你创造出更多的趣味。

心流是最美妙的巅峰体验

心流是美国著名心理学家米哈里·契克森米哈赖（Mihaly Csikszentmihalyi）经过多年研究后提出来的一个概念，形容的是当我们埋头专注于一件事情，忘记了时间流逝，也忘记了自己的一种状态。虽然大多数人往往只把心流当成一种提升效率和成就的工作方式，但其实，追求心流的意义，远比所谓的"方法"或"工具"要高深也重要得多。毫不夸张地说，心流是一种更高级的获取幸福的生活方式。

人活在世界上，追求幸福的方式有很多，比如，追逐更高的成就，个人价值的实现，或者不断提高生活品质等。可是如果仔细观察你就会发现，很多人的生活质量已经远高于生存条件之上，可他们依然被动地在现实生活中不停地奔波，无法享受到幸福和自由。

有一样东西我们常常忽略了，那就是内在精神世界的稳定。人类有发达的神经系统，它决定了我们随时处于需要接受外部大量信息和反馈的处境中。从进化的角度来说，这样的生理机制帮助我们更敏锐地感知外部信息，更有利于生存繁衍，但也给我们带来了更多的苦恼。大量的信息涌入，常常会让我们的意识系统失去原有的秩序，让我们感到焦虑、烦躁、不安和痛苦。

而心流，是对抗这种失控感的存在。契克森米哈赖曾经这样描述过："我们对生命的看法，是由许多塑造体验的力量汇聚而成的，每股力量都会留下愉快或不愉快的感受。对于大多数的力量我们难以控制，但也有些时候，我们觉得有能力控制自己的行动，主宰自己的命运，不用被莫名其妙的力量牵着鼻子走。这种难得的时刻，我们会感到无比欣喜，就像在追寻理想人生的旅途中树立了一座里程碑。这就是所谓的'最优体验'。"

也就是说，创造心流最大的意义在于，我们能够通过掌控自己的意识，来获得对整个人生的掌控感。只有满足了这个条件，当我们去追求物质满足和个人成就时，才会切实地体会到深刻持久的幸福。

带着这样的认识，我们再来看到底什么是心流，如何创造心流体验，相信你能够有不一样的体会和收获。

什么是心流

精神熵 = 内在失序的混乱状态

想要理解什么是心流，我们得先从一个热力学概念——"熵"说起。"熵"是用来形容系统的无序和混乱程度。一个系统越混乱，熵值越高。反过来，一个系统内部越有规律，结构越清晰，熵值就越低。

那什么是精神熵呢？回想一下，当你烦躁、忧虑或者深陷痛苦中时，你的内心是否充斥着各种各样的声音？这些声音可能来自你对物质条件的得失计算，可能来自他人的评价或者外在世俗的标准，也可能来自你对自我的抱怨与不自信……

佛家有这样一个说法，一个人表面上看起来是在静坐，内心却如同瀑布一般，无数杂乱无章的念头蜂拥而来。总之，你的大脑就像热锅里的气体一样，各个念头之间没有什么束缚和联系，各自撒开脚丫欢快地狂奔，你的内心一片混乱。虽然你意识到的可能只有少数几个念头，但在潜意识里，有无数个念头在相互冲突，它们在抢夺你大脑的控制权，消耗你的注意力，试图引导你南辕北辙。想要在嘈杂和混乱的状态中辨认自己究竟想要什么、下一步该做什么，是件非常困难的事情。

契克森米哈赖把像这样，人的内在失去秩序的混乱状态定义为"精神熵"。

心流 = 精神熵不断降低的过程

而"心流"体验的过程，就是降低大脑精神熵的过程。

就好像在热力学里面，气体变为液体就是一个熵降的过程。因为气体的分子会到处乱走，相互碰撞，毫无规律，一片混乱，而液体的分子可以往同样的方向凝聚，既有规律又有力量。

在心流的状态下，我们的思想渐渐变得有规律，指向性变得清晰，所有的注意力都集中在当前的任务上，你所有的心理能量都在往同一个地方使，那些跟任务无关的念头都被完全屏蔽。你对世界的意识、对自我的感知、对物质得失的精心计算、对别人评价的患得患失……都消失得无影无踪。

你并不是只有一个念头，你的大脑仍然在高速运转，但是所有这些念头都是有规律、有秩序的，像一支高度有纪律的军队，井井有条地组织了起来，高效率地去完成一个任务。

这时候，你的感觉就跟心流这个英文原文 flow 意思一样，心里的念头就像一条钢铁洪流，浩浩荡荡但又井然有序，势不可当但又能从心所欲，喷涌而出但又不会四处洒落，你不需要特意去控制这个过程，但一切又都在你的控制之中。

就拿我很喜欢的游泳来说。在岸上的时候，也许我会有各种心事、会胡思乱想，但一下水，整个世界都静下来了。因为我的注意力非常集中，只要心念一动，四肢和腰腹就能配合做出对应的动作，不用我去费力地思考。我能够感受到每一次划水时身体发出的力量，推开水流，破开波浪，在水中遨游。由于注意力完全集中在当前的活动上，所以在心流中，我们会对这个活动产生强烈的主动性和控制感。

并且，处于心流中的人，还会短暂地失去自我意识和时间意识，沉浸在活动本身的乐趣之中，物我两忘，陶醉其中。心流体验过后，我们还会收获一种酣畅淋漓的快感。这种巨大的享受来自体验的过程本身，它是不用外在奖励就能体验到的积极情绪，也是你内在动机和自主感的源泉。

如何创造心流

创造心流

那么，在日常生活中，我们怎样才能创造心流，产生巅峰体验呢？

科学研究表明，只要满足接下来的三个条件，几乎所有的活动都能产生心流体验。

第一，目标明确，指的是任务需要有明确的目标，这样我们就能把杂乱的心理能量组织起来，往一个方向使劲。这里的关键在于两个：一是把握好目标的性质，不管一件事情是否有外在的要求，我们都要学会自己给自己设定目标；二是把目标拆分成多个可实际执行的小目标，把目标融入行动的过程当中，我们更容易全身心投入。

第二，即时反馈。反馈能让我们知道自己是否在接近目标，时刻掌握任务进行的状态，随时进行调整，从而减少不必要的焦虑感。比如，在弹钢琴或演奏乐器的时候，对于弹出来的每一个音，你马上就能听到它弹得对不对，音高了还是低了，速度快了还是慢了，这样你马上就能调整自己的状态，弹好下一个音。

第三，也是心流产生的最关键条件：任务的难度要和自身的技能相匹配。心流活动是能力与挑战的平衡。这里的平衡并不是说技能和难度要完全一致，研究显示：人在挑战略高于技能 5% ~ 10% 的任务，也就是跳一跳就能够着的挑战区时，更容易激发心流的产生。

如果任务太难，会过多地消磨意志力；任务太简单，则会引起倦怠感。两种情况都不容易让人进入心流。

当然，现实情况往往并没有那么理想化，不是每次都能遇到和自己的技能相匹配的事情。所以，我们可以通过一些方法，来调节任务的难度。

如果任务太难了，可以适当分解任务，从而降低每个小环节的难度。

比如，起草项目计划书的任务很难，你可以尝试把"写完计划书"的大目标分解成"头脑风暴""列思维导图"等多个小目标，降低每个小环节的难度。减轻焦虑感，让自己能够更专注地进入任务中，从而产生心流。

如果任务太简单，可以适当增加难度，比如，通过一些附加的目标和限制，把无聊的事情变成生活中的小游戏、小挑战。契克森米哈赖曾经分享过这样一个例子：一个名叫麦德林的工人，和其他工人一样负责在流水线上组装器材。大部分人在流水线上工作时间长了就会感觉很无聊，但和别人不同的是，他把这份工作当作一种挑战。根据生产时间线的分配，他最多有 43 秒来检查每件器材的组装是否符合要求。但他给自己设置了一个小目标：把检查时间缩短至 30 秒内，力求在完成任务的同时提高效率。最后他成功地把这个时间缩短到 28 秒。尽管 43 秒的流程标准并没有改变，但麦德林通过主动增加难度的方式制造了心流，在重复的流水线工作上得到了乐趣。

总之，对于日常生活和工作中的任务，我们可以从这三个条件入手来创造心流：想办法让目标更明确，反馈更及时，难度也和自己的能力相匹配。

避免垃圾心流

伴随着心流的产生，高度的兴奋感和充实感也随之而来。当人全身心地投入一个任务中去时，就会达到忘我的境界。听到这里，你可能会疑惑：我们刚才对心流的这些描述，高度的兴奋感、充实感、忘我的境界，可是好像我平时打游戏的时候，也达到了这样忘我的状态，所以这也算进入心流吗？

是的，玩游戏时的那种状态，也算心流体验。事实上，绝大多数的游戏开发者就是根据心理学研究，把心流产生的条件设计到游戏中，来达到让玩家上瘾的目的。可一旦沉溺于此，心流也会带来负面作用。比如，沉迷游戏而不求上进，做任何事都提不起兴趣，这时，人的自我沦为了心流状态的"俘虏"。契克森米哈赖把像打游戏这样的体验称作垃圾心流。

判断一个人产生的心流体验是否是垃圾心流，主要看它能否真正满足你的成长需求。而避免垃圾心流最好的方式，就是尽可能明确自己的人生目标，以它作为指导，在符合你个人成长需求的条件下创造更多心流体验。

让心流不断升级

在避免垃圾心流之余，我们还要追求更高级的心流。

正如契克森米哈赖所说："伟大的音乐、建筑、艺术、诗歌、戏剧、舞蹈、哲学、宗教，都是以和谐克服混沌的好榜样。"降熵过程有高下，美有高下，技艺有高下，心流也有高下。原本的混沌越多，整合进去的元素越复杂，这个心流就越伟大。从这个角度来说，小孩子兴趣盎然地算数学题，和大科学家沉浸地思考物理问题，两者的心流体验可能非常相似，但无疑是科学家的心流更宏大、更壮丽，因为它要复杂得多。心流的高低之分，关键就在于技能和挑战水平的复杂度。所以，在日常生活中，我们不但要追求更多的心流体验，还要通过不断加大挑战难度，提升自己的能力，让心流不断升级。你会发现，在这个过程中，你的能力得到了提升，你越来越能够掌控自己的内心，你的自我也在这个过程中变得越来越丰富。

今日行动

日常生活中，我们可能会遇到一件事过于简单而导致倦怠，或者遇到一件事过于复杂而消磨意志，这些都不利于心流的产生，我们的实践就是"调整难度值"。

第一步，列举一下让你感到倦怠或消磨意志的事情。

第二步，通过调整目标和及时反馈的方法，试着想一想如何调整事情的难易程度。

这个实践可以帮助你在简单的事情中找到意义感或者在困难的事情中找到乐趣。

人生意义不是一样东西，而是一个过程

　　人生意义，几乎是整个人类的共同命题。可人活着，为什么要追求人生意义呢？

　　这首先是一种进化的本能，我们的大脑喜欢有秩序和可预测的感觉，无论遇到什么事情都喜欢自动进行归因和总结，寻找其中的因果关系和规律。一来，可以根据规律来预测未来，指导生活；二来，也能减轻认知负担。从这个角度来说，追求人生意义，其实是每个人对自己的生活所做的提炼和总结。

　　其次，从感受方面来说，美国心理学家柯克帕特里克（Kirkpatrick）发现，人类终其一生，都需要某种精神依恋，这种精神依恋在我们小时候通常表现为母婴依恋，也就是我一开始说的依恋模式。我们依恋父母或其他看护者，他们给我们提供食物、安全和温暖。这种精神依恋通常会随着人的长大而逐渐消失。

　　可那种依恋的感觉实在是太好了，所以我们总是希望有一个更强大、更永恒、更崇高的东西能够让我们继续依恋，比如宗教、神明，危险困苦时能够求得庇护，顺利时又能得到鼓舞。当我们发展出这种心理之后，要依恋的不一定是宗教或神明，任何让你觉得更永恒的东西，我们都能从中得到归属感和安全感。也就是说，当我们感到自己与某种更宽广、更超越自我、更超越时间和空间的存在建立起连接时，我们往往就能体验到人生的意义。

人生的意义在于连接

我自己对人生意义的命题是非常关注的，也经常在思考。我虽然一直在学习工作，但是内心总在不停地翻腾这样一个问题，就是我活着到底是为了什么？人生的意义是什么？什么让人生值得度过？

许多哲学家都曾阐述过他们的意义观。

萨特认为："世界是荒诞的，人生是痛苦的，生活是无意义的。"罗素曾经说过："有三种情感，单纯而强烈，支配着我的一生：对爱情的渴望、对知识的追求，以及对人类苦难不可遏制的同情。"

现在有一种新的观点也很流行：我不需要追求社会的认可，不需要成功，不需要实现价值，不需要给社会做贡献，只要按照我自己的意愿快乐地度过人生，我的人生就有意义。

当然，如果你去看知识界，大家一致认同，人生确实没有统一的本质的意义，全凭自己创造。这个也很好理解，人生确实没有意义，只有个人赋予的意义。从这个角度讲，加缪说得也有道理，正因为人生无意义，才更值得一过。

像这样，我吸取了各种各样的知识和智慧，可是当我把这些信息整合到一起时，我发现，对于自己的人生意义究竟是什么，依然没有答案。一直到我接触了积极心理学后，我才意识到，过去之所以对人生意义的探索走入了死胡同，是因为我把"人生意义"当成了一个孤立静止的东西，我误以为只要我不停地思考，就能找到。

在积极心理学的视角下，人生的意义，来自你和外界之间的连接。

我们以工作为例。对大多数人来说，工作本身没有什么意义。可如果我们和工作之间产生其他的连接，工作可以带来金钱的回报，所以我们首先可以跟工作产生钱的连接，但它能不能跟更多的东西产生连接呢？比如，它跟你的职业发展有关系，做得越久资历越深，职位越来越高；如果把工作和自我的进化联系在一起，工作的意义就又多了一层。你在工作中，自我得到了成长，它还可以帮你发挥优势；把工作变成自己的兴趣，你能够从中找到更多可以享受的事情；你还可以把工作和社会价值连接起来。比如，你所做的事情跟谁有关？给他们带来了哪些影响？你对社会做出了什么贡献？

像这样，从打工到职业到使命，你产生了更多对工作的连接，给你带来了更多满足感，工作也就成了有意义的存在。

缺失人生意义的三种状态

网上一直有个很流行的灵魂三连问：我是谁？我从哪儿来？我要去哪儿？虽然现在大家只是聊天和调侃时会说一说，但仔细想想，其实很有意思。这三个问题就像一条时间线，问出了人生意义的三个要素：你怎么解释已经度过的人生，如何衡量现在的价值，以及你未来将要迈向何方。

美国著名心理学家迈克尔·施特格尔（Michael Steger）经过研究后发现，以上三个问题，任何一个无法解释明白，某种程度上，都会导致人们陷入无意义状态中。

第一种状态是虚无。这种状态下的人，最缺乏的是对未来前进的动机和方向感。

他能给自己的过去做出基本解释，也能享受当下的欢乐，但是和未来失去了连接。对他们来说，生活就是生不带来死不带去，一场游戏一场梦，今朝有酒今朝醉。

第二种状态是疏离。这种状态下的人，最缺乏的是对当下的投入感和价值感。

他理解自己的过去，也知道未来要走的路。他的生活是有序的，但有一种强烈的"被安排感"，仿佛这一切都不是我自愿的，我不认同，也无法投入进去，我对当下的生活冷眼旁观，内心很疏离。

第三种状态是困惑。这种状态下，人最缺乏的是自我理解和内心的秩序。

他可能看上去日子过得热火朝天、激情满满。总是给自己设定很多目标，但是很快又放弃。其实他内心很焦躁也很困惑，因为没有真正理解自己的愿望和需求，无法给自己的人生整理出秩序感，他对人生是很困惑的。

无法理解过去，无法享受当下，无法迈向未来，归根到底，都是缺失连接感所造成的问题。

前不久，我看了一个 TED 演讲视频，主题是如何在短时间内弄清你的人生意义。演讲者把抽象的人生意义，转化成了一个包含五个问题的公式：你是谁？你做了什么？你为谁而做？他们需要什么？最终他们会实现怎样的转变？

这五个问题里，只有两个是关于自己的，而剩下三个都是关于别人的，它其实也反映了：人生意义的真相，在于主动地建立连接。

结合自己正在做的事情，从事服装设计的人，可以这么说："我正在做的事情，是为大众设计出他们付得起钱的衣服，让他们看到、感受到自己最棒的一面。"绘本创作者可以说："我正在做的事情，是为孩子们写书，让他们在深夜时也能入睡，入睡时也能做个好梦。"

积极心理学之父塞利格曼做过这样的归纳："人生意义意味着，用你的全部力量和才能去和一个超越自身的东西产生连接，设定目标去服务于它，并用恰当的方式实现这些目标。"

只有当你能够坦诚地面对过去，投入地生活在当下，对未来有期待有希望感，也就是找到你对过去、现在和未来的连接感，才能体会到一种完整、充实的人生意义。

如何活出意义感

那么怎么做，才能把这种有目标、有归属感、有内在秩序的连接建立起来呢？

第一，去过一种更"利他"的生活。

我曾反复提到，自我实现的人生，事实上是走出了"自我中心"的人生。当代"以我为主，追求享乐"的心态，让人始终把注意力集中在个人情绪、个人得失上，甚至弥漫着一种过于自恋的文化气息。可越是这样越孤独，越是高度关注自我，越难与更广阔的世界发生连接。

而我们在这章里，讲到了感恩、善意助人、幽默等主题，都是利他和亲社会的行为，都是在帮助你增加你和别人、和这个世界的连接。是这些瞬间的叠加，才有了生命中长久的回忆和体验。

第二，去敬畏。

我曾提到过，敬畏这种积极情绪，它是指当我们看到非常宏大的人或事物时，心中所产生的那种感受。

敬畏感有两个核心特征：

一是你知觉到一种浩大，就是一种比我强大比我远为伟大的事物，它可以是物理空间的，比如，宇宙星空、山川大海；也可以是社会地位的，比如，某个卓越的伟人；或者其他比个体强大的存在，比如，岁月时间等。

二是你内心产生了一种顺应它的需要，这个顺应并不是说我从此顺从于它，而是它打破了我原有的心理结构，我原来觉得世界就是这个样子的，但是它的出现让我觉得世界比我想象的还要伟大还要神奇，它打破了我原有的世界观和人生观，因此我必须进行心理重建。

我时常鼓励学生去参观博物馆，亲近大自然，激发对各种生命和存在的敬畏之心，因为这往往可以带来一个人更强烈的意义感。

第三，去整合。

人生意义不是一样固定在某处的静态标杆。它也像你的自我，随着经历会不断升级。关键在于，把许多更复杂、看似相互矛盾的内容整合到一起。

就像我自己，曾经从本能上认为"人性本善"，以最大的善意去对待世界和他人，哪怕遇到挫折，我也会认为："这只是暂时的，未来会更好。"哪怕遇到伤害，我也会想："他可能也有不得已的苦衷。"随着智识长进，我逐渐意识到，世界并不是这样的运行法则，过分天真的乐观主义经不起生活的检验。但变得厚黑，又和我从小的情感训练相悖，让我做起事来觉得很不舒服。这样两种冲突的自我同时在我身上，让我内心的熵值不断升高。后来我才明白，我并不需要在这两者之中做一个取舍，而应该将它们整合起来，整合成一个更复杂的人生意义。

一个经过了实证检验的整合方式是：重新讲述你的故事。每个人在叙述自己经历的时候，往往会有一个惯性模式。但是当你刻意训练自己使用另一种视角来讲述经历时，即使是同一件事，你也会产生新的感受和思考，从而整合进原来的观点，你对生命的看法也会因此变得更有弹性、更有力量。

一个经历了婚姻失败的人，按习惯的视角，可能写下的故事关键词是"愤怒""挫败""悲伤"。可平静下来之后，再重新审视这段婚姻，如果使用"坚忍""勇敢""不放弃"，同一段经历也许就演变成了一个完全不同的故事。如果再用"感恩""自由""放下"等关键词，你又会如何描述这段经历呢？

当我们能够从不同的视角来讲述自己的故事时，也就对这段人生形成了更高层次、更复杂、更整合的理解。

今日行动

我们的人生意义藏在我们曾经做过的事情之中，今天我们的实践就是回想你这一生中最珍贵的记忆，请你梳理一下这些年来自己的经历，然后从中找出一个你认为最珍贵的记忆，将它讲述出来。

通过这个实践，你也会从中发现一些对人生新的理解，你对生命的看法也会因此变得更有弹性、更有力量。

幸福是一个动词

在前面四章里，我们涵盖了从自我、关系、改变到实现，也介绍了很多发现自我、提升自我的方法。这么多内容背后，其实隐藏着一条主线，那就是，我希望每个人都能打破心理内卷的陷阱，真正地走上心理升级的道路。

"内卷"这个词近年来忽然爆红，本来是指农民反复在一片有限的土地上投入更多的劳动和人力，精耕细作，很辛苦，可产量却没有多少提升。但其实不仅是农业，只要一个领域的资源和技术被限制住了，失去了向外拓展的可能性，就都会陷入内卷的陷阱。比如教育，很多父母将孩子的时间投入到了应试教育的无限竞争中，最后就是所有孩子都更累更苦了，可结果并没有得到多少优化。再比如职场上，员工不钻研专业知识，也不思考和尝试与其他领域的结合，而是靠更多的加班、重复劳动来竞争，那也是一种内卷。

"心理内卷"也一样。很多人看上去很努力，也很用心，但其实并没有实质的突破和进展，反而一直向内卷曲。

比如有些人一直在寻找认同，他们努力工作，赚了不少钱，也取得了很不错的社会地位，也结婚、生孩子，表面上看是妥妥的人生赢家，可他们心里却一直特别空虚，总觉得没有达到自己的标准，总担心别人还是不认可他们。可如果你问他们，这个标准该是什么呢？他却答不上来。即便他给自己设立了一个标准，当他真的达到这个标准后，他却仍然是觉得心里没底，无法享受成功带来的满足感和充实感。

也有人一直在焦虑。学生时代焦虑成绩，焦虑和同学的关系，毕业后焦虑业绩、职场关系，成家后又焦虑孩子的教育。甚至连家里马桶坏了、下水道堵了，都能焦虑半天。哪怕通过努力，一一解决了这些问题，他们也仍然很难轻松片刻，去享受生活，而是继续为未来是否会发生不好的事情而担心。

这两个例子看起来一个是缺乏合适的人生目标，一个是无法放下焦虑，享受生活，其实都是心理内卷的表现，就像一颗卷心菜，虽然成熟了，但始终在原地卷自己，不再长高也不再变大，从此停滞不前。

心理内卷的根源

那么，是什么原因让人们在心理内卷的陷阱中苦苦挣扎呢？借用最经典的马斯洛话语体系来讲，是因为他们的心理状态更偏向于匮乏型，而非成长型。

因为匮乏型心理的背后，其实是一种心理上的自我封闭状态：被动地应对生活，只想去解决现有的问题，受困于现有的资源和技术之中，只想维持现状，所以不断被消极情绪内耗，陷入心理内卷的困境之中。

就比如，对焦虑的人来说，他关注的始终是生活中一件件烦心事，甚至可能会开始渐渐习惯这种情况，认为"生活就是这样的，大家不都是这么过来的吗，忍一忍就过去了"，所以并没有想办法让自己跳出这种心理困境，积累更多的心理资源，永远陷在一轮又一轮的焦虑之中。

再比如，对于表面上已经是人生赢家，内心却还无比空虚的人来说，他关注的是在现有的生活状态中不断追加投入，不断追求更多的财富，用金钱来填满自己，而不是想办法去探索更多、更深的领域，让生活变得更充实、更有意义。

相反，成长型心理的人就能在心理上保持一种开放的状态：主动应对生活，探索未知，挖掘自身潜能去体验、去创造、去迎接挑战。不断拓宽生活的广度，开辟新的维度，在心理资源和技术上不断让自己进步。

匮乏型心理和成长型心理的形成，又跟一个人所处的先天和后天的环境有关。

我们在一开始就提到，人的心理受到三个层面的影响：

一是生物基因层面，几十万年来环境的塑造，让我们能最好地适应人类进化最关键的狩猎—采集时代；二是文化基因层面，几千年来文化的积累，让我们的祖先更好地适应传统文明社会；三是我们自己的性格基因层面，它曾经帮我们更好地适应弱小的幼年时期。

这三种基因，既有保全、生存的一面，也有发展、成长的一面。

生物基因给了我们恐惧、仇恨、嫉妒这些负面情绪，但也给了我们喜悦、敬畏和爱的正面情绪；文化基因教给我们面子、歧视、服从这些策略，也给了我们友爱、创造、意义这些目标；性格基因可能让我们对人际关系紧张、排斥、害怕，也可能让我们对别人关爱、感恩、互助。

受三种基因的影响，我们每个人都既有匮乏型心理的成分，也有成长型心理的成分。其中，匮乏型心理更容易抢占大脑的注意力，它们总在我们耳边不停地窃窃私语：不好，注意安全，很危险，保全自己是第一位的。

那么，在匮乏型心理和成长型心理中，你更可能偏向哪一种呢？主要取决于这三种基因所应对的环境是更安全，还是更危险。

如果影响你的三大基因，包含更多危险的成分，你更可能形成匮乏型心理。比如你的祖先面临着恶劣的生存环境，你接受了更多热衷攀比的文化基因，你长期生活在人情冷漠的环境里，那么，你会更希望逃避这些让你痛苦的因素，更可能继承那些焦虑的生物基因，形成急功近利、追求物质的性格。

反过来，如果影响你的三大基因，都包含更多安全的成分，你更可能发展出成长型心理。比如，你和你的祖先长期生活在丰衣足食、人际友爱、社会稳定的环境，那么你更可能继承到那些乐观的生物基因，受到那些注重社会贡献的文化基因影响，形成关爱别人、探索好奇的性格。

心理升级是 21 世纪的必需

也许你曾经受到负面的环境影响，以至于你现在更多地形成了匮乏型心理，陷入了心理内卷的困境。这并不是你的错，因为我们的祖先长期生活在危险的环境之下，我们的文化更多是为了协调人们应对艰苦的生存条件，我们的父母也大多被他们那个历史时期塑造成了安全第一的性格，因此也会用匮乏型的方式来抚养我们，使我们被迫在童年时采取了匮乏型的应对策略。

但是，毕竟时代不同了，作为一个 21 世纪的成年人，我们应该朝成长型心理的方向进化，摆脱心理内卷的困境，实现心理升级。

首先，虽然匮乏型心理和成长型心理各有用处，但成长型心理能够达到的境界，是匮乏型所无法企及的。匮乏型心理旨在帮助我们逃避痛苦，在它的帮助下，我们能达到的最佳状态是解除危险、如释重负；而成长型心理旨在追求满足，能帮助我们获得更多正面情绪。比如，当你在一场酣畅淋漓的巅峰体验之后，或者在灵机一动有了新创意的顿悟时刻，这种充实、满足而有意义的感觉，几乎没有言语能够形容。

其次，我想强调的是，心理升级也是新时代的要求和必需。

假如我出生于 19 世纪的农村，是大字不识一个的农民；那么，受时代和环境的限制，对当时的我或整个家庭来说，让我接受教育无疑是一个豪赌，回报的期望值非常低。为了生存，过"老婆孩子热炕头"的生活，守着一亩三分地精耕细作，更靠谱。

在广度和深度都被限制住了的情况下，环境条件僵化了，一个人所能采取的最好的策略，就是复制前人的成功经验。

但是，如果广度和深度可以突破，环境条件急剧改变，就比如现在，我们拥有了更多的资源，也得到了更好的学习机会，那么升级才是更好的策略。

在人工智能即将全面来临的时代，简单重复的工作即将消失，留给人类的，要么是在福利制度下混吃等死，要么是需要高度创造力和人际情感的工作，而后者，是成长型心理更擅长的。

从精神世界的层面上讲更是如此。技术的飞速发展，会进一步加大人们在心理上的贫富差距。财富越来越多、信息流通越来越快、生活越来越方便，心理匮乏的人会过度沉溺于这些丰富的刺激，被越来越多的欲望所吞噬，而拥有成长型心理的人能在这些因素的支持之下，人生过得越来越充实。

好在，现代社会的生存和安全已经不是问题，你完全可以选择摆脱原来基因的保护功能，去发展成长、提升、探索和贡献的心理。每个人都可以选择破除心理内卷，进行心理升级，一切都在于你自己的选择。

你可能会觉得，我好像有点站着说话不腰疼。理想很丰满，可现实很骨感，面对工作、房贷、生活、孩子的压力，实在没有安全感，没法心理升级啊。

但你真的没有安全感吗？我们的基本生活条件比起上一代人来，已经非常安全了。你之所以觉得还不够安全，往往是因为跟别人攀比的结果。外界灌输给你的安全线，其实早已超过了必要的范畴。这样的安全感是典型的心理内卷陷阱，无论你怎么努力，达到那个安全线后，没过几天，你又会重新感到不安全，因为它只能暂时平复你的不安，你必须依靠努力冲往下一个标准来缓解。这是一场看不到尽头的恶性循环。

也正是为了对抗这种错误的文化基因，我们才更需要心理升级，把自己的安全建立在成长型心理的充实满足之上。

摆脱困境，实现心理升级

说了那么多，究竟怎样打破内卷陷阱，实现心理升级呢？简单来说，就是破除内卷的两个前提条件，往广度和深度发展。

就好像在农业社会的扩张时间，我们的祖先开疆辟土，砍树为田，开山为田，填湖为田，扩大了广度，收益自然提升；或者是加大了深度，有新的技术竞相出现，用铁犁代替木铲，用水利代替人力灌溉，用化肥代替农家肥，用改良过的种子代替收益不高的种子，等等。这时候，你不需要拼命从一块土地上榨取最后的价值，而是可以开拓出新的疆界。

怎么打破心理内卷的困境呢？关键在于主动打破心理固有的限制，不断拓宽资源、提升技能，看到一个更广和更深的可能。回过头来看，在这本书里，我从认知层面开始，从价值观、动机、情绪、人格等心理学的各个方面入手，来帮助你进行心理升级。

比如，把你的需求从匮乏需求，升级为成长需求。去提升你的思维模式，去体会巅峰体验，去为社会做更多贡献。

再比如，把你的人生状态，从占有升级为经历，主动追求更丰富的经历，把人生活成无数个瞬间所组成的动词，而不仅仅是一个可以用来比较的名词。

还有帮助你把价值观，从服从、安全、物质这些自我保护型价值观，升级为自主、探索、仁爱和超越这些成长型价值观，重视你自身以及外界的完善和提升。

把你的动机，从受控动机，升级为自主动机。你做出的每个决定，不再是为了外界的奖励、别人的羡慕，或者逃避外界的惩罚、别人的鄙视，而是为了自己内心价值观的认同、人生意义，以及兴趣爱好和精神享受。

把你的目标，从逃避型升级为追求型，你做一件事情，不是为了能够逃避痛苦，只有做成了这件事情才能让你免于糟糕的后果，而是为了能够得到幸福，当你做成了这件事情之后，你能感到充实、满足和意义。

把你和别人的关系，从"我和他"升级为"我和你"，这段关系，不是你达到其他目的的工具，你不是为了别人能给你带来的好处来跟他交往，你和他的互动本身，就是目的。

最后，是把你的自我观念，从实体观升级为过程观。你的自我不是固定的，不是与生俱来、先天注定的，而是一个流动的过程，你随时都可以经过努力，让你的自我变得更加美好。

当然，就算你的心理升级为成长型，也不意味着你从此一帆风顺，走上了人生赢家的道路。不是的，你读完这本书，并不会自动变得幸福起来，人生也不会自动就变得美好起来。你依然会历经艰难困苦，也依然要面对这个世界该有的自私冷漠。这个世界从来都是那个模样，可你不再是原来的那个自己。

在成长型心理下，这些艰难困苦，不再是人生的痛苦，而是你提升的机会。因为归根到底，你的心理，不是名词，而是动词：

情绪是一个动词，重要的不是你感受到的到底是积极情绪，还是消极情绪，而是你在感受本身；

自我是一个动词，重要的不是你形成什么自我，而是你作为一个主体与外界、内心时刻进行互动和改造的过程；

幸福是一个动词，不要把幸福当成目标去追求，它是你在活出蓬勃人生的状态时自然会有的感受；

人生是一个动词，重要的并不是评判你有什么样的人生，而是你的每时每刻都在如何生活；

意义也是一个动词，它不是我们要去苦苦追寻的终极答案，而就是你此刻当下的生活本身。

情绪、自我、幸福、人生、意义，就像自行车一样，只有在行动中才真实存在，停下来就会崩塌，因为它们不是冷冰冰的石头，而是鲜活的精灵，只在过程中呈现，但是当你捕捉时，却只能得到它们的片鳞只影。所以，不用再执着于这些心理名词，而是像精灵飞向天空、鱼儿跃入大海，尽情投入到生命本身的过程中去吧。

今日行动

你又一次理解了本书的脉络，并且重新审视了你的自我，那么在读完本书后，你发现你又有哪些转变呢？这是最后一次实践活动，我们一起来记录一下"自己的转变"。

下面我为你列举了一系列心理升级的过程，你可以通过这张表格对自己的心理升级情况做一个打分，100 分为满分，你可以为曾经的自己和现在的自己的心理状态打分，记录自己的转变。

心理升级	曾经	现在
需求：匮乏型需求—成长型需求		
人生状态：占有—经历		
价值观：自我保护型价值观—成长型价值观		
动机：受控动机—自主动机		
目标：逃避型—追求型		
他人观：我和他—我和你		
自我观：实体观—过程观		

Q&A

性爱需求属于哪个层级？我初步的理解是，它有生理层面的因素，但是现代人对繁衍后代的需求已经大幅度降低，因为文化、现代遗传常识等的影响，对后代与个体生命的关联越发淡薄，与他人的性关系更多变成了归属感、爱的需求，甚至带有很明显的自尊、自我实现的痕迹。所以性爱需求是一种复合层次的需求。从这个意义上理解，性爱可以说是五个层次全覆盖的需求，如果个人定义人生意义的话，它甚至可以是和自我实现并列的最高层次的需求。

我的回答是，性满足和性爱需求不完全是一回事，需要分开来看，性满足本身属于生理层次的需求。而你后面展开探讨的，其实更多的是性爱需求，也就是性中有爱，爱上加性的这种水乳交融的关系需求。

首先，虽然人类现在进行性行为不再是单纯为了繁衍后代，但依然主要是生理层次的需求。原始人最早开始进行性行为的时候，也不知道能通过这种方式繁育后代，只是因为发生性行为时有强烈的快感，而在性成熟后长期没有性行为时，会感到需求没有被满足。这就是进化的巧妙之处，它不是让你明白一件事的道理后再去做，而是直接将有利于我们生存和繁衍的需求根植于我们的本能和情感系统，让我们不假思索地去做，这样效率才最高。

同时，人类为了更好地确保后代的繁衍和养育，又进化出来强烈的夫妻之爱，这时，爱和性是交缠在一起的，发生性行为时，人们感受到的不仅仅是生理的满足，也有关系的满足。

总体来说，我基本同意你的看法，它是一种复合层次的需求。就好像工作，它既帮我们赚到钱，解决生理和安全需求，也帮我们找到自己在社会上的位置，赢得别人尊重，满足我们归属和自尊需求，并且是一种自我实现的途径，让我们可以在工作中找到巅峰体验和人生意义。当然，每个人的情况都不一样。我个人还没有看出来性爱如何能够被定义为人生意义，或者和自我实现建立起关系来。但是如果你的人生意义包括性爱，当然也完全可能。因为每个人都是独特的，相信你也有自己精彩的自我实现之路。

．．

有一件事印象非常深刻，大概小学六年级的时候，步步高出了第一款学习机，生日时父亲买来送给我。我不记得当时开不开心，只记得我爸说买这个花了很多钱。妈妈说她一开始不让买，我爸非要买。外婆一直催着我说谢谢。我爸也说：我这么辛苦不都是为了你？可是他越辛苦我越觉得痛苦，以至于我不敢见他不敢回应他，只能表现出冷漠。家人批评我不懂得感恩，我也常常自责。后来我才发现，可能是本来该有的感恩，转成了亏欠感。我很想知道，已经产生亏欠感了，该怎么办？

这个问题其实是个挺普遍的现象，生活在典型的中国社会文化背景下，我们当中的很多人都经历过这种"亏欠教育"，时不时能从家长嘴里听到类似的话。我想可以从以下三个角度来看待这个经历。

第一，当你知道了感恩和亏欠感之间的区别，真正理解了这样的经历，就是获得自由的开始。你可以有意识地走一条新路，带着新的理解、选择新的方式，甚至练习新的语言表达去对待你周围的人和你的下一代，形成真正的感恩互动。

第二，我们不能改变过去，但可以重建过去的经历对一个人的影响。重建的关键，就在于能多角度看待曾经的问题，就像我在人生意义那里提到的，提高自己认知的复杂度和整合度。比如，你的这段经历里，从父母的立场，可以看到他们尽力了，在他们的认知和能力范围内，尽力对孩子好，用实际行动承担了自己的责任，只是他们没能找到更恰当的方式来表达这种爱，所以带来了一些副作用；从你的角度，对父亲的感受应该是更复杂的，想必不只是亏欠感，也有爱、心疼、小时候由于能力不够带来的无力感，甚至好像愤怒感等。与其跟亏欠感正面硬刚，不如去细细体察自己对父母的其他感情，从其他情感入手去修复或者加强连接，当积极温暖的连接增多，亏欠感所占的空间自然就会慢慢缩小。

第三，过好自己的生活。亏欠感的核心感受是：我欠你的我得还，我想有更清晰的边界。它所反映的，是你对内心自由的渴求。虽然你提到的亏欠感来源于父亲，但如今你已成人，你比小时候更有本事、更有力量了，当你能经营好自己的生活，尤其是经营好自己的情感生活，那么那种既独立又亲密，既有边界又有担当的感受，可以改变你面对父母的姿态。你的心理容量扩大了，有了更自由的感觉，便不会再受困于曾经的亏欠感了。

....

最近让我感到很苦恼的是，我好像不太会拒绝别人的要求。一直以来在朋友中间我总是习惯于调解大家的关系，朋友找我帮忙我也会很乐意地去帮。我发现这似乎成了我的一种习惯，我不会去拒绝他人的要求。有些时候其实自己也很忙，但又不知道怎么开口拒绝。结果搞得自己很累。

这是一个经久不衰的话题，当我们谈善意和助人的时候，自然也会遇到这样的困惑：我不是不助人，相反，我助人过头了，感觉都不是我自愿的了，怎么办？

处理这个问题，关键在于仔细分辨自己助人时的真实动机。

自我实现心态下的助人，是一种发自内心的、完全自主的，不带回报假设的举动。换句话说，就是你主动选择了付出这份善意，做完了你的积极感受有一个正向的增长，不做也不会怎么样。

但无法拒绝、无法对别人说"不"，在这种情况下的助人，也许你可以在理智上给自己找 100 个自洽的理由，其实扪心自问，你不是自愿的，你有内心假设，这个假设通常就是：如果我不答应，我的形象、我的关系，或者我的自尊就会受损。换句话说，你付出了、助人了，没有更多积极感受的增长，只是为了不增加负面感受，维持不给自己扣分。

于是你会发现，无法拒绝、无法对别人说"不"的本质，它不是自我实现层面的问题，它是关于一个人对人际关系做出了怎样的基本假设，一个人的自尊水平的问题。当我们对人际关系感到更自信、更安全，当我们将自尊修复得更稳定、更健康，这些边界问题都会迎刃而解。

当然我还要补充一点，即使是在这样的情况下，你仍然可以去体会一种真正的、自我实现式的善意和助人，这是不冲突的。而且当你真的体会过发自内心的、不带假设、不求回报的助人体验，才更能分辨那些理智上告诉自己很乐意，其实是在勉强自己的助人情况。

看到心流时，发现产生心流体验的条件和刻意练习的构成要素很相似，这两者有什么联系吗？是否矛盾？

能提出这个问题，说明你读得非常认真。刻意练习的方法和产生心流的条件很相似，都需要明确清晰的目标、保持专注、及时反馈、跳一跳就能够着的难度值。

这确实很容易让人产生疑问，到底该怎么理解两者之间的关系呢？宾夕法尼亚大学的心理学家安吉拉·达克沃什对这个问题有过阐述。

首先，刻意练习是提升技能的方法，是锻炼能力的行为，它的目标是帮助我们更高效地提升能力；而心流则是当你掌握技能，并且运用它时，产生的陶醉其中的感受和体验。

其次，一般来说，人在进行刻意练习时，是很难产生心流的。因为我们的大脑始终处于"问题解决"的模式中，不断监测自己、发现错误，再想办法做出相应的调整，尝试改进。这个过程艰难而且乏味，很难有那种沉浸于享受做事本身的愉悦体验。

但这并不意味着两者毫无联系。安吉拉·达克沃什通过研究发现，刻意练习的时间越长，获得的心流体验也越多。

他曾经采访过的一位芭蕾舞演员有过这样一段描述："我在练习中的疲劳感如此之强，就连身体都好像在睡梦中哭泣；有时候，挫折感强烈到每天都像经历了一场小小的死亡一样。但是，当我站在观众面前，登上舞台的那一刻开始，一切身体的疼痛和精神上的烦恼都消失了，我随心所欲地展开自己的身体，陶醉在这一刻的兴奋、轻松、愉快之中……"

从这段描述中，我们能够非常直接地理解两者之间的关系，刻意练习是我们为达到心流状态所做的准备，是埋头攀登、咬牙坚持的过程，少了这个过程，我们很难享受到远眺美景、物我合一的巅峰体验。当然，尽管刻意练习的过程是痛苦的，可从长远来看，这些痛苦体验也并没有那么糟糕。你在过程中不断挑战自我、超越极限，这种获得感与意义感，本身就是更深刻的快乐。

结语

苦难后成长

我写这本书，是希望能帮助更多人向内生长出自主创造幸福的力量。现实世界远非完美，会给我们出一道又一道的难题，但我们依然可以依靠自己的力量，交出更好的答卷。

这里的关键，就在于你面对苦难的态度。很多人感觉到苦难给自己留下了创伤。这当然是真实存在的。心理学上有个专业的说法，叫作创伤后应激障碍（PTSD）。但是我发现很多人对真正的心理创伤缺乏足够的了解，将一些负面的心理影响过分夸大了。

创伤后应激障碍，是说人在经历情感、战争或者交通事故等创伤事件后产生的精神疾病。通常情况下，人需要同时满足以下八个条件才会被确诊为 PTSD。

1. 经历过真正的创伤事件，比如，亲友死亡或受到死亡威胁、严重伤害、性暴力、地震等。

2. 经常出现和创伤事件相关的非自愿记忆、梦魇。

3. 持续回避和创伤事件有关的刺激物。

4. 认知和心理的负性改变。

5. 容易在和创伤事件有关的情境下唤醒应激反应。

6. 持续一个月以上。

7. 具有临床意义的痛苦，或者导致社交、职业或其他重要功能受损。

8. 以上这些表现不能归结为其他原因，例如，药物或酒精的生理效应或其他躯体疾病。

这些事件，都有可能引起心理创伤。但是，这并不是说经历了这些事件后就一定会患上 PTSD，还跟很多因素有关。

首先是基因，PTSD 大概 30% 的变异性来自基因。

其次是个人的心理状态和历史，比如，更乐观、开放性更强的人，不太容易患 PTSD，有精神病史、儿童期逆境较多的人容易患 PTSD，等等。

最后是社会状况。一方面是社会经济地位，地位越低越容易患有 PTSD，可能因为他们缺乏必要的资源来应对；另一方面是社会支持，就是你的人际连接，尤其是来自家人的支持。我个人感觉其实这个是更重要的。哪怕你的社会经济地位差，但是如果有一个稳定温暖的家庭，有亲友的耐心帮助，有人听你倾诉，那么你患上 PTSD 的概率也会大幅降低。

但是，创伤并非只会带来应激障碍，还可以成长。美国心理学家理查德·泰德斯奇（Richard Tedeschi）和劳伦斯·卡尔霍恩（Lawrence Calhoun）提出了一个概念，叫作"创伤后成长"。

也就是说，以前大家都觉得，人在创伤后，要么出现应激障碍，要么就是适应了，能恢复到跟原来一样已经是非常好的结果。但其实，还有一种更好的可能性，就是成长。你经过了创伤，反而变得比以前更强大。

我非常喜欢的一本书，就是我曾经在讲自主感需求的时候提到的《象与骑象人》，里面也用了一章来讲创伤后成长。作者乔纳森·海特对东方文化情有独钟，他在章节开头就引用了《孟子》的一句话：

"天将降大任于是人也，必先苦其心志，劳其筋骨，饿其体肤，空乏其身，行拂乱其所为，所以动心忍性，曾益其所不能。"

这本书提到，创伤带来的成长，主要有三方面。

第一，激发自己原本潜藏的力量。为了应对困境，你必须使出浑身解数，开发出新技能，迸发出自己都不知道的力量。等难关度过之后，这些新的力量，就让你更强大了。

第二，创伤能帮助人发现和建设重要的关系。同样的创伤，能否带来成长，最重要的就是个人特质和社会支持。社会支持就是指别人能不能安慰你、理解你、支持你、帮助你，遇到坏事的时候，你才会发现谁是酒肉朋友，谁是你生命中真正重要的人。平时也许你每天呼朋唤友，夜夜笙歌，危机来了，这时候你才能发现哪些关系是可以舍弃的，哪些关系是对你真正重要的。

第三，你会改变人生的优先度。重大坏事发生之后，你才会发现，以前自己追求的那些事情，可能其实都没有那么重要。对你的人生意义最有影响的，很可能是其他的事情。

我们曾经采集过 2013 年全年所有的新浪微博，结果发现，2013 年全年人们的情绪最高点是在春节，而情绪最低点则是在 4 月 20 日雅安大地震发生之后，全国人民都沉浸在悲痛、难过、哀伤之中。但是，这一年的意义指数的最高点，却也出现在地震之后的第二天。

这说明，在大灾大难之前，人们反而会更多地思考意义。平时我们大多只是按部就班地生活，忙着手头的各种事情，只有在生死关头，才会唤醒对人生意义的觉察。

比如疫情，对很多人来说是一次巨大的挑战，但我身边也有很多人收获了成长。比如，一个年轻朋友小陈，疫情之前一直忙着跑项目，几乎没有完整地休过周末，可忙碌并没有让她变得更从容，每次见到她，满脸都写着焦虑。疫情暴发后，她被迫停工，反而有了时间好好反思自己的人生。

她告诉我说："一直以来，我觉得自己是个很无聊的人，但不知道该怎么面对这样的自己，所以我一直试图通过高强度工作来逃避这一点。疫情刚暴发时，我的焦虑达到了峰值，一度以为我要崩溃。后来，我逼着自己尝试做些不一样的事情，比如，主动和朋友联系，自己也学着化妆、做饭。这些以前觉得很麻烦的事情，真的做起来也没那么糟糕，还挺有意思的。当然，做这些事情并没导向一个非常明确的结果，不过我确实没那么焦虑了，好像看到了人生鲜活的一面，它预示着我还有其他很多的可能性。"

小陈的转变在我看来是很可贵，也是很有价值的。当然，并不是每个人在经历了创伤之后，都会变得更强大，确实有些人变得更脆弱了，发生了应激障碍。

区别在哪里呢？区别在于你是否主动选择了抗争。

创伤后的成长并不来自创伤，而是通过个体在与创伤的抗争中产生的。一个人只要在奋斗，在抗争，在努力，就总会有成长。

反过来，也需要强调的是，不能因为有些人在创伤后得到了成长，就把创伤说成好事。真正的好事是抗争，无论是与创伤抗争，与一般的逆境抗争，还是与人生的其他议题抗争，乃至与我们人类存在的困境抗争。

就像尼采所说的："杀不死我的，必将使我更强大。"好比疫苗，是把类似于病毒的物质注入人体内，刺激免疫系统产生抗体，这样我们就可以更好地抵抗真正的病毒。苦难也一样。苦难没有杀死你，只要你抗争了，你就会产生心理上的抗体，比如，更健全的人格、更丰富的关系、更融洽的人生意义。最终，你会变得更强大。

这也是我写这本书的目的。就像我说过的，学了积极心理学，并不是说你的生活从此就一帆风顺，你的心理就幸福圆满了。你仍然会遇到很多艰难困苦，但是，我希望这本书给你带来的，是心态的转变，是行动的开始。

在写作本书的过程中，很多同事给过我帮助和支持，张巧玲、武亦文、吴继康、吴迪，感谢你们！

也谢谢你陪我走过这段路程，祝你升级为更强大的自我，准备好去战胜新的挑战，拥抱不确定性，让积极心理始终充盈在你的内心！

[全书完]

小行动，大改变

作者 _ 赵昱鲲

编辑 _ 聂文　　装帧设计 _ 孙莹　　主管 _ 周延

技术编辑 _ 丁占旭　　责任印制 _ 梁拥军　　策划人 _ 曹俊然

鸣谢（排名不分先后）

蔡全俙西　陈伟娟　敏澄　祝欐乔　艺哲　满凯艳　张巧玲　武亦文

吴继康　吴迪　张红莉

果麦

www.goldmye.com

以 微 小 的 力 量 推 动 文 明

图书在版编目（CIP）数据

小行动，大改变 / 赵昱鲲著 . -- 沈阳 ：万卷出版
有限责任公司，2025. 7. -- ISBN 978-7-5470-6833-5

Ⅰ．B84-49

中国国家版本馆 CIP 数据核字第 2025VC8391 号

出 品 人：王维良
出版发行：万卷出版有限责任公司
　　　　　（地址：沈阳市和平区十一纬路 29 号　邮编：110003）
印 刷 者：嘉业印刷（天津）有限公司
经 销 者：果麦文化传媒股份有限公司
幅面尺寸：167 mm×230 mm
字　　数：370 千字
印　　张：23
出版时间：2025 年 7 月第 1 版
印刷时间：2025 年 7 月第 1 次印刷
责任编辑：胡　利
责任校对：刘　璠
装帧设计：孙　莹
ISBN 978-7-5470-6833-5
定　　价：58.00 元
联系电话：024-23284090
传　　真：024-23284448